PLANT
TISSUE CULTURE

植物組織培養

劉敏分 主編

目　錄

第一章　行業認知與職位認知 …………………………………………… 1
第一節　行業認知 ………………………………………………………… 1
任務　了解植物組織培養 …………………………………………… 1
第二節　職位認知 ………………………………………………………… 10
任務　熟悉工作職位 ………………………………………………… 10

第二章　組培實驗室設計與管理 ………………………………………… 14
第一節　組培室設計 ……………………………………………………… 14
任務一　認識組培室 ………………………………………………… 14
任務二　設計組培室 ………………………………………………… 16
第二節　組培室管理 ……………………………………………………… 24
任務一　常用設備和儀器的使用 …………………………………… 24
任務二　玻璃器皿的洗滌 …………………………………………… 32
任務三　組培室日常管理 …………………………………………… 34

第三章　組培基本操作技術 ……………………………………………… 37
第一節　培養基製備 ……………………………………………………… 37
任務一　母液配製 …………………………………………………… 37
任務二　培養基製備 ………………………………………………… 48
第二節　無菌操作 ………………………………………………………… 54
任務一　外植體選擇與處理 ………………………………………… 54
任務二　接種 ………………………………………………………… 60

第四章　組培技術研發 …………………………………………………… 69
第一節　組培試驗方案設計 ……………………………………………… 69
任務一　組培資訊蒐集 ……………………………………………… 69
任務二　試驗方案設計 ……………………………………………… 83
第二節　數據調查與分析 ………………………………………………… 91
任務一　組培數據調查 ……………………………………………… 91
任務二　異常問題分析與處理 ……………………………………… 95

第五章　植物去毒與快繁技術 ……103

第一節　植物去毒技術 ……103
任務一　植物去毒方法 ……103
任務二　去毒苗鑑定與保存 ……110

第二節　花卉組培與快繁 ……121
任務一　蝴蝶蘭組培與快繁 ……121
任務二　紅掌組培與快繁 ……130
任務三　大花蕙蘭組培與快繁 ……133

第三節　蔬菜組培與快繁 ……141
任務一　紫背天葵組培與快繁 ……141
任務二　馬鈴薯去毒與快繁 ……146
任務三　龍牙楤木組培與快繁 ……151

第四節　果樹組培與快繁 ……155
任務一　草莓去毒與快繁 ……155
任務二　藍莓組培與快繁 ……160
任務三　大櫻桃砧木組培與快繁 ……164
任務四　香蕉組培與快繁 ……167

第五節　多肉植物組培與快繁 ……174
任務一　玉露組培與快繁 ……174
任務二　萬象組培與快繁 ……176
任務三　西瓜壽組培與快繁 ……178

第六節　名貴藥材組培與快繁 ……183
任務一　鐵皮石斛組培與快繁 ……183
任務二　刺五加組培與快繁 ……186
任務三　川貝母組培與快繁 ……187
任務四　黃精組培與快繁 ……188
任務五　蒼朮組培與快繁 ……190

第六章　組培苗工廠化生產與經營管理 ……195

第一節　組培苗工廠化生產 ……195
任務一　生產計劃的制訂與實施 ……195
任務二　生產工藝流程與技術環節 ……200
任務三　組培效益核算 ……206

第二節　組培企業經營管理 ……214
任務一　組培企業機構設置與生產管理 ……214
任務二　組培苗木市場調查研究與銷售 ……217

參考文獻 223
附錄 225

第一章　行業認知與職位認知

第一節　行業認知

知識目標
- 掌握植物組織培養的含義、類型、特點與應用。
- 了解植物組織培養的基本理論。
- 了解植物組織培養的發展歷史與產業發展趨勢。

能力目標
- 了解植物組織培養與常規繁殖技術的異同點。
- 掌握不同植物組織培養類型的異同點。

素養目標
- 具備自學能力，能自主學習組培新知識、新技術和新技能。
- 具備科學思維方法、計劃能力和自我管理能力。

知識準備

任務　了解植物組織培養

植物組織培養是在植物細胞全能性理論的指導下，以植物學、植物生理學、遺傳學為理論基礎發展起來的一門新興技術，是現代生物技術的基礎和重要組成部分，也是現今植物生物技術中應用最廣泛的技術。它為植物快速繁殖和去毒、種質保存和植物基因庫建立、基因突變篩選培育等開闢了新途徑，並廣泛應用於工業、農業、林業、醫藥等行業中，創造了巨大的經濟效益和社會效益。

一、植物組織培養的含義

植物組織培養是指在無菌條件下，將離體的植物器官、組織、細胞或原生質體，在人工配製的培養基和人為控制的培養條件下培養，使其生長、分化並再生為完整植株或生產次生代謝物質的過程和技術（圖 1-1-1、圖 1-1-2）。由於組織培養是在脫離植物母體的條件下進行的，所以也稱為離體培養。

圖 1-1-1　植物組織培養的基本流程 I

圖 1-1-2　植物組織培養的基本流程 II

植物組織培養的概念有廣義和狹義之分。廣義的植物組織培養是指對植物的植株、器官、組織、細胞以及原生質體等透過無菌操作，在人工控制條件下進行培養以獲得再生的完整植株或生產具有經濟價值的次生代謝物的技術。狹義的植物組織培養是指用植物各部分組織進行培養獲得再生植株，也指在培養過程中從各器官上產生癒傷組織，然後癒傷組織再分化形成再生植株的培養。

二、植物組織培養的基本原理

（一）植物細胞全能性

植物細胞全能性是指植物的每個細胞都具有該植物的全部遺傳資訊和發育成完整植株的能力。在適宜條件下，任何一個細胞都可以發育成一個新個體。

一切植物都是由細胞構成的。在植物的生長發育中，一個受精卵可以成為具有完整形態

和結構機能的植株，這就是全能性，即該受精卵具有該物種全部遺傳資訊的表現。同樣，植物的體細胞是透過合子的有絲分裂產生的，也具有全能性，具備遺傳資訊的傳遞、轉錄和翻譯的能力。由於它們受到具體器官或組織所在環境的束縛，在一個完整的植株上某部分的體細胞只表現出一定的形態，具有一定的功能，但其遺傳潛力並沒有喪失。一旦它脫離原來所在的器官或組織，不再受到原植株的控制而成為離體狀態，在一定的營養、激素和外界條件的作用下，就可能表現出全能性而生長發育成完整的植株。植物組織培養正好能滿足細胞全能性表達的條件，從而能使外植體發育成完整植株。

（二）植物再生性

植株再生的過程即為植物細胞全能性表達的過程，可分為去分化和再分化兩個階段。首先是細胞去分化恢復到分生狀態，形成癒傷組織，然後進入再分化階段，由癒傷組織分化形成完整植株。但也有植物在培養過程中由分生組織直接出芽，而不需經歷癒傷組織的中間形式。

1. 去分化 去分化指在一定條件下，已分化成熟的植物組織或器官恢復到分生狀態，細胞開始分裂形成無分化的細胞團，即形成癒傷組織的過程。癒傷組織是一團無定形、高度液泡化、具分生能力而無特定功能的薄壁組織。恢復分生能力的植物細胞體內的溶酶體將失去功能的細胞質組分降解，並合成新細胞組分，同時細胞內酶的種類與活性發生改變，細胞的性質和狀態發生了扭轉，轉入分生狀態恢復原有分裂能力。

2. 再分化 再分化指在一定的條件下，去分化形成的癒傷組織轉變為具有一定結構、執行一定生理功能的細胞團和組織，並進一步形成完整植株的過程，即從癒傷組織再生形成完整植株的過程。癒傷組織中的細胞常以無規則方式發生分裂，此時雖然也發生了細胞分化，形成了薄壁細胞、分生組織細胞、導管和管胞等不同類型的細胞，但並無器官發生，只有在適當的培養條件下，癒傷組織才可發生再分化形成完整植株。

（三）根芽激素理論

1955年，Skoog和Miller提出了有關植物激素控制器官形成的理論，即根芽激素理論：根和芽的分化由生長素和細胞分裂素的比值所決定，二者比值高時促進生根，比值低時促進莖芽的分化，比值適中則傾向於以一種無結構的方式生長。透過改變培養基中這兩類激素的相對濃度可以控制器官的分化。關於激素控制器官形成的模式在許多植物組織培養中得到了驗證。但在一些情況下，不是生長素/細胞分裂素的比值決定器官的發生，而是絕對濃度。此外，吉貝素（GA）、脫落酸（ABA）等也在組織培養中不同程度地發揮作用。因此，究竟採用哪些生長調節物質，採用什麼樣的細胞分裂素與生長素比例，要根據培養的目的、植物的種類和細胞分裂素與生長素的種類而定。

三、植物組織培養的類型

植物組織培養按照不同的分類標準，可分為不同的類型。

（一）根據培養過程劃分

1. 初代培養 初代培養是將從植物體上分離下來的芽、莖段、葉片、花器等外植體在離體培養條件下誘導癒傷組織、側芽或不定芽、胚狀體的過程。初代培養的目的是建立無菌培養物，也稱為活化培養。

2. 繼代培養 繼代培養是將初代培養誘導產生的培養物更換新鮮培養基繼續繁殖的過

程。繼代培養的目的是使培養物大量繁殖，也稱為增殖培養。

3. 生根培養 生根培養是將芽苗轉接到生根培養基上培養成為完整植株的過程。

（二）根據外植體的來源劃分

外植體是指在植物組織培養過程中，從植株母體上分離下來用於離體培養的初始材料。用於離體培養的原生質體、細胞、組織或器官統稱為外植體。

1. 植株培養 植株培養是指對具有完整植株形態的幼苗或較大的植株進行離體無菌培養。一般以種子為材料進行無菌培養。

2. 胚胎培養 胚胎培養是指以從胚珠中分離出來的成熟或未成熟胚為外植體的離體無菌培養。常用幼胚、成熟胚、胚乳、胚珠、子房等為材料進行培養。

3. 器官培養 器官培養是指以植物的根、莖、葉、花、果等器官為外植體的離體無菌培養。常用的培養材料有根的根尖和切段，莖的莖尖、莖節和切段，葉的葉原基、葉片、葉柄、葉鞘，子葉，花器的花瓣、雄蕊（花藥、花絲）、胚珠、子房，果實，等等。

4. 組織培養 組織培養是指以分離出植物各部位的組織或已誘導的癒傷組織為外植體的離體無菌培養，是狹義的植物組織培養。常用的培養材料有分生組織、形成層、木質部、韌皮部、表皮、皮層、胚乳組織、薄壁組織、髓部等。

5. 細胞培養 細胞培養是指以單個游離細胞或較小細胞團為接種體的離體無菌培養。常用的材料為從組織中分離的體細胞和性細胞。

6. 原生質體培養 原生質體培養是指以除去細胞壁的原生質體為外植體的離體無菌培養。

此外，根據培養基狀態，植物組織培養可分為固體培養、液體培養、半固體培養；根據培養目的可分為去毒培養、微體快繁、試管育種、試管嫁接等。

四、植物組織培養的特點

1. 培養材料經濟 透過植物組織培養技術能使單個細胞、組織、莖段等離體材料經培養獲得再生植株。在生產實踐中，以莖尖、根、莖、葉、子葉、下胚軸、花芽、花瓣等材料進行培養時，只需要幾毫米甚至不到1mm的材料，做到了材料經濟使用。常規無性繁殖方法需要幾年或幾十年才能繁殖一定數量的苗木，透過組織培養技術可在1～2年內生產數萬株苗，由於取材少、培養效果好，對於新品種的推廣和良種復壯更新，尤其是「名、優、特、新」品種的保存利用與開發都有很高的應用價值和重要的實踐意義。

2. 培養條件可以人為控制 植物組織培養採用的植物材料完全是在人為提供的培養基和小氣候環境條件下進行生長，擺脫了大自然中四季、晝夜的變化以及災害性氣候的不利影響，且條件均一，對植物生長極為有利，便於穩定地進行週年培養生產。

3. 生長週期短，繁殖率高 植物組織培養是透過人為控制培養條件，根據不同植物不同部位的不同要求而提供不同的培養條件，因此生長較快，一般1個月左右就完成1個培養週期。雖然組培需要一定設備及能源消耗，但由於植物材料能按幾何級數繁殖生產，繁殖率高，故總體來說成本低廉，且能及時提供規格一致的優質種苗或去毒種苗。

4. 管理方便，利於工廠化生產和自動化控制 植物組織培養是在一定的場所和環境下，人為提供一定的溫度、光照、濕度、營養、激素等條件，極利於高度集約化和高密度工廠化

生產，也利於自動化控制生產。它是未來農業工廠化育苗的發展方向，與盆栽、田間栽培等相比省去了中耕除草、澆水施肥、防治病蟲等一系列繁雜的勞動，可以大大節省人力、物力及田間種植所需要的土地。

五、植物組織培養的應用

1. 植物種苗快速繁殖　植物離體快速繁殖是植物組織培養在生產上應用最廣泛、產生經濟效益較大的一項技術。應用植物組織培養技術繁殖種苗，具有繁殖速度快、繁殖係數高、繁殖週期短、能週年生產等特點，加之培養材料和所培養出的組培苗小型化，這就可以使在有限的空間內短期培養出大量種苗，遠比常規嫁接、扦插、壓條和分株繁殖快得多。例如，1個蘭花外植體1年可以繁殖400萬個原球莖，1個草莓芽1年內可繁殖108個芽。我們把這種利用植物組織培養法快速繁殖種苗的技術稱為組培快繁技術。這種快繁技術已在果樹、花卉、蔬菜、林木、珍稀植物等幾千種植物上得到成功的應用，而且這種應用越來越廣泛；所取用的外植體已不僅限於莖尖，其他如側芽、鱗片、花藥、球莖等都可應用。在此技術支撐下，工廠化育苗已逐漸成為國內外種苗規模化生產的重要方式。由於組織培養繁殖種苗的明顯特點是「快速」，每年以數百萬倍速度繁殖，這對於一些繁殖係數低而不能用種子繁殖的「名、優、特、新、奇」的植物種類及品種在短期內實現快速繁殖具有重大的意義。

2. 植物苗木去毒培育　植物在生長過程中幾乎都會遭受病毒病不同程度的危害，許多原本優良的農作物，特別是無性繁殖植物，如馬鈴薯、甘薯、草莓、大蒜等，因生產管理不善等原因而感染某些病毒，會導致大面積的減產和品質下降，給生產造成重大經濟損失。大量的生產和實踐證明，透過植物組織培養技術可有效地去除植物體內的病毒。去毒後的馬鈴薯、甘薯、香蕉等植物可大幅度提高產量，改善品質，最高可增產300%，平均增產也在30%以上；蘭花、水仙、大麗花等觀賞植物去毒後植株生長勢強，花朵變大。其具體方法主要透過微莖尖離體培養來實現。若再與熱處理相結合，則更能提高去毒效果。木本植物莖尖培養得到的植株發根困難，可採用莖尖微體嫁接的方法來去除病毒。

自1950年代發現採用莖尖培養方法可除去植物體內的病毒以來，去毒培養就成為解決病毒危害的主要辦法。目前，透過莖尖去毒獲得無病毒種苗的植物已超過100多種，被去除的病毒更多。去毒組培苗在國際市場上已形成產業化，莖尖培養去毒往往與快速繁殖相結合，由此產生的經濟效益非常可觀。

3. 植物新品種培育　由於植物組織培養技術為育種提供了許多手段和方法，目前在國內外的作物育種上得到了普遍應用。其具體應用方法是：

（1）透過花藥培養和花粉培養，進行單倍體育種，不僅可以迅速獲得純的品系，而且便於對隱性突變進行分離。

（2）透過胚胎培養，採用胚的早期培養可以使雜交胚正常發育，實現遠緣雜交，育成新品種。

（3）透過原生質體融合和體細胞雜交，可部分克服有性雜交不親和性，獲得體細胞雜種，從而創造新種或育成優良品種。

（4）在組織培養條件下開展基因工程育種，在分子水準上有針對性地定向重組遺傳物質，改良植物性狀，培育優質高產作物新品種。

(5) 選擇細胞突變體，透過有用的細胞突變體的篩選和培養育成新品種。目前，用這種方法已應用到篩選抗病、抗鹽、高離胺酸、高蛋白、矮稈高產的突變體，有些已用於生產。

　　4. 植物種質資源的離體保存與交換　種質資源是農業生產的基礎，常規的植物種質資源保存方法耗資巨大，且由於自然災害和生物之間的競爭以及人類活動對大自然的影響，已有相當數量的植物物種在地球上消失或正在消失。利用植物組織培養技術和低溫條件保存種質，可大大節省人力和土地，同時也便於種質資源的交換和轉移，防止病蟲害的人為傳播，給保存和搶救有用的物種基因帶來了希望。例如，胡蘿蔔和菸草等植物的細胞懸浮物在 $-196 \sim -20°C$ 的低溫下儲藏數月尚能恢復生長，再生成植株。離體保存還可避免病蟲害侵染與外界不利氣候及其栽培因素的影響，可長期保存，有利於種質資源的遠距離之間的交換。

　　5. 人工種子　人工種子是指植物離體培養中產生的胚狀體或不定芽被包裹在含有養分和保護功能的人工胚乳和人工種皮中，從而形成能發芽出苗的顆粒體。

　　農業生產中使用的天然種子一般由種皮、胚乳和胚三部分構成。種皮通常在種子的外層起保護作用；胚乳含有大量的營養物質，是種苗萌發生長不可缺少的營養來源；胚由胚芽、胚軸、胚根和子葉構成，將來發成植株。隨著農業生物技術的發展，透過組織培養可以把植物組織的細胞培養成在形態及生理上與天然種子胚相似的胚狀體，也稱為體細胞胚，然後把體細胞胚包埋在膠囊內形成球狀結構，使其具備種子機能。所以，人工種子是一種人工製造的代替天然種子的顆粒體，可以直接播種於田間。

　　6. 生產植物性藥物和生物製品　結合發酵技術，利用組織或細胞的大規模培養，可提取出人類所需要的多種天然有機化合物，如蛋白質、脂肪、藥物、香料、生物鹼及其他活性化合物。目前，已有 20 多種植物所培養的組織中的有效物質含量高於原植物。近年來，用單細胞培養生產蛋白質，將給飼料和食品工業提供廣闊的原料生產前途；用組織培養方法生產微生物以及人工不能合成的藥物或有效成分的研究正在不斷深入，有些已投入工業化生產，預計今後將有更大發展。

　　總之，植物組織培養目前仍處於發展階段，它給遺傳學、細胞學、植物生理學、植物胚胎學、植物病理學等的研究提供了條件和方法，對農業、工業、醫藥、環境衛生等的發展將產生巨大的影響，其應用範圍將日趨廣泛。

六、植物組織培養的發展概況及展望

(一) 植物組織培養的發展概況

　　植物組織培養是 20 世紀初開始，以植物生理學為基礎，並在德國植物學家 G. Haberland 提出的「植物細胞具有全能性」的設想指導下，經許多學者努力開拓而逐步發展起來的一項生物技術。1934 年荷蘭植物學家 F. W. Went 發現了生長素吲哚乙酸，隨後不少學者又相繼發現了吲哚丁酸、萘乙酸和 2, 4-滴等生長素，並用於植物組織培養。White 首先建立了人工合成的綜合培養基。細胞分裂素的發現是 1950 年代的一大突破，它能促進細胞團產生不定芽或直接從組織表面形成不定芽，並長出越來越多的側芽。1952 年法國的 G. Morel 等將帶病毒的大麗花莖尖切離培養，獲得去病毒植株。1960 年代以後，植物組織

培養又進入了一個新時期，開始走向大規模的應用階段，同時研究工作也更加深入和扎實，為生產應用服務。

1970年代初，中國掀起了單倍體育種高潮，在作物上取得了一批有實用價值的育種成果。24種（包括小麥、水稻、菸草、玉米、三葉橡膠等）以上的花粉植株是中國學者首先完成的。在此期間，國外組培苗生產發展很快，歐洲許多國家紛紛建立植物微繁殖公司，重點是繁殖那些經濟價值較高的植物。1980年代以來，以商品為目的的組培苗生產量以20%～30%的速度遞增。

在組織培養技術的不斷完善過程中，與之相應的設備、環境也在不斷發展。美國猶他州立大學用植物複製工廠生產的小麥，全生育期不到2個月，每年可收穫4～5次。奧地利生產的一種塔式植物複製工廠現已被北歐、俄羅斯、中東國家採用。丹麥建成了綠葉菜植物複製工廠，可快速生產獨行菜、鴨兒芹等。日本建成一座由電子電腦調控的花卉蔬菜植物複製工廠，有5棟2層的樓房，面積8 300m^2，2棟栽培溫室，每棟1 800m^2。北京已建成花卉複製工廠、蔬菜複製工廠、林木複製工廠30多家。浙江省農業科學院植物組培中心從事花卉組織培養研究生產近20年，擁有1 000m^{2}植物組培室和100m^{2}無菌操作工廠，年產組培苗達500萬株以上，並在省內建有2個年產500萬株以上的組培苗衛星生產工廠，先後建立了觀葉植物、多肉植物、林木、中草藥等400多種植物的培養技術體系。

（二）組培技術的發展前景

1. 培養容器大型化 目前大量使用的是玻璃或耐高溫塑膠製成的三角瓶、罐頭瓶，最大體積不超過500mL。透過模擬植物在微生態條件下的氣體交換、營養吸收、形態建成，計算植物微群落生長的最佳空間形狀與大小，以此改進容器形態、擴大體積，增加單位培養面積中組培苗的數量。同時改良封口材料，以達到優質（通氣隔菌）、方便、耐久的目的。

2. 技術簡單化 這裡主要是指免轉接一步成苗。培養基的配製與組培材料的轉接是植物組培快繁的兩大主要日常工作，而實際上植物的正常生長只需水分、礦質營養、空氣等，並不需要經常移植。經常移植還會對植物的生活力造成一定程度的影響。在培養基成分分析與植物營養分析的基礎上可透過培養容器中水分、礦質、激素和氣體的交換與調整，實現免轉接一步成苗。其中包括組培苗根原基的誘導與瓶外生根。

3. 培養環境自然化 除培養基原料和人工費之外，目前組織培養企業的最大支出是能源費。某些地方實行的自然光照培養雖然減少了照明用電，卻極大地增加了夏季降溫和冬季加溫的能源費。二者相比，得不償失。透過對光、溫、氣（含真菌、水氣）的綜合調控，可達到恆溫、恆光、恆濕、無菌的低成本運行。

學習筆記

知識拓展

馬鈴薯種質資源的保存

　　馬鈴薯是糧菜兼用的重要作物。馬鈴薯等無性繁殖作物的繁殖器官體積大，含水量高，儲藏過程中易發芽，需年年田間種植，並且為大株行距作物，占地面積大，還易受病毒侵染造成退化，因此，用常規方法保存數量極大的馬鈴薯種質是非常困難的事情。採用組織培養技術建立無菌試管苗保存馬鈴薯種質，免去了大田種植保存的費工費時以及危險性，儲藏空間小，繁殖係數高，並且便於提供原種、地區間發放和國際間交流。因此，試管苗保存是當前保存種質既經濟又實用的方法（圖 1-1-3）。

圖 1-1-3　組培方法保存的馬鈴薯種質

　　在植物種質資源離體保存中，改變培養基成分、添加植物生長抑制劑或滲透壓調節劑等，使細胞生長速率降至最低限度，可以達到延長種質資源保存的目的。植物生長發育狀況依賴於外界養分的供給，如果養分供應不足，則植物生長緩慢，植株矮小。透過調整培養基的養分水準，可有效地限制細胞生長，另外，在培養基中添加一些高滲化合物，如蔗糖、甘露醇、山梨醇等，也是一種常用的緩慢生長保存手段，這類化合物提高了培養基的滲透勢負值，造成水分逆境，降低細胞膨壓，使細胞吸水困難，減弱新陳代謝活動，從而延緩細胞生長。

自我測試

一、填空題

1. 植物組織培養技術主要應用在_____和_____兩個技術領域。
2. 植物組織培養又稱為植物複製、離體培養，其本質是_____。
3. 按照培養對象劃分，植物組織培養分為_____、_____、_____、_____、_____和_____。
4. 植物組織培養的商業性應用始於 1970 年代美國的_____。
5. 植物組織培養的發展大體分為_____、_____和_____三個階段。

二、是非題

1. 外植體是指用於離體培養的植物材料。（　　）
2. 植物組織培養繁殖苗木是呈倍數增長的。（　　）
3. 初代培養是指離體材料接入培養基的第一代培養。（　　）
4. 以種子為外植體的培養屬於器官培養中的一種。（　　）
5. 推動中國組培苗商品化發展的重要原因是為外方提供「組培苗代加工」業務。（　　）

三、簡答題

1. 根據根芽激素理論，說明應該怎樣調整生長素與細胞分裂素的比例，才能促使癒傷組織再分化。
2. 植物組織培養與常規繁殖有何異同？

四、論述題

1. 實際生產中採用植物組織培養進行苗木快速繁殖有何現實意義？
2. 結合實際，請談談植物組織培養技術在現代農業發展中的作用和意義。

第二節
職 位 認 知

知識目標
- 了解組培苗生產操作流程。
- 熟悉組培工作職位和工種。

能力目標
- 清楚組培職位的任務、目標、工作職責與任職要求。
- 初步形成組培職位意識。

素養目標
- 具備自學能力和獨立分析問題的能力。
- 具備敬業熱忱、吃苦耐勞、誠實守信的職業道德。

知識準備

任務　熟悉工作職位

一、組培苗木生產操作流程

組培苗生產操作流程如圖 1-2-1 所示。

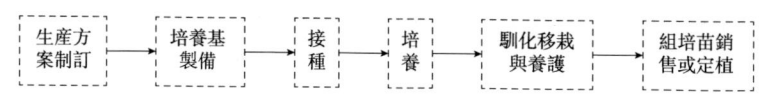

生產方案制訂 → 培養基製備 → 接種 → 培養 → 馴化移栽與養護 → 組培苗銷售或定植

圖 1-2-1　組培苗生產操作流程

二、組培工作職位與工種

儘管植物組織培養企業的規模實力和技術水準有差異，但工作職位大體相同。根據組培苗生產操作流程，可以設置的工作職位主要包括生產職、研發職、管理職和行銷職。其中，生產職的技術工種包括培養基製備工（圖 1-2-2）、接種工（圖 1-2-3）、培養工（圖 1-2-4）、馴化移栽養護工（圖 1-2-5）。大學剛畢業的學生最初主要從事組培苗的生產工作，經過幾年的鍛鍊才有可能從事技術研發和管理工作。組培各工作職位的任務、目標、職責與任職要求見表 1-2-1。

第一章 行業認知與職位認知

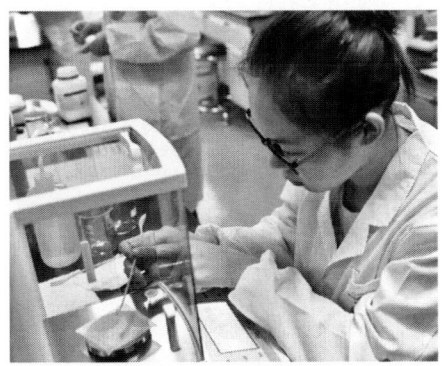

圖 1-2-2 培養基製備工

圖 1-2-3 接種工

圖 1-2-4 培養工

圖 1-2-5 馴化移栽養護工

表 1-2-1　組培企業生產職位分析

職位要素	職位名稱			
	培養基製備工	接種工	培養工	馴化移栽養護工
工作任務	配製母液和培養基	負責外植體接種、繼代與生根轉接，兼做去毒處理	負責培養室（工廠）的管理	負責組培苗的馴化移栽及日常養護
工作目標	按需、準確、規範、熟練配製培養基	無菌操作規範、熟練，污染率控制在 5%～10%；去毒徹底	培養材料正常生長分化，培養瓶分類管理，標識清晰，觀察記錄全面客觀	組培苗成活率高，苗壯、長勢強，達到規格要求，按計劃交苗
工作職責	1. 對培養基配製品質負全責； 2. 按照母液和培養基配製操作流程及技能要求配製； 3. 認真做好計算、核對與操作，及時填寫、保存工作記錄； 4. 保證桌面整潔無殘留液，用品擺放合理有序，保持所用器具及工作區域的衛生	1. 保持接種室潔淨衛生； 2. 做好接種前的準備，嚴格按照無菌操作規程操作； 3. 遵守《接種須知》，認真做好工作記錄； 4. 嚴格執行去毒處理方案； 5. 保證品質和數量的前提下完成生產任務	1. 保持培養室潔淨衛生； 2. 每天及時撿出污染瓶、畸形苗； 3. 根據培養需要有效調控環境條件； 4. 定期做好觀察記錄，及時回饋； 5. 保證用電安全； 6. 去毒苗鑑定準確	1. 保持棚室整潔衛生； 2. 按照馴化移栽要求規範操作； 3. 精心管理，科學管理，保證組培苗生長發育的營養與環境條件； 4. 認真觀察並有效解決生產問題； 5. 保證組培苗馴化移栽成活率與養護品質符合銷售要求

（續）

職位要素		職位名稱			
		培養基製備工	接種工	培養工	馴化移栽養護工
任職要求	知識和能力	1. 清楚玻璃器皿洗滌方法，熟練清洗玻璃器皿； 2. 能熟練配製母液和培養基； 3. 能熟練使用高壓滅菌鍋； 4. 清楚培養基配製目的、操作流程與各環節技能要求	1. 準確辨識植物器官，正確選擇和處理外植體； 2. 能夠根據外植體類型選擇適宜的滅菌方法和接種方法； 3. 清楚無菌操作規程和注意事項，能夠熟練、規範地進行無菌操作	1. 能夠準確判別汙染瓶和畸形苗，並有效處理； 2. 清楚組培原理、培養條件、組培快繁方法與影響因素； 3. 能夠進行組培苗觀察和分析並解決易發問題； 4. 能夠科學有效地管理培養室	1. 熟悉組培苗馴化移栽的目的、原則、時期和要求等； 2. 能夠科學制訂馴化移栽方案，熟練進行組培苗馴化移栽； 3. 熟悉與馴化移栽相關設備的特點、性能和使用方法； 4. 具備組培苗栽培養護能力
	素養	敬業熱忱、誠實守信、吃苦耐勞、服從主管、遵守操作規範和職業道德；工作積極主動，具有責任心、有擔當；具有成本意識、市場意識、創新意識、團隊精神和科學的研究方法；具備學習能力、溝通能力、計劃能力以及分析問題、解決問題和自我管理能力			

學習筆記

知識拓展

組培職位職業發展過程

一般情況下，組培職位職業發展過程見圖1-2-6。

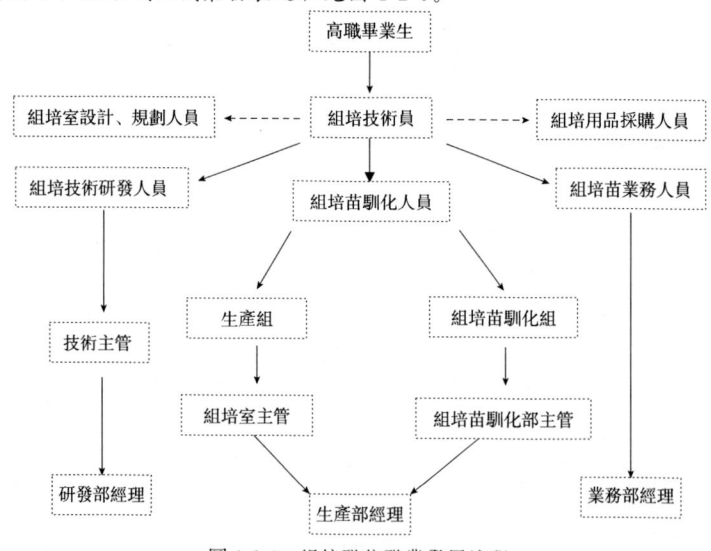

圖1-2-6　組培職位職業發展流程

自我測試

一、填空題

1. 組培職位包括_____、_____、_____和_____。
2. 培養基配製工、接種工、培養工和馴化移栽工屬於_____職。
3. 培養基配製工的工作目標是_____配製培養基。
4. 接種工主要負責_____接種，繼代與生根轉接。
5. 制訂生產方案屬於_____職位的工作。

二、是非題

1. 組培職位主要依據組培苗木生產操作流程來設置。　　　　　（　　）
2. 任何組培職位都對從業人員在知識、能力與素養三方面有明確要求。（　　）
3. 培養工日常工作主要是調控培養環境，追蹤觀察記錄組培苗生長分化情況，並及時妥善處理組培異常問題。　　　　　　　　　　　　　　　　　（　　）
4. 組培苗生產流程是：制訂培養方案→培養基製備→接種→培養→馴化移栽與養護。
　　　　　　　　　　　　　　　　　　　　　　　　　　　　　（　　）
5. 培養基配製工的工作目標是按需、準確、規範、熟練配製培養基。（　　）

三、論述題

1. 組培苗木生產各職位的工作過程有何不同？
2. 談談組培研發職與生產管理職的工作職責與任職條件有何區別。

第二章　組培實驗室設計與管理

第一節　組培室設計

知識目標
- 清楚組培室的基本組成和功能定位。
- 認識組培實驗室的主要儀器和設備。
- 了解組培實驗室的設計原則和要求。
- 掌握組培室設計圖的一般格式。

能力目標
- 能夠設計基本的植物組織培養室。
- 掌握組培實驗室常用儀器和設備的使用方法。

素養目標
- 培養周密細緻的觀察和分析能力。
- 具備安全意識，熟悉安全生產規範和操作規程，並自覺遵守。
- 實事求是、遵紀守法，有整體意識和大局觀念等。

知識準備

任務一　認識組培室

植物組織培養是在無菌條件下進行的，培養材料的生長和分化過程都需要人為提供適宜的小氣候條件，因此對環境和設施設備的要求都比較高。植物組織培養設施是進行組培研究和生產最基本的部分，因此在組培設施規劃設計前要進行多方面的考察和分析，克服地域的不足，周密計劃和設計，充分利用空間，提高生產效率，創造最適宜的環境來進行植物組織培養。

組培設施一般分為組培室、組培育苗工廠和家庭組培室。目前，中國花卉、果樹類生產

企業、學校、科學研究單位所建的組培設施大多屬於組培實驗室；南方一些地區及上海、北京等大中城市的種苗繁育企業建有組培育苗工廠；花卉、蔬菜、果樹等產業體系和市場比較健全的地區的專業合作社或專業大戶建有家庭組培室。

一、組培室設施構成

一個標準的組織培養實驗室應包括洗滌室、配製室、滅菌室、緩衝間、接種室、培養室、觀察室和馴化室等。在設計時結合具體情況，可以合併部分分室。各分室的功能定位見表 2-1-1。

表 2-1-1　組培室各分室的功能定位

分室名稱	功能定位
洗滌室	玻璃器皿、實驗用具的清洗、乾燥和儲存；培養材料清洗和預處理；培養苗出瓶、清洗與整理等
配製室	母液、培養基的配製、分裝、包紮和滅菌前的暫時存放；培養材料的預處理
滅菌室	培養基、接種用具與器皿的消毒滅菌
接種室	植物材料的表面滅菌、分離、切割、接種；培養物的轉接等無菌操作。在接種室外設緩衝間
培養室	培養離體材料
觀察室	培養材料的細胞學或解剖學觀察、鑑定與成分檢測；培養物的觀察與攝影
馴化室	試管苗煉苗和移栽

二、設備與用品

植物組織培養技術含量高，操作複雜，除了需要建立組培無菌空間以外，還需要一定的儀器設備、玻璃器皿與器械用品。植物組織培養室配置的儀器設備、玻璃器皿等用品分別見表 2-1-2、表 2-1-3。

表 2-1-2　組培儀器設備

類別	儀器設備名稱
洗滌設備	乾燥箱、超音波清洗器、洗瓶機、工作臺、藥品櫃、醫用小推車等
培養基配製設備	冰箱、電子天平（精密度 1/100）、電子分析天平（精密度 1/10 000）、托盤天平、培養基分裝器、蒸餾水器、酸度計、移液器、電爐、電磁爐、醫用小推車等
滅菌設備	高壓滅菌鍋、過濾滅菌裝置、乾熱消毒櫃、烘箱、微波爐、臭氧發生器、紫外滅菌器、噴霧消毒器等
接種設備	超淨工作臺、解剖鏡、接種工具、接種工具殺菌器、醫用小推車、配電盤等
培養設備	培養架、空調、加濕器、除濕機、人工氣候箱、光照培養箱、搖床、振盪器、照度儀、光照時控儀、溫度計、濕度計等

(續)

類別	儀器設備名稱
觀察與生化鑑定設備	顯微鏡、培養箱、切片機、水浴鍋、低溫高速離心機、細胞計數儀、PCR儀、酶聯免疫檢測儀、圖像拍攝處理設備、製片和細胞學染色設備等
馴化設備	彌霧裝置、遮陽網、防蟲網、移植床、營養鉢及移栽基質等

表 2-1-3　玻璃器皿與器械用品

類別	玻璃器皿與器械用品名稱
洗滌用品	洗液缸、水槽、工作臺、試管架、試管刷、周轉筐、醫用小推車等
培養基配製用品	試管、培養瓶（三角瓶、塑膠瓶、果醬瓶、罐頭瓶）、試劑瓶（棕色和白色）、燒杯、培養皿、移液瓶、移液槍、移液管架、針筒、吸管、滴瓶、量筒、容量瓶、分液漏斗、不鏽鋼桶、鋁鍋、周轉筐、玻璃棒、記號筆、標籤紙、封口膜、牛皮紙、蒸餾水桶、線繩、棉塞、紗布等
接種與滅菌用品	酒精燈、噴壺、紫外燈、接種工具架、鑽孔器、手術剪、解剖刀、刀片、手術鑷、培養皿、口罩、白大褂、實驗帽等
培養用品	培養瓶、光照培養架、燈管等
觀察與生化鑑定用品	載玻片、蓋玻片、染色缸、滴瓶、試管、燒杯等

學習筆記

任務二　設計組培室

植物組織培養是一項技術性強的工作，建造組培室所需的投資較大，建成後的運轉費用和維護費用也比較高。因此，在設計前要進行綜合考察，充分利用有效的空間，根據工作性質和規模，結合實際條件進行綜合考量和規劃。設計組培室時，要做到統籌規劃、科學設計，既避免一次性投資成本過高，又能充分發揮組培室的功能。

一、組培室的設計

設計前要進行綜合考察，克服地理條件的先天性不足，充分利用有效的空間對後期工作所需要的儀器設備進行綜合考量和規劃。

1. 設計原則

（1）防止汙染。選擇天氣條件良好、空氣汙染少、無水土汙染的地方建立植物組織培養實驗室。

（2）按照工藝流程科學設計，使之經濟、實用和高效。應將實驗室總平面按建築物的使用性質進行歸類，分區布置，按實驗室區、溫室區、苗圃區、行政區、生活區和輔助區等來劃分。

（3）結構和布局合理，工作方便，節能、安全，整齊美觀。
（4）規劃設計與工作目的、規模及當地條件等相適應。

2. 總體要求

（1）實驗室選址要求避開汙染源，水電供應充足，交通運輸便利。

（2）保證實驗室環境清潔。實驗室環境清潔可從根本上有效控制汙染，這是組織培養成敗的最基本要求。否則會使植物組織培養遭受不同程度甚至是不可挽回的損失。因此，過道、設備防塵、外來空氣的過濾裝置等設計是必要的。

（3）實驗室建造時，應採用產生灰塵最少的建築材料；牆壁和天花板、地面的交界處宜做成弧形，便於日常清潔；管道要盡量暗裝，安排好暗裝管道的走向，便於日後的維修，並能確保在維修時不造成汙染；洗手池、下水道的位置要適宜，不得對培養帶來汙染，下水道開口位置應對實驗室的潔淨度影響最小，並有避免汙染的措施；設置防止昆蟲、鳥類、鼠類等動物進入的設施。

（4）接種室、培養室的裝修材料必須經得起消毒、清潔和沖洗，並設置能確保與其潔淨度相應的控溫控濕的設施。

（5）實驗室電源應經專業部門設計、安裝和驗證合格之後才能使用。應有備用電源，以保證停電時能繼續操作。

（6）實驗室必須滿足實驗準備、無菌操作和控制培養三項基本工作的需求。

（7）實驗室各分室的大小、比例要合理。一般要求培養室與其他分室（馴化室除外）的面積之比為 3：2；培養室的有效面積（即培養架所占面積，一般占培養室總面積的 2/3）與生產規模相適應。

（8）明確實驗室的採光、控溫方式，應與氣候條件相適應。一般採用人工光照和恆溫控制，實驗室為密封式或半地下式。

二、組培室各分室的設計

（一）洗滌室

1. 主要功能 用於玻璃器皿和實驗用具的洗滌、乾燥和儲存；培養材料的預處理與清洗；組培苗的出瓶、清洗與整理等。

2. 設計要求 其大小取決於工作量的大小，一般為 10m² 左右。要求房間寬敞明亮，方便多人同時工作；有電源、自來水和水槽（池），上下水道暢通；地面耐濕、防滑、排水良好，便於清潔。

（二）配製室

1. 主要功能 培養基的配製、植物材料的預處理。

2. 設計要求 小型實驗室面積一般為 10～20m²。要求房間寬敞明亮、通風、乾燥、清潔衛生，便於多人同時操作；有電源、自來水和水槽，保證上下水道暢通。有時可將配製室內部隔為秤量分室和配製分室。規模較小時，配製室可與洗滌室合併為準備室。

（三）滅菌室

1. 主要功能 用於培養基、器皿、工具和其他物品的消毒滅菌。

2. 設計要求 專用的小滅菌室面積一般為 5～10m²。要求安全、通風、明亮；牆壁和

地面防潮、耐高溫；配備水源、水槽、電源或煤氣加熱裝置和供排水設施；保證上下水道暢通，通風措施良好。生產規模較小時，可與洗滌室、配製室合併在一起，但滅菌鍋的擺放位置要遠離天平和冰箱，而且必須設置換氣窗或換氣扇，以利於通風換氣。為了便於材料從滅菌室到接種室的轉移，可以在牆壁上設置傳遞窗（圖 2-1-1），傳遞窗裡面安裝紫外線，可對傳遞物品進行消毒。

（四）緩衝間

1. 主要功能 防止帶菌空氣直接進入接種室和工作人員進出接種室時帶進雜菌。接種人員在緩衝間更衣、換鞋、洗手、戴上口罩後才能進入接種室。

2. 設計要求 面積不宜太大，一般為 $2\sim3m^2$。要求空間潔淨，牆壁光滑平整，地面平坦無縫。緩衝間應安裝 1～2 盞紫外光燈，用以接種前的照射滅菌；配備電源、自來水和小洗手池，備有鞋架、拖鞋和衣帽掛鉤，分別用於接種前洗手、擺放拖鞋和懸掛已滅過菌的工作服（圖 2-1-2）。

圖 2-1-1 無菌傳遞窗　　　　圖 2-1-2 緩衝間

在緩衝間和接種室之間用玻璃隔離（圖 2-1-3），配置平滑門，以便於觀察、參觀和減少開關門時的空氣擾動。有些緩衝間和接種室中間還設置有風淋室（圖 2-1-4），人員進入後系統自動打開開關就可以對進入人員進行若干秒的全身消毒，進入人員需要在內部進行 180°轉身以達到全身清潔和初步消毒的目的。

圖 2-1-3 玻璃觀察窗　　　　圖 2-1-4 風淋室

（五）接種室

1. 主要功能 進行植物材料的接種、培養物的轉移等無菌操作，因此接種室也稱為無菌操作室。其無菌條件的好壞對組織培養的成功與否起著重要作用。

2. 設計要求 接種室不宜設在易受潮的地方。其大小根據實驗需要和環境控制的難易程度而定。在工作方便的前提下，宜小不宜大，小的接種室面積在 $5\sim 7m^2$ 即可。接種室要求密閉、乾爽安靜、清潔明亮；塑鋼板或防菌漆的天花板、塑鋼板或白瓷磚的牆面光滑平整，不易積染灰塵；水磨石或水泥地面平坦無縫，便於清洗和滅菌。配備電源和平滑門窗，要求門窗密封性好；在適當的位置吊裝紫外光燈，保持環境無菌或低密度有菌狀態；安置空調機，實現人工控溫，這樣可以緊閉門窗，減少與外界空氣對流。接種室與培養室透過傳遞窗相通。

（六）培養室

1. 主要功能 植物材料離體培養的場所。

2. 設計要求 保持清潔，有光照、溫控設備和定時設備（圖 2-1-5、圖 2-1-6），溫度一般保持在 $(25\pm 2)℃$，光照度 $1\,000\sim 5\,000$ lx，光照時間 $8\sim 16$ h/d，在實際工作中應根據不同要求靈活掌握。

圖 2-1-5　光週期調控設備　　　　　圖 2-1-6　空調機組

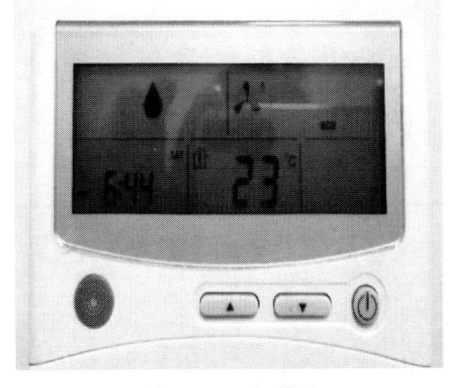

培養室的大小可根據生產規模和培養架的大小、數目及其他附屬設備而定（圖 2-1-7）。每個培養室不宜過大，面積為 $10\sim 20m^2$ 即可，以便於對條件的均勻控制。其設計以充分利用空間和節省能源為原則，最好設在向陽面或在建築的朝陽面設計雙層玻璃牆，或加大窗戶，以利於接收更多的自然光線，高度比培養架略高為宜。培養室外最好有緩衝間或走廊。

（七）觀察室

1. 主要功能 對培養材料進行細胞學或解剖學觀察與鑑定；植物材料的攝影記錄；對培養物的有效成分進行取樣檢測。

2. 設計要求 觀察室可大可小，但一般不宜過大，以能擺放儀器和操作方便為準。要求房間安靜、通風、清潔、明亮、乾燥，保證光學儀器不振動、不受潮、不汙染、不受光線直射。

(八) 馴化室

1. 主要功能　用於組培苗的馴化。

2. 設計要求　馴化室應該具有一定的控溫、保濕、遮陽條件，一般要求溫度在15～25℃，相對空氣濕度＞70％，避免強光。普通溫室或塑膠大棚經過適當改造均可使用，室內配有彌霧裝置、遮陽網、防蟲網、移植床、營養缽及移栽基質等（圖 2-1-8）。

圖 2-1-7　培養室 　　　　　　　　　圖 2-1-8　馴化室

三、家庭組培室的設計

家庭組培室適合規模小、管理相對粗放的種苗組培生產。

1. 設計原則

(1) 因地制宜，因陋就簡。

(2) 簡化程序，安全、方便操作。

(3) 有效防塵，防汙染。

(4) 經濟實用。

2. 總體要求

(1) 根據現有房間的結構與裝修情況進行改建。要求合理利用家庭空間，控制用房面積，生產用電與生活用電分開，單獨設置控電盤，生產用房與生活用房隔開使用。

(2) 保證接種與培養空間潔淨、密封性好。

(3) 培養空間充分利用自然光照。如果房間不太寬餘，將培養瓶擺放在光亮處即可。採用空調控溫或不用空調，組培苗生產集中安排在春、秋兩季，以減少能耗。

(4) 自製或選購物美價廉的設備和用具，從而降低成本。

四、組培空間設計案例

1. 組培室設計案例　組培室設計案例見圖 2-1-9、圖 2-1-10。

第二章 組培實驗室設計與管理

圖 2-1-9　組培室設計案例 I

圖 2-1-10　組培室設計案例 II

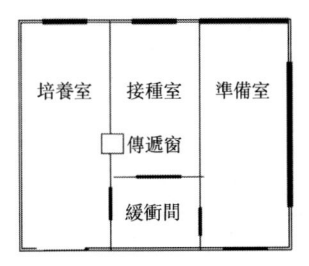

2. 家庭組培室設計案例　家庭組培室設計案例見圖 2-1-11、圖 2-1-12。

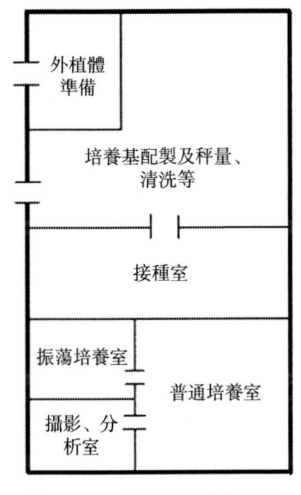

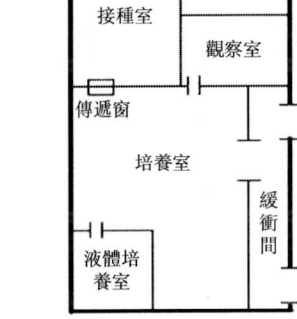

圖 2-1-11　家庭組培室設計案例 I

圖 2-1-12　家庭組培室設計案例 II

學習筆記

技能訓練

組培實驗室的辨識

一、訓練目標

　　能夠準確說出組織培養實驗室的設計原則與總體要求、各分室的功能與具體設計要求。清楚組培實驗室的儀器設備與器皿用具的配置與用途。

二、材料與用品

組培實驗室、組培常用的儀器設備和藥品、筆記本、鋼筆等。

三、方法與步驟

（1）教師總體介紹後，學生帶著問題分組參觀並討論實驗室設計。
（2）教師與學生共同討論實驗室組成與規劃設計問題。

四、注意事項

（1）實訓前實驗員和指導教師必須做好充分的準備，明確組培實驗室的規章制度及其特殊性，強調參觀的紀律要求。
（2）分組分時間段交替訓練，教師加強組織協調與指導。
（3）實訓期間創設問題情境，調動學生的好奇心和學習積極性，並透過小組討論促使學生自主生成新知識。
（4）從認知規律出發，建議本次實訓安排在相關理論教學之前進行。

五、考核評價建議

考核重點是組培實驗室的組成、功能和設計要求。考核方案見表 2-1-4。

表 2-1-4　組培實驗室的辨識考核評價

考核項目	考核標準	考核形式	滿分
實訓態度	1. 任務工單撰寫字跡工整、詳略得當（10 分）； 2. 遵守實驗室規定和實訓紀律（5 分）； 3. 認真聽講，積極思考，有合作精神（5 分）	教師評價	20 分
實驗室組成與設計要求	1. 能夠準確說出組培實驗室的基本組成、設計原則和總計要求（20 分）； 2. 能夠準確說出組培實驗室各分室的功能與具體設計要求（20 分）； 3. 熟悉組培實驗室的特點（10 分）	現場抽查	50 分
儀器設備與器械用具的辨識	1. 能夠辨識組培實驗室的儀器設備和器械用具，並說出各自的用途（20 分）； 2. 實訓記錄詳細、全面（10 分）	現場檢查	30 分
合計			100 分

知識拓展

LED 植物燈走進了組培室

光環境是植物生長發育不可缺少的重要物理環境因素之一，透過光質調節，控制植株形態建成是設施生產中的一項重要技術。植物組培室所用的人工光源一般為多層架安裝螢光燈，由於螢光燈的發熱量較高，離植物太近會灼傷植物，不但增加了電能損耗還增加了室內的熱負荷。目前組培新型光源——LED 冷光源可代替螢光燈，進一步提高組培苗的增殖係數、生根品質，改良壯苗過程，加速煉苗，縮短總生長週期。

自我測試

一、填空題

1. 組培室一般由_____、_____、_____、_____、_____和_____等分室組成。
2. 在設計組培室時，一般要求培養室與其他分室面積之比為_____，培養室的有效面積與生產規模相適應。
3. 在培養室，用_____控制光照時間，利用空調機調控_____。
4. 在緩衝間和接種室之間設置_____，以減少開關門時的空氣擾動。
5. 植物組培實驗室必備的設備有_____、_____、_____、_____等。
6. 組培室各分室的平面布局主要依據_____進行規劃。
7. 超淨工作臺的工作原理是利用_____來過濾空氣，使吹出來的風無菌。

二、是非題

1. 配製室的主要功能是洗滌培養器皿，配製培養基。（　　）
2. 設置緩衝間的目的主要是為了防止外界有菌空氣進入接種室。（　　）
3. 接種室、培養室的裝修材料須經得起消毒、清潔，並設置能確保與其潔淨度相應的控溫、控濕設施。（　　）
4. 組培室必須滿足生產準備、無菌操作、控制培養三項基本工作的要求。（　　）

三、簡答題

1. 植物組織培養實驗室的設計原則及要求有哪些？
2. 植物組織培養實驗室的組成是什麼？每部分的功能是什麼？
3. 組培室與常規實驗室在設施構成與功能定位上有何不同？
4. 植物組織培養實驗室與家庭組培室設計原則及要求有何異同？

四、設計題

請設計一個組培室，並繪製出平面圖，標明應該具有哪些分室以及需要購置的主要儀器設備。

第二節
組培室管理

知識目標
- 掌握組培設備、器械的用途及使用方法。
- 掌握不同玻璃器皿的洗滌方法。
- 了解組培室管理的一般規定和要求。
- 熟悉組培實驗室日常管理的內容。

能力目標
- 能夠熟練使用組培室常用儀器和設備。
- 能夠按照洗滌標準對玻璃器皿進行洗滌。
- 能夠分類管理和使用接種工具與儀器設備。

素養目標
- 自覺遵守安全生產規範和操作規程。
- 遵紀守法，具有環保意識、整體意識和大局意識等。

知識準備

任務一　常用設備和儀器的使用

一、配製設備和儀器

（一）電子分析天平

1. 構造　電子分析天平主要由天平機體、秤量艙、天平秤盤、鍵板、液晶顯示器等構成（圖2-2-1）。

2. 操作步驟

（1）調平。天平放平穩後，轉動腳螺旋，使水平氣泡在指示環內。

（2）自檢。空載條件下，單擊「ON」鍵，天平顯示自檢，待天平穩定30min後進行秤量。

（3）清零。按「Tare」鍵，液晶螢幕顯示「0.0000」，進入待測狀態。

（4）去皮重清零。將硫酸紙或空容器放在天平秤盤上，顯示其重量值，再按「Tare」鍵清零，液晶螢幕再

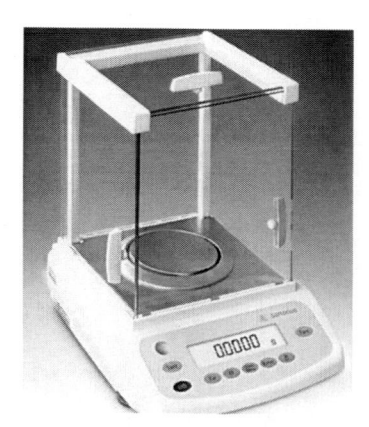

圖2-2-1　電子分析天平

顯示「0.000 0」狀態。

（5）秤取樣品。向硫酸紙或空容器中加入藥品，至液晶螢幕左側穩定標誌「→」出現，讀數即為樣品品質。

（6）關機。恢復零點平衡，按住「OFF」鍵。

3. 注意事項

（1）天平為精密儀器，最好放置於空氣乾燥、涼爽的房間內，嚴禁靠近磁性物體。

（2）使用時雙手、樣品、容器及硫酸紙一定要潔淨乾燥，切勿將藥品直接放到天平秤盤上。在使用過程中，不要撞擊天平所在的臺面，要關上附近的門窗，以防氣流影響秤量。

（3）秤量時不要在天平秤盤上裝載超過量程的秤量物。

（4）天平必須進入預熱狀態方可使用。

（5）天平長時間不用再啟用時，應用儀器原配外部標準砝碼進行校準。

（二）精密 pH 計

1. 構造 精密 pH 計主要由控制與處理系統和電極兩部分構成。在主體上有液晶顯示器、調節與控制按鈕，用於測定培養基及其他溶液的酸鹼度，一般要求可測定 pH 範圍為 1～14，精度 0.01 即可（圖 2-2-2）。

2. 操作步驟

（1）先將電極夾放在電極架上，再將複合電極夾好，檢查電極是否完好。

（2）接通電源，將電源開關置於開的位置，預熱 30min。

（3）取下電極套，用水將電極清洗乾淨後用濾紙吸乾，將儀器選擇開關置 pH 檔，調節溫度補償旋鈕至被測溶液溫度，再將斜率調節旋鈕順時針旋到 100% 位置。

（4）將電極插入與被測溶液酸鹼度相接近的標準緩衝液中，調節定位調節旋鈕，使數字顯示值與該緩衝溶液當時溫度下的 pH 一致。取出電極用水沖洗乾淨，用濾紙吸乾，插入另外一種相差約 3 個酸鹼度的標準緩衝液中，輕微搖動溶液，使示值穩定，pH 應與標準緩衝液的 pH 相同，如有誤差，可調節斜率旋鈕，使讀數為該標準緩衝液的 pH。

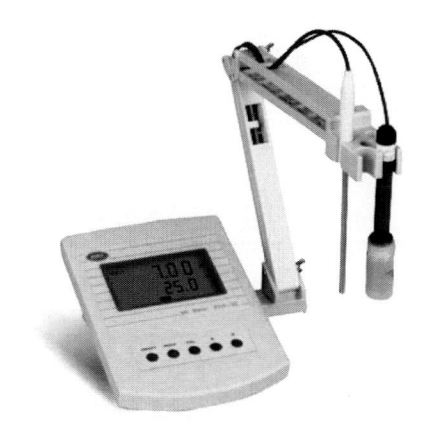

圖 2-2-2　精密 pH 計

（5）經上述校正後的定位調節旋鈕和斜率調節旋鈕不能再旋動。取出電極，用水沖洗乾淨，並用濾紙吸乾，再插入被測溶液中，輕微搖動溶液，待穩定後顯示的讀數即為該溶液的酸鹼度。若被測溶液與校正溶液溫度不同，可調節溫度調節旋鈕至被測溶液的溫度後依上法測定。應反覆測定兩次，取平均值。

（6）測定完畢後切斷電源，取出電極沖洗乾淨後及時套上電極套（套內放少量 3mol/L 氯化鉀溶液），以備下次使用。

3. 注意事項

（1）一般情況下，儀器在連續使用時，每天要標定一次；一般 24h 內儀器不需再標定。

（2）使用前要拉下電極上端的橡皮套，使其露出上端小孔。

（3）標定的緩衝溶液一般第一次用 pH 6.86 的溶液，第二次用接近被測溶液 pH 的緩衝液，如被測溶液為酸性時，緩衝液應選 pH 4.00；如被測溶液為鹼性，則選 pH 9.18 的緩衝液。

（4）測量時，電極的引入導線應保持靜止，否則會引起測量不穩定，電極切忌浸泡在蒸餾水中。

（5）保持電極球泡的濕潤，如果發現乾枯，在使用前應在 3mol/L 氯化鉀溶液或微酸性的溶液中浸泡幾小時，以降低電極的不對稱電位。

二、滅菌設備和儀器

（一）自動立式高壓滅菌鍋

1. 構造 主要由鍋體和鍋蓋兩部分組成（圖 2-2-3）。其工作原理是利用所產生的高壓濕熱蒸汽（溫度為 121～123℃，壓力為 0.105～0.15MPa）來達到殺滅細菌和真菌的目的。下面以 SYQ·LDZX-40B1 自動立式高壓滅菌鍋為例，介紹其使用方法。

2. 操作步驟

（1）裝鍋。旋轉手輪打開鍋蓋，將滅菌物品裝入附帶的周轉筐內，依次放入滅菌鍋內，蓋上內鍋蓋。

（2）通電加水。打開電源開關，斷水燈和低水位燈同時亮，表示電源接通，鍋內缺水。沿內鍋和外鍋夾縫加水，至高水位燈亮。為了保險起見，在高水位燈亮後再加入 1.0～1.5L 水。

（3）封蓋。按照與打開外鍋蓋的反向程序封蓋。要求壓板嵌入固定柱內，正好被插銷固定，雙手旋轉手輪使外鍋蓋與鍋體密封嚴實。

（4）設置滅菌參數。根據滅菌物品的種類、性質、容積等決定滅菌參數。滅菌參數包括滅菌溫度和滅菌時間。滅菌溫度與時間的設定範圍與便攜式高壓滅菌鍋相同，即溫度 121～123℃，滅菌時間 20～30min。滅菌參數設定後，滅菌鍋開始自動加熱。

（5）自動排冷空氣和升溫、自動保壓。這兩個環節由滅菌鍋自動完成。當溫度達到設定值時，滅菌鍋的顯示窗顯示開始倒計時。當顯示器顯示「END」時，蜂鳴器發出提示音，表示滅菌結束。

圖 2-2-3　高壓滅菌鍋

（6）斷電降壓。滅菌結束後，關閉電源，讓鍋內壓力慢慢下降。當壓力表指針降至 0.05MPa 時，可手動打開排氣閥，加快排氣降壓。如果不急於結束滅菌工作，也可不切斷電源，等待滅菌鍋自動降壓為零。

（7）出鍋冷卻。撐開鍋蓋，戴上隔熱手套，取出滅菌物品，並用周轉筐運至接種室或冷卻室。

3. 注意事項

（1）裝鍋時嚴禁堵塞安全閥的出氣孔，鍋內必須留出空位，以保證水蒸氣暢通。

（2）滅菌液體時，應採用耐熱玻璃瓶灌裝，灌裝量以不超過 3/4 體積為好，切勿使用未打孔的橡膠或木塞瓶。

（3）在滅菌過程中，應注意排淨鍋內冷空氣，鍋內冷空氣排放不乾淨會影響滅菌效果，達不到徹底滅菌的目的。

（4）壓力鍋長期使用後，若壓力表的指示不正確或不能回復零位，應及時檢修。

（5）平時應保持設備清潔乾燥，橡膠密封墊使用日久會老化，應定期更換。

（6）安全閥應定期檢查其可靠性，當工作壓力超過 0.165MPa 時需要更換合格的安全閥。

（二）接種器械滅菌器

1. 構造　接種器械滅菌器是由陶瓷內膽、不鏽鋼外殼、電子顯示器、溫控系統、石英珠、器械架組成（圖 2-2-4）。採用陶瓷內膽發熱元件和智慧數顯溫控技術，其內膽內溫度可調節範圍為 0～330℃；升溫快，15s 完成一次殺菌過程；殺菌效果好，克服了傳統酒精燈滅菌不徹底、不均勻、造成空氣汙染和火災隱患的缺點，大大提高了工作效率。

2. 操作步驟

（1）開啟瓶蓋，將石英珠裝入消毒芯內。

（2）接通電源，打開電源開關，加熱燈亮，消毒器開始升溫。

（3）當溫度達到 285℃ 以上時，將所需殺菌的刀、剪子、鑷子、針等插入石英珠內。

（4）20～30s 後取出器械，置於器械擱置架上冷卻後即可進行接種操作。

3. 注意事項

（1）消毒芯內石英珠不要裝得過滿，否則當插入工具時會使石英珠溢出而散落至超淨臺面上。

（2）消毒後的工具應充分冷卻後再使用，否則容易燙傷外植體。

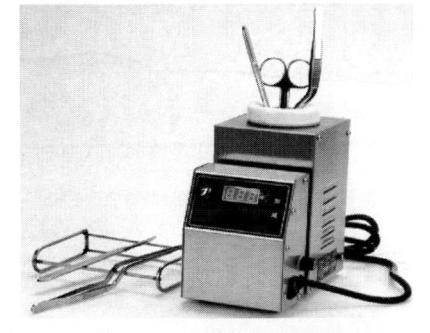

圖 2-2-4　接種器械滅菌器

（3）長時間使用，有時會出現溫度上升慢或不升溫現象，多半是溫控系統出現問題，應及時維修或更換。

（三）乾燥箱

1. 構造　乾燥箱主要由箱體、工作室、加熱器、循環風機、溫度控制調節儀、超溫保護及報警裝置等構成（圖 2-2-5）。乾燥箱的工作原理是通電加熱，由溫度控制器控溫，透過循環風機吹出熱風，以保證密閉箱體內的溫度平衡。乾燥箱內溫度保持在 80～100℃ 用於乾燥洗淨的玻璃器皿，在 170℃ 溫度下保持 1～2h 用於乾熱滅菌。

2. 操作步驟

（1）開啟。把要烘乾的物品放置在烘箱的擱架上，關緊烘箱門，接通電源。

（2）設定溫度，加熱。設定烘乾溫度和時間。將電子溫度調節儀的設定旋鈕調到所需溫

度刻度值上，加熱器開始加熱，電子溫度調節儀上綠燈亮，工作室內的溫度逐漸上升。

（3）斷電。達到設定溫度和時間後，綠燈滅，紅綠燈交替閃亮，表示進入恆溫狀態，此時可切斷電源。

（4）待冷卻後取出物品。

3. 注意事項

（1）乾燥箱內嚴禁放入易燃、易揮發物品，以防爆炸。

（2）乾燥箱工作期間，箱門不宜頻繁打開，以免影響恆溫效果。

（3）定期檢查溫控器是否準確，加熱管有無損壞，線路是否老化，通風口是否堵塞。

（4）保持箱內外潔淨衛生。

（5）突然停電，應把電源開關和加熱開關關閉，防止來電時自動啟動。

圖 2-2-5　乾燥箱

（四）液體過濾滅菌裝置

組培中，如果培養基配方中需要加入吲哚乙酸或吉貝素、玉米素、某些維他命等不耐熱的物質時，通常採用液體過濾滅菌裝置進行滅菌（圖 2-2-6）。液體過濾滅菌器的滅菌原理是透過直徑<0.45μm 的微孔濾膜，使溶液中的細菌和真菌的孢子等因大於濾膜直徑而無法通過濾膜，從而達到滅菌的效果。

1. 構造　液體過濾滅菌裝置是由醫用針筒、細菌過濾器（圖 2-2-7）和針頭組成，細菌過濾器內裝有一次性微孔濾膜，液體透過微孔濾膜即可過濾掉細菌和真菌。

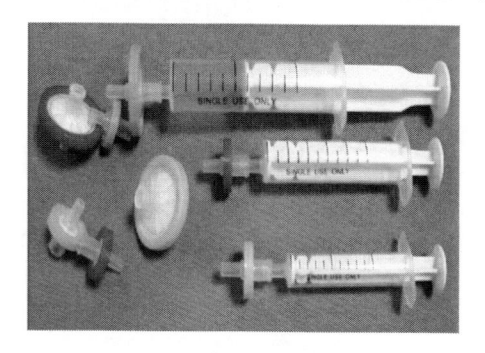

圖 2-2-6　液體過濾滅菌裝置

圖 2-2-7　細菌過濾器

2. 操作步驟

（1）將用鋁箔包裹好的細菌過濾器、針筒以及承接濾過滅菌液的容器和瓶塞，用耐壓塑膠袋包好後隨培養基一起進行高壓濕熱滅菌。

（2）將配製好的一定濃度的激素、抗生素、維他命溶液，預先放置在超淨工作臺上。

（3）雙手用酒精棉球擦拭消毒，然後在超淨工作臺上組裝細菌過濾裝置。

（4）用移液槍或直接將待過濾的液體注入針筒內，用力推壓針筒活塞桿，使液體流過濾

膜，密封待用。

（5）使用時，按照培養基配方要求加入的量，用已消毒的移液槍立即加到未凝固的固體培養基中，輕輕晃動幾次，使各種成分充分混勻；如果使用液體培養基，可在培養基冷卻後加入。

三、接種設備和儀器

（一）超淨工作臺

1. 構造 超淨工作臺是由三相電機、鼓風機、初過濾器、超過濾器、操作臺、紫外光燈、照明燈、配電系統和不鏽鋼外殼等部分組成（圖2-2-8）。鼓風機、初過濾器和超過濾器組成空氣淨化系統，接種室內的空氣透過內部小型電動機帶動風扇，使空氣先透過一個前置過濾器，濾掉大部分塵埃，再經過一個細緻的高效過濾器，將大於 $0.3\mu m$ 的顆粒濾掉，然後使過濾後的不帶細菌、真菌的純淨空氣以 $0.5 \sim 0.6 m/s$ 的流速吹過工作臺的操作面，在工作臺面製造無菌區，此氣流速度能避免坐在超淨工作臺旁的操作人員造成的輕微氣流汙染培養基。

圖 2-2-8 超淨工作臺

2. 操作步驟

（1）接通電源。

（2）開啟臺內紫外線燈殺菌 30min。

（3）關閉紫外線燈，打開風機 20min。

（4）打開臺內照明燈，準備接種。

3. 注意事項

（1）新安裝的或長期未使用的超淨工作臺，使用前需用超淨真空吸塵器或不產生纖維的工具對超淨工作臺和周圍的環境進行清潔處理。

（2）工作臺面上不要存放不必要的物品，以保持工作區間內的潔淨氣流不受干擾。

（3）操作時盡量避免有明顯擾亂氣流的動作，禁止在工作臺面上記錄。

（4）定期（一般為 2 個月）用熱球式風速儀測定工作區的風速，如發現不符合技術要求，可調大風機的供電電壓。

（二）顯微鏡

顯微鏡包括雙目實體顯微鏡（解剖鏡）、生物顯微鏡、倒置顯微鏡、乾涉顯微鏡和電子顯微鏡。顯微鏡上要求能安裝或帶有照相裝置，以對所需材料進行攝影記錄。

雙目實體顯微鏡下可進行培養材料（如莖尖分生組織、胚等）的分離，解剖和觀察植物的器官、組織，也可以從培養器皿的外部觀察細胞和組織的生長情況；生物顯微鏡可用於觀

察花粉發育時期以及培養過程中細胞核的變化；倒置顯微鏡物鏡在鏡臺下面，可以從培養皿的底部觀察培養物。

四、培養設備和儀器

培養設備是指根據需要所選用的不同規格和控制精度的用於植物細胞、組織和器官培養的設施和設備，常用的設備有：

（一）搖床和轉床

在液體培養中，為了改善浸於液體培養基中的培養材料的通氣狀況，可用搖床（振盪培養機）來振動培養容器（圖 2-2-9）。振動頻率 60～120 次/min 為低速，120～250 次/min 為高速，植物組織培養可用 100 次/min 左右。搖床衝程應在 3cm 左右，衝程過大或振速過高會使細胞振破。

轉床（旋轉培養機）同樣用於液體培養。由於旋轉培養使植物材料交替地處於培養液和空氣中，所以氧氣的供應和對營養的利用更好。通常植物組織培養用 1r/min 的轉床，懸浮培養需用 80～100r/min 的轉床。

圖 2-2-9　搖　床

（二）培養架

培養架是目前所有植物組織培養實驗室植株繁殖培養的通用設施（圖 2-2-10）。它成本低、設計靈活、可充分利用培養空間，以操作方便、最大限度利用培養空間為原則。培養架是無菌苗生長的場所，提供植物生長所需的光照，並能根據實際情況控制光照度。培養材料通常擺放於培養架上，一般有 4～5 層，光照度可根據培養植物特性來確定，一般每架上配備 2～4 盞日光燈。培養架每層層高 60～100cm，底部放置盤為網狀，便於散熱。每層都應設置有日光燈或補光燈，對放置的植物材料進行適當光週期培養，每層培養架都要設置有控制光週期的開關，以便滿足不同時期植物材料的不同光照需要。

圖 2-2-10　培養架

如果直接將接種好的組培瓶放置於一般環境中，則會由於光照度不足導致誘導失敗。因此，最好選擇光照培養架為組培苗提供更適宜生長的條件。

（三）恆溫培養箱或光照培養箱

恆溫培養箱或光照培養箱又稱培養箱，是無菌苗培養的場所，可用於組織培養材料的保存、培養等。培養箱內通常安裝有日光燈管，可進行溫度和光照調節（圖 2-2-11）。在植物培養過程中不但可以提供合適的光照度，還能控制無菌苗培養的溫度。另外，光照培養箱還

能根據不同植物的生長習性調節光照週期，適合用於開展課外探究活動，例如，短日照菊花品種透過調節光照時間長短可以控制菊花開花等。光照培養箱比光照培養架功能更加強大，應用面不僅僅侷限於植物組織培養的範圍內，且管理也更加方便，即使在寒暑期無人值守的情況下，只要事先將各個參數設定好，便無後顧之憂。

（四）空調機組

接種室的溫度控制，培養室的控溫培養，均需要用空調器。通常設置恆定的溫度和濕度，以滿足不同植物材料對溫濕度環境的要求。

（五）加濕器和除濕機

在組培苗生長的不同時期，當培養室內濕度不能夠滿足組培苗所需的濕度時往往需要透過加濕裝置來對培養室內濕度進行調控。在多雨季節，為了降低植物組織培養實驗室內的空氣濕度，使用除濕機是十分必要的。

圖 2-2-11　光照培養箱

學習筆記

技能訓練

常用儀器和設備的使用

一、訓練目標

掌握植物組織培養必需的設備、儀器及各種器皿的使用方法。

二、材料與用品

各種天平、高壓滅菌鍋、超淨工作臺、乾燥箱、顯微鏡、解剖鏡、酸度計、離心機、各種玻璃器皿、各種金屬器械等。

三、方法與步驟

1. 常用儀器和設備

（1）蒸餾水器（學習操作）。

（2）手提式高壓滅菌鍋、立式蒸汽高壓滅菌鍋（學習使用、操作）。

（3）天平。托盤天平、電子天平（精密度 1/100）、電子分析天平（精密度 1/10 000）。

（4）超淨工作臺（學習使用、操作）。

(5) 電熱乾燥箱（烘箱）。
(6) 恆溫光照培養箱（學習操作）。
(7) 電冰箱。
(8) 顯微鏡和解剖鏡。手提式解剖鏡（學習使用、操作）、立體解剖鏡、普通顯微鏡。
(9) 旋轉培養機。
(10) 離心機（學習使用、操作）。
(11) 酸度測定儀。精密 pH 4～7 試紙、酸度計。

2. 必要的器皿

(1) 培養器皿。試管、三角瓶（錐形瓶）、圓形培養瓶（罐頭瓶）、培養皿、扁身培養瓶、L 型和 T 型管、凹面載玻片。
(2) 盛裝器皿。試劑瓶。
(3) 燒杯。
(4) 計量器皿。量筒、容量瓶、吸管。
(5) 其他器皿。滴瓶、秤量瓶、漏斗、玻璃管、針筒等實驗室常用器皿。

3. 金屬器械

(1) 鑷子類。長型鑷子（長 20～25cm，接種或轉移癒傷組織）、尖端彎曲的「槍型」鑷子（鑷取較小的植物組織）、尖頭鐘錶鑷子和鴨嘴鑷子（剝離表皮）、尖端為小鏟狀的鑷子（挖取帶瓊脂培養基的培養物）。
(2) 解剖刀和刀類。菱形刀（切割柔軟組織中小細胞團）、解剖刀（手術刀）、雙面刀片銲接在鐵棒上（切取莖尖）、鋒利小刀、大刀和小鐵鍬。
(3) 剪刀類。解剖剪、眉剪、眼科剪、彎頭剪（長 18～25cm）、修枝剪等。
(4) 接種針。

四、實訓報告

將本次實訓內容整理成實訓報告。

任務二　玻璃器皿的洗滌

　　植物組織培養需要大量的三角瓶、培養瓶、試劑瓶等玻璃器皿，並且對玻璃器皿的清潔度要求較高，因此，新購、用過或已汙染的玻璃器皿需要清潔後才能使用。如果清洗不徹底，會給後期培養基徹底滅菌帶來壓力，可能使材料在培養過程中發生汙染，造成不必要的損失，甚至培養失敗。因此，玻璃器皿的洗滌是植物組織培養一項重要的、經常性的工作。

一、洗滌方法

1. 新購的玻璃器皿　　新購置的玻璃器皿含游離鹼較多，採用酸洗法。在酸性溶液（1%～2%鹽酸或洗滌液）內先浸泡 4h 以上，浸泡後用自來水沖洗乾淨，再用蒸餾水沖洗 2～3 次，晾乾備用。

2. 使用過但未汙染的玻璃器皿 使用過的玻璃器皿應及時清洗，洗滌方法採用酸洗法和鹼洗法，具體如圖 2-2-12 所示。

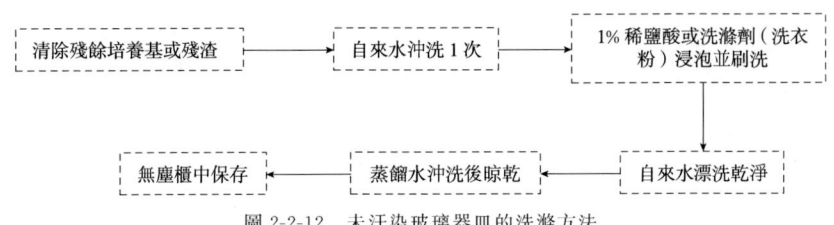

```
清除殘餘培養基或殘渣 → 自來水沖洗 1 次 → 1%稀鹽酸或洗滌劑（洗衣粉）浸泡並刷洗
                                                    ↓
無塵櫃中保存 ← 蒸餾水沖洗後晾乾 ← 自來水漂洗乾淨
```

圖 2-2-12 未汙染玻璃器皿的洗滌方法

3. 汙染過的玻璃器皿 汙染較輕的培養器皿可用 0.1％高錳酸鉀（$KMnO_4$）溶液浸泡消毒後再清洗；汙染較重的培養器皿經高壓濕熱滅菌後再清洗，清洗時一般首選鹼洗法；如果玻璃器皿上面沾有蛋白質或其他有機物，則採用酸洗法，也可將汙染瓶先高壓滅菌後再用鹼洗法洗滌。

4. 移液管、量筒和容量瓶等玻璃量具 先在溶化的洗衣粉中浸泡若干小時或用 95％酒精反覆吸洗數次後，取出用流水沖洗 30min 以上，最後用蒸餾水潤洗一遍，置於晾乾架上晾乾備用。

5. 接種工具 常用接種工具包括鑷子、剪刀、解剖刀等，新買來的接種工具上會有潤滑油或防鏽油，用蘸有消毒液的棉布擦去油脂，再用濕布擦淨後乾燥備用。每次使用後先用洗衣粉水刷洗乾淨，用酒精擦拭，再用報紙或消毒袋經高溫高壓滅菌鍋滅菌後放入烘乾箱乾燥後待用。

二、洗滌標準

玻璃器皿透明鋥亮，內外壁水膜均一，不掛水珠，無油汙和有機物殘留。

三、洗滌注意事項

（1）要特別注意各類器皿的封口處，尤其是有螺旋的封口容易殘留植物材料殘體或汙染物殘體，要嚴格清洗。

（2）進行無菌操作時操作人員一定會在培養瓶上進行日期、品種和其他重要資訊的標識，在清洗時一定要將上一次的標記清洗乾淨，避免造成資訊混淆。

（3）剛清洗過的玻璃器皿必須晾乾或烘乾後才能使用。

（4）移液管、燒杯、量筒等玻璃器皿在瓶體上會有溫度的使用標識，一般要求在室溫 20℃下使用，因此不能在清洗後進行高溫烘乾，只能倒置在固定臺面上或在專用架子上常溫晾乾後使用。

學習筆記

任務三　組培室日常管理

組培室是進行材料離體培養的場所，要求保持整潔和無菌。要做到這點，就必須嚴格按照無菌級別要求設計建造組培空間，同時更要加強組培空間的日常管理，從而為種苗組培快繁工作的順利開展創造有利條件。

一、注重員工培訓

組培企業員工的素養高低直接決定了組培工作的效率與品質，因此一定要重視員工培訓。透過培訓，可以使員工具有無菌觀念和良好的職業習慣、合作意識與團隊精神，提高員工的技術與技能水準，為科學、有效管理組培空間，保證組培生產的高效進行奠定基礎。

二、加強組培室日常管理

植物組織培養實驗室相對於其他實驗室要求更嚴格。因此，組培室的日常管理要突出重點，注重細節，明確責任，強調科學、實效。組培室日常管理的主要管理措施有：

（1）實行職位責任制，明確職位職責。

（2）建立組培室管理制度，加強員工的安全衛生教育，嚴格控制人員出入，若因工作需要必須進入，務必做好消毒工作。

（3）藥品、器械等要分類存放，藥品使用登記要有嚴格制度。

（4）設施設備維護與保養採用專人負責制，安全使用，定期檢修，發現安全隱患及時排除。

（5）文件資料要分類保管，認真執行技術保密制度和借閱登記制度。

（6）上下工序交接記錄填寫認真、規範。

（7）定期進行空間消毒滅菌，具體的滅菌方法可採用燻蒸滅菌（甲醛和高錳酸鉀，用量一般是甲醛 $10mL/m^3$、高錳酸鉀 $5g/m^3$，每年 1～2 次，注意使用琺瑯盆盛裝，倒入甲醛時會產生大量的煙霧，要迅速避開煙霧，密閉 3d）、噴霧法（2％新潔爾滅或 70％酒精）、紫外光照射、擦拭（70％酒精）等。

（8）培養室（工廠）分區、分類擺放瓶苗，標識清晰，汙染的瓶苗及時清除。

（9）要求員工注意個人衛生，規範操作，監督互查，相互配合，協同一致，誠實守信。

學習筆記

知識拓展

實驗室一般性傷害的應急措施

一、燙傷或灼傷

燙傷後切勿用水沖洗，一般可在傷口處擦燙傷膏或用濃高錳酸鉀溶液擦皮膚，再塗上凡士林或燙傷膏，被磷灼傷後，可用高錳酸鉀溶液洗滌傷口，然後進行包紮，切勿用水沖洗。

二、創傷（碎玻璃引起的）

傷口不能用手撫摸，也不能用水沖洗。若傷口裡有碎玻璃片，應先用消過毒的鑷子將其取出來，在傷口上擦龍膽紫藥水，消毒後用止血粉外敷，再用紗布包紮。傷口較大、流血較多時，可用紗布壓住傷口止血，並立即送醫務室或醫院治療。

三、受（強）酸腐蝕

先用乾淨毛巾擦淨傷處，用大量水沖洗，然後用飽和碳酸氫鈉溶液（或稀氨水、肥皂水）沖洗，再用水沖洗，最後塗上甘油。酸濺入眼睛時，先用大量水沖洗，再用碳酸氫鈉溶液沖洗，嚴重者送醫院治療。

四、受（強）鹼腐蝕

先用大量水沖洗，再用2％醋酸溶液或飽和硼酸溶液清洗，然後再用水沖洗，若鹼濺入眼內，用硼酸溶液沖洗。

五、液溴腐蝕

應立即用大量水沖洗，再用甘油或酒精洗滌傷處；氫氟酸腐蝕，先用大量冷水沖洗，再用碳酸氫鈉溶液沖洗，然後用甘油氧化鎂塗在紗布上包紮；苯酚腐蝕，先用大量水沖洗，再用4體積10％酒精與1體積三氯化鐵的混合液沖洗。

六、吸入毒氣

中毒很輕時，通常只要把中毒者移到空氣新鮮的地方，解鬆衣服，使其安靜休息，必要時給中毒者吸入氧氣，但切勿隨便使用人工呼吸；若吸入溴蒸氣、氯氣、氯化氫等，可吸入少量酒精和乙醚的混合物蒸汽，使之解毒；吸入溴蒸氣的，也可用嗅氨水的辦法減緩症狀；吸入少量硫化氫的，立即移至空氣新鮮的地方。中毒較重的，應立即送到醫院治療。

七、誤吞毒物

常用的解毒方法是給中毒者口服催吐劑，如肥皂水、芥末水或口服雞蛋清、牛奶和食物油等，以緩和刺激，隨後用乾淨手指伸入喉部，引起嘔吐。磷中毒的人不能喝牛奶，可用5～10mL 1％硫酸銅溶液加入一杯溫開水內服，引起嘔吐，然後送醫院治療。

自我測試

一、填空題

1. 玻璃器皿可採用_____法或_____法洗滌，要求洗過的玻璃器皿_____。
2. 用過且未汙染的培養瓶可選擇_____或_____等方法洗滌。

3. 培養瓶汙染較重，必須_____之後再清洗。
4. 高壓滅菌鍋的滅菌原理是利用_____來殺滅細菌和真菌的。一般滅菌溫度設定在_____，滅菌壓力控制在_____，滅菌時間一般設定在_____。
5. 手提式高壓滅菌鍋的一般操作程序是加水裝鍋→封蓋通電加熱→_____→升溫、保壓_____→出鍋冷卻。
6. 清洗 pH 計的電極時，要用_____水，並用濾紙吸乾電極表面附著的水分。

二、是非題

1. 汙染的玻璃瓶可在洗滌時直接清洗。（　　）
2. 配製洗液時要用重鉻酸鉀和濃硫酸。（　　）
3. 利用洗瓶機洗滌玻璃瓶時，必須預先浸泡。（　　）
4. 如果玻璃器皿上沾有蛋白質或其他有機物，則採用鹼洗法清洗。（　　）
5. 採用耐熱玻璃瓶灌裝待滅菌液體，液體體積不超過容器體積的 3/4。（　　）
6. 汙染瓶堆放在培養室邊角處，不會對培養室帶來較大影響。（　　）
7. 小張因工作不認真，將移液管與培養瓶混在一起，放在烘乾箱中烘乾水分，再配培養基時，仍用烘乾的移液管移取激素母液。（　　）
8. 活性炭的吸附性沒有選擇性，而且會提高培養基的凝固力。（　　）
9. 高壓滅菌結束後，如果有事外出，可久不放氣。（　　）
10. 組培室的藥品要求分類擺放。（　　）
11. 使用 pH 試紙比色時，要求蘸濕的濾紙條不能與比色卡直接接觸。（　　）

三、簡答題

1. 被細菌或真菌汙染過的玻璃器皿應如何清洗？
2. 組培室日常管理包括哪些內容？

第三章　組培基本操作技術

第一節
培 養 基 製 備

知識目標
- 了解常用培養基的成分、種類和特點。
- 熟悉植物生長調節劑的種類、理化性質、生理作用及配製要求。
- 熟悉常用藥品的理化性質。

能力目標
- 能根據要求配製植物生長調節劑母液。
- 掌握培養基母液配製和培養基製備的操作流程，能夠熟練配製培養基。
- 能按照操作流程正確、規範地進行培養基滅菌。

素養目標
- 熟悉安全生產規範、操作規程及環保基本要求，並自覺遵守。
- 具備品質意識、節省意識、無菌意識和責任心。
- 具備認真細緻、精益求精的科學研究態度和團隊合作精神。

知識準備

任務一　母液配製

一、配製培養基的目的

自然界中的植物透過光合作用以自養方式滿足生長發育所需營養；植物組織培養過程中，外植體是離體培養材料，缺乏完整植株的自養機能，要以異養方式從培養基中直接獲得其生長發育所需的各種營養成分。配製培養基的目的就是為離體培養材料提供營養源，以滿足離體培養材料生長發育的需求。因此，根據不同培養對象配製相應的培養基，對不同類型

離體植物材料的生長發育是極其重要的。

二、培養基的成分

培養基的主要成分包括水分、無機鹽、有機物、植物生長調節劑、培養物的支持材料等。

(一) 水分

水分是植物細胞的組成成分，也是一切植物代謝過程的介質。它是植物生命活動過程中不可缺少的物質。配製培養基和母液時應選用蒸餾水或去離子水，不但可以保持培養基中化學成分的準確性，也可以減少發黴，延長培養基母液的儲藏時間。大規模生產時，為了降低生產成本，配製培養基時也可用自來水代替蒸餾水。

(二) 無機鹽

無機鹽是指植物在生長發育時所需的各種化學元素。根據植物對無機鹽需求量的多寡，可分為大量元素和微量元素。

1. 大量元素 大量元素是指植物生長發育所需的濃度高於 0.5mmol/L 的營養元素，主要有氮 (N)、磷 (P)、鉀 (K)、鈣 (Ca)、鎂 (Mg)、硫 (S) 等。

(1) 氮 (N)。氮是胺基酸、核酸、葉綠素、維他命、酶、磷脂等的組成成分，是生物體不可缺少的物質。氮元素分為硝態氮 (NO_3^--N) 和銨態氮 (NH_4^+-N)，大多數培養基中這兩種狀態的氮源同時存在。當作為培養基中唯一的氮源時，硝態氮的作用要比銨態氮好得多，但在單獨使用硝態氮時，培養一段時間後培養基的 pH 會向鹼性轉變，若在硝酸鹽中加入少量銨鹽，則會阻止這種轉變。氮的供應物質有 KNO_3、NH_4NO_3、$(NH_4)_2SO_4$ 等。

(2) 磷 (P)。磷是磷脂的主要成分，而磷脂又是原生質、細胞核的重要組成部分，也是 ATP、ADP 等的組成成分。在培養基內添加磷不僅能增加養分、提供能量，而且能促進外植體對氮的吸收，增加蛋白質在植物體中的積累。磷的供應物質有 NaH_2PO_4、KH_2PO_4 等。

(3) 鉀 (K)。鉀是植物體內多種酶的活化劑，能夠促進醣類、蛋白質的合成，同時促進光合作用，而且對胚的分化有促進作用。鉀常以 KCl、KNO_3 等鹽類形式添加。

(4) 鈣 (Ca)。鈣是構成細胞壁的組成成分，能夠增強植物的抗病能力，是植物體內酶的組成成分和活化劑。常以 $CaCl_2 \cdot 2H_2O$ 提供鈣。

(5) 鎂 (Mg)。鎂是葉綠素的組成成分，又是多種酶的活化劑，能促進蛋白質的合成，常用的鎂的供應物質為 $MgSO_4 \cdot 7H_2O$。

(6) 硫 (S)。硫是蛋白質、酶、硫胺素等的組成成分。常用的硫的供應物質有 $MgSO_4 \cdot 7H_2O$、$(NH_4)_2SO_4$ 等。

2. 微量元素 微量元素是指植物生長發育所需的濃度低於 0.5mmol/L 的營養元素，主要有鐵 (Fe)、錳 (Mn)、硼 (B)、鋅 (Zn)、銅 (Cu)、鉬 (Mo)、鈷 (Co) 等。它們用量雖少，但對植物細胞的生命活動卻有著十分重要的作用。其中，鐵是一些氧化酶、細胞色素氧化酶、過氧化氫酶等的組成成分；還對葉綠素的合成和延長等起重要作用。鐵元素不易被植物直接吸收且易出現沉澱。因此，通常在培養基中加入以 $FeSO_4 \cdot 7H_2O$ 和 Na_2-EDTA (螯合劑) 配製成螯合物使用，以減輕沉澱和提高利用率。Mn、B、Cu、Mo、Zn、Co 等也

是植物組織培養中不可缺少的元素，缺少這些物質會導致生長發育異常。

(三) 有機化合物

1. 醣類 醣類提供外植體生長發育所需的碳源、能量，並維持培養基一定的滲透壓。蔗糖是最常用的醣類，可支持許多植物材料良好生長。其使用濃度一般為2％～5％，常用3％，但在胚培養時採用4％～15％的高濃度，因為蔗糖對胚狀體的發育起重要作用。在大規模生產時，可用食用白糖代替，以降低生產成本。

2. 維他命類 維他命在植物細胞裡主要是以各種輔酶的形式參與各種代謝活動，對生長、分化等有很好的促進作用（表3-1-1）。植物在生長過程中能自身合成各種維他命，但在離體培養中則不能合成足夠的維他命，需要另加一至數種維他命才能維持正常生長。常用的維他命主要有維他命B_1（鹽酸硫胺素）、維他命B_6（鹽酸吡哆醇）、維他命B_3（菸鹼酸，又稱維他命PP）、維他命C（抗壞血酸）、維他命H（生物素）、維他命B_{11}（葉酸）、維他命B_5（泛酸）等。維他命的一般用量為0.1～1.0mg/L。

表 3-1-1　維他命在植物組織培養中的作用

維他命名稱	在植物組織培養中的作用
維他命 B_1	促進癒傷組織的產生，提高細胞活力，促進植物生長
維他命 B_6	促進根系生長
維他命 B_3	與植物代謝和胚發育有一定的關係
維他命 C	抗氧化，防止組織褐變

3. 肌醇 肌醇又稱環己六醇，能夠促進醣類物質的相互轉化和活性物質作用的發揮，並能促進癒傷組織的生長、胚狀體和芽的形成，對組織和細胞的繁殖、分化也有促進作用。肌醇用量過多會加速外植體的褐化。肌醇使用濃度一般為100mg/L。

4. 胺基酸 胺基酸是良好的有機氮源，可直接被細胞吸收利用，在培養基中含有無機氮的情況下，更能發揮其作用。常用的胺基酸有甘胺酸、精胺酸、麩胺酸、麩醯胺酸、絲胺酸、半胱胺酸以及多種胺基酸的混合物（如水解乳蛋白和水解酪蛋白）等。甘胺酸能促進離體根的生長；麩醯胺酸和絲胺酸有利於花藥胚狀體或不定芽的分化；半胱胺酸可作為氧化劑，有防褐變的作用。由於它們營養豐富，極易引起汙染，如在培養基中無特別需要，以不加為宜。

5. 天然有機複合物 天然有機複合物能促進細胞和組織的增殖與分化，促進癒傷組織和器官的生長，因此在培養基中常加入，如椰乳（CM）、酵母提取液（YE）、馬鈴薯汁、香蕉汁、蘋果汁、番茄汁等天然有機複合物。

　　天然有機物成分比較複雜，含胺基酸、生長調節物質、酶等一些複雜化合物，常因品種、產地、成熟度等因素的影響而發生變化，使用前要進行試驗；接種和培養基配製時一定要十分注意，以防汙染；有一些天然有機複合物遇熱易分解，需要採用過濾滅菌。

(四) 植物生長調節劑

　　植物生長調節劑是培養基的關鍵物質，它影響到植物細胞分化、分裂、發育、形態建成、開花、結實、成熟、脫落、衰老和休眠等生理生化活動，用量雖少，但對植物組織培養起著決定性作用。常用的植物生長調節劑有以下幾種：

1. 生長素類

（1）種類。植物組織培養中常用的生長素類物質包括 IAA（吲哚乙酸）、IBA（吲哚丁酸）、NAA（萘乙酸）和 2,4-滴（2,4-二氯苯氧乙酸）等，它們作用的強弱表現為 2,4-滴＞NAA＞IBA＞IAA，一般活性比表現為 IAA：NAA：2,4-滴＝1：10：100。

（2）作用。生長素類主要用於誘導癒傷組織形成，誘導根的分化和協助細胞分裂素促進細胞分裂、伸長生長。天然的生長素熱穩定性差，在高溫高壓或受光條件下易被破壞。

（3）穩定性和溶解性。IAA 不耐熱和光，易受到植物體內酶的分解。其他生長素對熱和光均穩定。生長素類易溶於酒精、丙酮等有機溶劑。在配製母液時多用 95％酒精或稀 NaOH 溶液助溶。一般配製成 $0.1\sim1.0$mg/mL 的母液儲於冰箱中備用。

2. 吉貝素（GA）

（1）種類。吉貝素有 20 多種，生理活性及作用的種類、部位、效應等各有不同。培養基中常添加的是 GA_3。

（2）作用。主要用於刺激在培養中形成的不定胚發育成小植株，促進幼苗莖的伸長和生長。吉貝素和生長素具有協同作用，對形成層的分化有影響，當生長素/吉貝素比值高時有利於木質部分化，比值低時有利於韌皮部分化。另外，吉貝素還用於打破休眠，促進種子、塊莖、鱗莖等提前萌發。一般在器官形成後，添加吉貝素可促進器官或胚狀體的生長。

（3）穩定性和溶解性。吉貝素溶於酒精，配製時可用少量 95％酒精助溶。它與 IAA 一樣不耐熱，須在低溫條件下保存，使用時採用過濾滅菌法加入。如果採用高溫高壓滅菌，吉貝素將有 70％～100％失效。

3. 細胞分裂素類

（1）種類。組織培養中常用的細胞分裂素包括 6-BA（6-苄氨基腺嘌呤）、KT（激動素）、ZT（玉米素）、2-IP（2-異戊烯腺嘌呤）等。其活性強弱為 2-IP＞ZT＞6-BA＞KT。

（2）作用。在植物組織培養中，細胞分裂素的主要作用是誘導芽的分化，促進側芽萌發生長。組織內細胞分裂素/生長素的比值高時有利於誘導癒傷組織或器官分化出不定芽；促進細胞分裂與擴大，延緩衰老；抑制根的分化。因此，細胞分裂素多用於誘導不定芽的分化和莖、苗的增殖，一般細胞分裂素的使用濃度為 $0.1\sim10.0$mg/L。

（3）穩定性和溶解性。多數細胞分裂素對光、稀酸和熱均穩定，但它的溶液在常溫中時間長了會喪失活性。細胞分類素能溶解於稀酸和稀鹼中，配製時常用稀 HCl 助溶。通常配製成 1mg/mL 的母液儲藏在低溫的環境中。

（五）培養物的支持材料

瓊脂是一種由海藻中提取的高分子碳水化合物，本身並不能給培養基提供任何營養，是固體培養時最好的固化劑。一般用量為 $6\sim10$g/L，若濃度太高，培養基就會變得很硬，營養物質難以擴散到培養的組織中去；若濃度過低，則培養基的凝固性不好。一般瓊脂以顏色淺、透明度好、潔淨的為上品。瓊脂的凝固能力除與原料、廠商的加工方式有關外，還與高壓滅菌的溫度、時間、pH 等因素有關，長時間的高溫會使瓊脂的凝固能力下降，過酸或過鹼再加之高溫會使瓊脂發生水解，喪失凝固能力。時間過久，瓊脂變褐，也會逐漸喪失凝固能力。

玻璃纖維、濾紙橋、海綿等均可代替瓊脂。為解決生根難的問題常採用濾紙橋法。其方法是將一張濾紙折疊成 M 形，放入液體培養基中，再將培養材料放在 M 形的中間凹陷處，

這樣培養物可透過濾紙的虹吸作用不斷從培養液中吸收營養和水分，又可保持有足夠的氧氣。

（六）活性炭

活性炭可以吸附非極性物質和色素等大分子物質，莖尖初代培養時加入適量的活性炭能夠吸附外植體產生的一些酚類物質，減輕組織的褐化（在蘭花組培中效果明顯）等。此外，創造暗培養環境有利於某些植物的生根。活性炭的一般用量為 0.1％～0.2％。

（七）抗生素

抗生素有青黴素、鏈黴素、慶大黴素等，用量為 5～20mg/L。添加抗生素可防止菌類汙染，減少培養過程中材料的損失，節省人力、物力和時間，但應注意使用濃度。

三、培養基的種類和特點

（一）培養基的種類

培養基種類較多，根據營養水準不同分為基本培養基和完全培養基。基本培養基是指只含有大量元素、微量元素、鐵鹽及有機物成分的培養基，就是通常我們說的 MS、White 等培養基；完全培養基則是在基本培養基上添加適宜的生長調節劑和有機物的培養基。

培養基根據物理狀態可分為固體培養基和液體培養基。固體培養基是指添加了瓊脂等固化劑的培養基，液體培養基則是指未添加固化劑的培養基。

培養基根據培養的階段分為初代培養基、繼代培養基和生根培養基；根據培養的目的分為誘導培養基、增殖培養基、壯苗培養基和生根培養基。某些進行改良後的培養基稱為改良培養基。

（二）常用培養基的特點

雖然培養基有許多類型，但在組培試驗和生產中應根據植物種類、培養部位和培養目的的不同而選用不同的培養基。不同的培養基具有不同的特點及適用範圍。常用的幾種培養基配方及特點見表 3-1-2 和表 3-1-3。

表 3-1-2　植物組織培養中幾種常用培養基配方

化合物名稱	培養基含量/（mg/L）								
	MS	White	B_5	WPM	N_6	Knudson C	Nitsch	SH	Miller
NH_4NO_3	1 650						720		
KNO_3	1 900	80	2 527.5	400			950	2 500	1 000
$(NH_4)_2SO_4$			134		2 830	500			
$NaNO_3$					463				
KCl		65							65
$CaCl_2 \cdot 2H_2O$	440		150	96	166		166	200	
$Ca(NO_3)_2 \cdot 4H_2O$		300		556		1 000			347
$MgSO_4 \cdot 7H_2O$	370	720	246.5	370	185	250	185	400	35
K_2SO_4				900					
Na_2SO_4		200							

（續）

化合物名稱	培養基含量/（mg/L）								
	MS	White	B₅	WPM	N₆	Knudson C	Nitsch	SH	Miller
KH₂PO₄	170			170	400	250	68		300
K₂HPO₄									
NaH₂PO₄		16.5	150					300	
FeSO₄·7H₂O	27.8			27.8	27.8	25	27.85	20	
Na₂-EDTA	37.3			37.3	37.3		37.75	15	
Na₂-Fe-EDTA			28						32
Fe₂(SO₄)₃		2.5							
MnSO₄·H₂O				22.3					
MnSO₄·4H₂O	22.3	7	10		4.4	7.5	25	10	4.4
ZnSO₄·7H₂O	8.6	3	2	8.6	1.5		10	1	1.5
CoCl₂·6H₂O	0.025		0.025				0.025	0.1	
CuSO₄·5H₂O	0.025	0.03	0.025	0.025				0.2	
MoO₃							0.25		
TiO₂									0.8
Na₂MoO₄·2H₂O			0.25	0.25					
KI	0.83	0.75	0.75		0.8		10	1	1.6
H₃BO₃	6.2	1.5	3	6.2	1.6			5	
菸鹼酸（V_pp）	0.5	0.5	1	0.5	0.5			5	
鹽酸吡哆醇（VB₆）	0.5	0.1	1	0.5	0.5			5	
鹽酸硫胺素（VB₁）	0.1	0.1	10	0.5	1			0.5	
肌醇	100		100	100			100	100	
甘胺酸	2	3		2	2				

表 3-1-3　常用培養基的特點

培養基名稱	特點及適用範圍
MS	無機鹽（氮、鉀、銨鹽和硝酸鹽）的含量高，為較穩定的平衡溶液。廣泛應用於植物組織培養中
B₅	含有較高的硝酸鹽和鹽酸硫胺素，但銨鹽含量低，這可能對有些培養物的生長有抑制作用。適用於雙子葉植物，特別是木本植物
White	無機鹽含量較低，但提高了MgSO₄的濃度和增加了硼素。適用於生根培養
N₆	成分簡單，但NaNO₃和（NH₄）₂SO₄含量高。適用於小麥、水稻及其他植物的花藥培養等
WPM	硝態氮和鈣、鉀含量高，不含碘和錳。適用於木本植物的莖尖培養
Knudson C	成分簡單，營養物質不能滿足大多數植物組織細胞的生長發育所需。適用於蘭科植物種子培養

四、母液配製

由於培養基中含有多種化學物質，其濃度、性質各異，特別是微量元素、維他命及生長調節劑用量少，秤量較麻煩，而且容易出現誤差。為節省時間，保證培養基配製的準確性和方便性，在配製培養基之前可先配製母液。母液是培養基各種物質的濃縮液，也稱儲備液。根據營養元素的類別和化學性質，母液可配製成大量元素母液、微量元素母液、鐵鹽母液、有機物母液和生長調節劑母液。

（一）基本培養基母液

一般將基本培養基母液配製成大量元素、微量元素、鐵鹽、有機物等幾種母液。

1. 大量元素母液 大量元素母液是指含有 N、P、K、Ca、Mg、S 等大量元素的混合液，一般配製成 10 倍或 20 倍的母液。配製時要防止發生沉澱，各種藥品應分別秤量、分別溶解，充分溶解後才能混合。混合時還要注意加入的先後次序，把 Ca^{2+} 和 SO_4^{2-}、PO_4^{3-} 錯開，以免 KH_2PO_4 和 $MgSO_4$ 與 $CaCl_2$ 相互結合生成 $CaSO_4$、$Ca_3(PO_4)_2$ 沉澱。必要時也可單獨配製鈣鹽。

2. 微量元素母液 微量元素母液是指含有除 Fe 以外的 B、Mn、Zn、Cu、Mo、Co 等微量元素的混合液，一般配製成 100 倍或 200 倍母液。配製時也應分別秤量、分別溶解，充分溶解後再混合。

3. 鐵鹽母液 因 Fe^{2+} 在水溶液中不穩定，易與 OH^- 或其他陰離子結合而發生沉澱，需要單獨配製。一般用 $FeSO_4 \cdot 7H_2O$ 和 Na_2-EDTA 配成鐵鹽螯合劑比較穩定，不易沉澱。鐵鹽一般配製成 100 倍或 200 倍母液，置於棕色瓶中保存。

4. 有機物母液 有機物母液主要是維他命和胺基酸類物質（圖 3-1-1），一般配製成 100 倍或 200 倍母液。

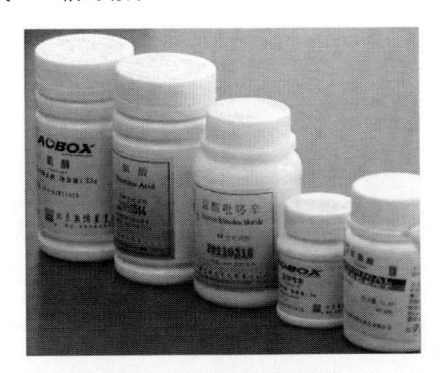

圖 3-1-1　有機物母液成分　　　　圖 3-1-2　萘乙酸母液

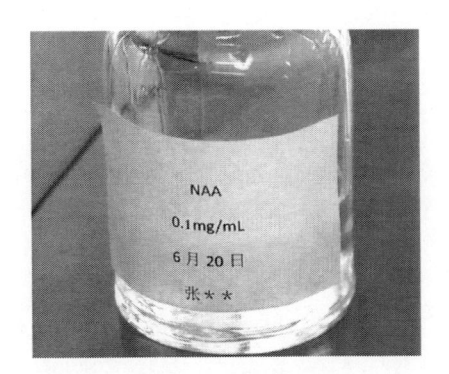

（二）植物生長調節劑母液

植物生長調節劑必須單獨配製，因其用量較少，濃度不宜過高，一般為 0.1～1.0mg/mL，一次配製 50mL 或 100mL（圖 3-1-2）。

多數植物生長調節劑不溶或難溶於水，要先用少量的適當溶劑加熱溶解。一般 NAA、IBA、IAA、ZT、GA_3、ABA 等先用少量 95％ 酒精溶解，2, 4-滴、TDZ 先用少量稀

NaOH 溶液溶解，KT、6-BA 等則用少量稀鹽酸溶解，充分溶解後再加水定容至所需要的體積。

（三）母液配製流程

母液配製流程見圖 3-1-3。

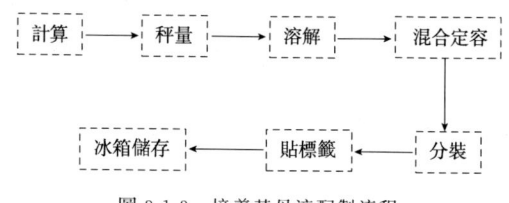

計算 → 秤量 → 溶解 → 混合定容 → 分裝 → 貼標籤 → 冰箱儲存

圖 3-1-3　培養基母液配製流程

（四）母液的儲存

配製好的母液要在低溫條件下儲存，特別是有機物和植物生長調節劑要求較嚴，儲存的時間不宜過長。使用前輕輕搖動儲液瓶，如發現母液有沉澱或懸浮物，應該立即將其淘汰並重新配製。

學習筆記

技能訓練

技能訓練一　MS 培養基母液配製

一、訓練目標

了解並掌握植物組織培養中 MS 培養基母液的配製與保存的基本知識及操作規範。能根據配方準確計算各種藥品的秤取量。掌握 MS 培養基母液的配製與保存技術。

二、材料與用品

MS 培養基母液所需各種藥品、蒸餾水、電子天平（精確度為 0.01g、0.001g、0.000 1g）、鑰匙、秤量紙、燒杯（100mL、200mL、500mL、1 000mL）、玻璃棒、磁力攪拌器、量筒（100mL、200mL、500mL、1 000mL）、容量瓶（100mL、200mL、500mL、1 000mL）、洗瓶、棕色儲液瓶、標籤紙、冰箱等。

三、方法與步驟

1. 計算　確定 MS 培養基各種母液的擴大倍數和配製量，一般大量元素母液擴大 10 倍或 20 倍，微量元素母液、鐵鹽母液、有機物母液擴大 100 倍或 200 倍，配製的升數根

據用量和現有容量瓶的體積，一般為 1 000mL，計算出各種藥品的秤取量，列於表 3-1-4 中。

表 3-1-4　MS 培養基母液配製

MS 母液名稱	化合物名稱	配方用量/(mg/L)	擴大倍數	母液體積/mL	秤取量/mg
大量元素母液	KNO_3	1 900			
	NH_4NO_3	1 650			
	$MgSO_4 \cdot 7H_2O$	370			
	KH_2PO_4	170			
	$CaCl_2 \cdot 2H_2O$	440			
微量元素母液	$MnSO_4 \cdot 4H_2O$	22.3			
	$ZnSO_4 \cdot 7H_2O$	8.6			
	H_3BO_3	6.2			
	KI	0.83			
	$Na_2MoO_4 \cdot 2H_2O$	0.25			
	$CuSO_4 \cdot 5H_2O$	0.025			
	$CoCl_2 \cdot 6H_2O$	0.025			
鐵鹽母液	Na_2-EDTA	37.3			
	$FeSO_4 \cdot 7H_2O$	27.8			
有機物母液	甘胺酸	2.0			
	鹽酸硫胺素	0.1			
	鹽酸吡哆醇	0.5			
	菸鹼酸	0.5			
	肌醇	100			

2. 秤量　選擇相應的藥品，注意要求為分析純或化學純，根據藥品的秤量數選擇適當的天平。秤量時最好選用硫酸紙，避免藥品沾到紙上，影響準確性；鑰匙要專藥專用，避免混用；秤量的量快到時，要輕輕拍打手臂，以防止秤量過量；稱好的藥品要做好記號，防止漏秤或重複；容易吸潮的藥品秤量速度要快。

3. 溶解　燒杯中放入適量（母液配製體積的 50%～60%）的蒸餾水和去離子水，將秤量好的藥品按順序加入，當一種藥品完全溶解了再加入另外一種，直至該母液的所有藥品全部溶解。在溶解的過程中對於難溶的藥品可以加熱溶解，加熱的溫度以 60～70℃ 為宜；大量元素母液配製時鈣鹽單獨溶解、定容，否則易出現沉澱；配製鐵鹽時，先用少量蒸餾水將 Na_2-EDTA 加熱熔解、然後倒入 $FeSO_4 \cdot 7H_2O$ 溶液中充分攪拌並加熱 5～10min。

4. 定容　將完全溶解後的溶液倒入相應的容量瓶中，用蒸餾水或去離子水潤洗燒杯 3～4 次，將洗液完全移入容量瓶內，加水定容至刻線，搖勻。

5. 標記　將配製好的母液倒入棕色儲液瓶中，蓋好蓋子。瓶上貼好標籤，註明母液名稱、擴大倍數、配製日期、配製人等（圖 3-1-4）。

6. 保存　將配製好的母液置於 4℃ 左右的冰箱中保存，定期檢查有無沉澱，如出現沉澱重新配製。

```
MS 大量元素母液
    20 倍
    李××
   2022.3.2
```

圖 3-1-4　標籤格式

四、注意事項

（1）配製母液所需藥品應採用分析純或化學純試劑。

（2）配製鐵鹽母液要先將 Na_2-EDTA 和 $FeSO_4$ 分別溶解，然後將 Na_2-EDTA 溶液緩慢倒入 $FeSO_4$ 溶液中，充分攪拌並加熱 5~10min 使其充分螯合。

（3）母液保存時間不宜過長，當母液出現混濁或沉澱時，則需要重新配製。

五、考核評價建議

考核重點是操作規範性、準確性和熟練程度。考核方案見表 3-1-5。

表 3-1-5　MS 培養基母液配製考核評價表

考核項目	考核標準	考核形式	滿分
實訓態度	1. 任務工單撰寫字跡工整、詳略得當（10 分）； 2. 操作認真、主動（10 分）； 3. 積極思考，有合作精神（10 分）	任務工單	30 分
技能操作	1. 計算準確（10 分）； 2. 操作規範和準確（20 分）； 3. 操作熟練（20 分）	現場操作	50 分
效果	1. 母液標識清楚、正確（5 分）； 2. 無沉澱發生（10 分）； 3. 實驗場地清理乾淨（5 分）	現場檢查	20 分
合計			100 分

技能訓練二　植物生長調節劑母液配製

一、訓練目標

了解並掌握植物組織培養中生長調節劑母液配製與保存的基本知識及操作規範。能根據配方準確計算各種生長調節劑的秤取量。

二、材料與用品

NAA、2，4-滴、6-BA、IBA、1mol/L NaOH、1mol/L HCl、95％酒精、蒸餾水、電子分析天平、鑰匙、秤量紙、燒杯、玻璃棒、磁力攪拌器、量筒、容量瓶、洗瓶、棕色儲液瓶、標籤紙、冰箱等。

三、方法與步驟

1. 計算　確定各種生長調節劑的配製濃度和配製體積數，計算生長調節劑的秤取量。列於表 3-1-6 中。

表 3-1-6　生長調節劑母液配製記錄

母液名稱	藥品	母液濃度/（mg/mL）	配製體積/mL	秤取量/mg
NAA 母液	NAA			
IBA 母液	IBA			
6-BA 母液	6-BA			
2, 4-滴母液	2, 4-滴			

2. 秤量　選擇相應的藥品，根據藥品的秤量數選擇適當的天平秤量。其他同 MS 母液配製。

3. 溶解　生長調節劑配製時要先助溶，一般 IBA、NAA 等先用少量的 95％酒精溶解，2, 4-滴用少量 1mol/L NaOH 溶解，6-BA 用少量 1mol/L HCl 溶解。

4. 定容　將完全溶解後的溶液倒入相應的容量瓶中，用蒸餾水或去離子水沖洗燒杯 3～4 次，將洗液完全移入容量瓶內，加水定容至刻線，搖勻。

5. 標記　將配製好的母液倒入儲液瓶中，瓶上貼好標籤，註明母液名稱、濃度、配製日期、配製人等。

6. 保存　將母液瓶儲放在 4℃左右的冰箱中保存，定期檢查有無沉澱，如出現沉澱重新配製。

四、注意事項

（1）各種藥品一定要完全溶解後才能混合。

（2）一定將配好的母液做好標記，以免弄混。

（3）秤量時選擇適宜的天平。

（4）NAA 母液的濃度不宜超過 0.5mg/mL，6-BA 母液的濃度不要超過 1mg/mL，否則冷藏時間久了會出現結晶，從而影響實驗結果。

（5）溶解藥品時所用的 1mol/L NaOH、1mol/L HCl、95％酒精不能加入過多。

五、考核評價建議

考核重點是操作規範性、準確性和熟練程度。考核方案見表 3-1-7。

表 3-1-7　植物生長調節劑母液配製考核評價

考核項目	考核標準	考核形式	滿分
實訓態度	1. 任務工單撰寫字跡工整、詳略得當（10 分）； 2. 操作認真、主動（10 分）； 3. 積極思考，有合作精神（10 分）	任務工單	30 分
技能操作	1. 計算準確（10 分）； 2. 操作規範和準確（20 分）； 3. 操作熟練（20 分）	現場操作	50 分
效果	1. 母液標識清楚、正確（5 分）； 2. 無沉澱發生（10 分）； 3. 實驗場地清理乾淨（5 分）	現場檢查	20 分
合計			100 分

任務二　培養基製備

一、培養基製備流程

組培生產上多採用固體培養基，其配製是根據配方及配製要求移取母液，再添加蔗糖和瓊脂等固化劑熬製而成，技術環節較多，要求嚴格按照配製流程（圖 3-1-5）和各環節的技術要求配製，確保配製品質，否則會造成嚴重損失。

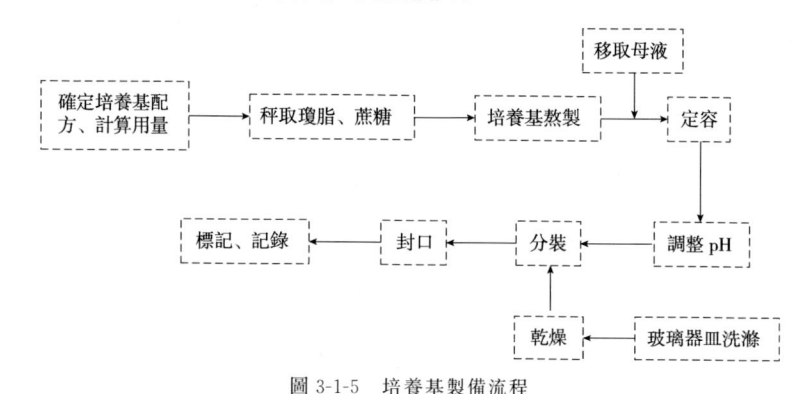

圖 3-1-5　培養基製備流程

二、培養基滅菌

植物組織培養是在無菌條件下對植物材料進行培養，而配製培養基時所用的各種藥品、水、容器等含有大量的微生物，因此分裝完成的培養基要立即進行滅菌，以防止培養基中的微生物開始生長，增加滅菌難度。一般要求在培養基配製完成後的 4h 內完成滅菌，如不能完成則放置在低溫條件下進行保存，但時間不宜超過 24h。

（一）高壓濕熱滅菌

培養基滅菌主要採用高壓濕熱滅菌，具體方法見該任務的技能訓練一，培養基高壓濕熱滅菌的時間與培養容器的體積有關（表 3-1-8）。

表 3-1-8　培養基高壓濕熱滅菌所需要的最少時間

容器的體積/mL	121℃條件下滅菌的時間/min
20～50	15
75～150	20
250～500	25
1 000	30

為保證滅菌的徹底性，在滅菌過程中需要注意以下幾點：

1. 高壓滅菌鍋內的空氣必須排盡　高壓滅菌鍋內若留有空氣，滅菌的壓力表雖然達到了指定的壓力，但滅菌鍋內的溫度達不到相應的溫度（表 3-1-9）。

表 3-1-9　高壓滅菌鍋內空氣排出程度與溫度的關係

(薛廣波，2010. 公共場所消毒技術規範)

壓力/MPa	滅菌鍋內蒸汽溫度/℃				
	空氣完全未排出	空氣排出 1/3	空氣排出 1/2	空氣排出 2/3	空氣完全排出
0.035	72	90	94	100	109
0.07	90	100	105	109	115
0.105	100	109	112	115	121
0.141	109	115	118	121	126
0.176	115	121	124	126	130
0.210	121	126	128	128	135

2. 鍋內的滅菌物品裝入時要留有一點空隙　滅菌物品若放得過多、過密會阻礙蒸汽的流通，導致局部溫度過低，影響滅菌效果。

3. 滅菌鍋要經常檢修、保養　高壓滅菌鍋的使用應由專人負責，滅菌過程中不得離開，確保安全生產。

4. 把握好培養基滅菌時間　不宜過長，也不能超過規定的壓力範圍，否則有些物質特別是維他命類物質就會分解，也會使培養基變質、變色，甚至難以凝固。

(二) 過濾滅菌

如果培養基中要求加入 IAA、GA、ZT、CM、LH 和某些受熱易分解的物質，則需要採用過濾滅菌裝置滅菌。其原理是使溶液透過直徑＜0.45μm 的濾膜，使溶液中大於濾膜直徑的細菌和真菌的孢子等物質無法通過濾膜，從而達到滅菌的效果。用量小時，可用無菌針筒；用量大時，通常採用抽濾裝置。

三、培養基保存

滅菌後的培養基在室溫下冷卻後即可使用。如果滅菌後不立即使用，則應置於 4℃ 以下儲存。儲存室要保持無菌、乾燥，以免造成培養基的二次汙染。如果培養基中含有易光解的成分，如 IAA 和 GA 等，則保存期間盡可能避免光線的照射。

滅菌後的培養基一般在兩週內使用，最多不超過一個月。儲存時間過長，培養基成分、含水量等會發生變化，而且易造成潛在的汙染。此外，培養基滅菌後如果出現沉澱或瓊脂不凝固等現象時，該培養基不能繼續使用，應查明原因並重新配製。

學習筆記

技能訓練

MS 固體培養基製備及滅菌

一、訓練目標

掌握植物組織培養中固體培養基的製備、滅菌以及保存的基本知識，能準確計算母液、蔗糖、瓊脂的用量，並掌握 MS 固體培養基的製備與滅菌技術。

二、材料與用品

MS 培養基的各種母液、生長調節劑母液、瓊脂、蔗糖、天平、蒸餾水、移液管、量筒、容量瓶、電爐或電磁爐、酸度計或 pH 試紙、0.1mol/L NaOH、0.1mol/L HCl、培養瓶、標籤、筆等。

三、方法與步驟

（一）MS 固體培養基的製備

1. 配方的確定 根據具體實驗需求確定要製備的培養基配方及配製的體積數。

2. 計算 查看 MS 母液、生長調節劑母液擴大倍數，並將 MS 母液、生長調節劑母液擴大倍數、蔗糖、瓊脂用量、生長調節劑濃度以及培養基配製的體積數填入表 3-1-10。

$$母液吸取量（mL）=\frac{培養基配方濃度（mg/L）}{培養基母液濃度（mg/L）}\times 培養基配製體積（mL）$$

$$生長調節劑母液吸取量（mL）=\frac{培養基配方濃度（mg/L）}{生長調節劑母液濃度（mg/L）}\times 培養基配製體積（mL）$$

$$蔗糖、瓊脂秤取量＝百分比濃度\times 培養基配製體積$$

表 3-1-10　MS 固體培養基配製

培養基配方：

培養基母液名稱	母液擴大倍數（濃度）	配製的體積數/mL	吸取量/mL
大量元素母液			
微量元素母液			
鐵鹽母液			
有機物母液			
蔗糖			
瓊脂			
細胞分裂素			
生長素			

3. 量取 用天平分別秤量蔗糖和瓊脂，同時分別移取母液至燒杯中。

4. 定容 將量取好的母液移入容量瓶內，並淋洗燒杯 2～3 次，同樣移入容量瓶，用蒸餾水定容至所需體積。

5. 熬製 將定容好的母液倒入鍋內。先用大火燒開，將瓊脂和蔗糖倒入，調到小火繼

續熬製，用玻璃棒不斷攪拌，直至瓊脂完全溶解。將熬製好的培養基倒入燒杯內，再次定容至所需體積。

6. 調節 pH 用 1mol/L 的 NaOH 或 1mol/L 的 HCl 調節 pH，將其調節至 pH 5.8～6.0。注意調節過程中不要過頭，以防止回調影響培養基中離子濃度。

7. 分裝與封口 將配好的培養基盡快分裝到培養瓶等培養容器中，分裝時要掌握好培養基的量，一般以厚 1cm 為宜，分裝時要注意不要將培養基濺到瓶口，以免引起汙染。分裝後的培養基應盡快封口，以免培養基中的水分蒸發，封口時瓶體傾斜不能超過 45°。如果使用封口膜封口，纏線鬆緊要適度，且線不能相互疊加。

8. 標識與記錄 在培養瓶上貼上標籤或用記號筆在瓶壁上註明培養基的代號、配製時間等，然後用周轉筐運至滅菌室，準備滅菌。另外，要填好培養基配製登記表（表 3-1-11）。

表 3-1-11 培養基配製登記

培養基代號	配方	配製瓶數	培養材料

（二）培養基滅菌

1. 高壓濕熱滅菌 打開高壓滅菌鍋鍋蓋，加水至水位線。把已裝好培養基的培養瓶放鍋內，同時還可將需要滅菌的接種工具、包紮好的細菌過濾器、包好的濾紙、罐裝好的蒸餾水（製作無菌水，不超過容器體積 2/3）等放入滅菌鍋內。裝時不要過分傾斜培養基，以免弄到瓶口上或流出。然後蓋好鍋蓋，接通電源加熱，當培養基滅菌結束後，取出放於平臺上冷凝。

2. 過濾滅菌 把經過高壓滅菌後的過濾器、濾膜、承接過濾滅菌後濾液的容器、移液管或移液槍槍頭放入超淨工作臺，同時將配製好的需要過濾滅菌的生長調節物質、抗生素等一併放入超淨工作臺。雙手消毒，在超淨工作臺內安裝過濾滅菌器，將待濾的生長調節物質等加入過濾漏斗或針筒內，啟動減壓過濾滅菌器或用力推壓針筒活塞桿，使液體流過濾膜，將濾液按照培養基培養要求加入的量用移液管或移液槍（槍頭已滅菌）立即加入未凝固的固體培養基中，如果是液體培養基則可等液體培養基冷卻後再加入。

四、注意事項

（1）計算時注意單位是否一致。
（2）瓊脂必須完全溶解。
（3）pH 調節不能過頭。
（4）在使用高壓鍋滅菌時要嚴格按照規範操作。

五、考核評價建議

注重過程考核，定性和定量考核相結合，達到技能標準（表 3-1-12）。考核形式以單人操作為主，並輔以組內和組間的技能比賽，使考核、技能比賽與技能訓練相結合，從而達到

「以考促訓，以賽促練」的目的。

考核重點是操作規範性、準確性和熟練程度。考核方案見表 3-1-13。

表 3-1-12　培養基製備技能標準

技能考核點	技能標準
移取母液	移取準確，一次性移取，不滴不漏，移液管貼標籤專用，母液不要吸入吸耳球內，2min 內移完母液
定容	用量筒或容量瓶定容時，視線、刻度線和凹形液面底面相平
培養基熬製	溶解順序正確，溶解完全，溶解時需要不斷地攪拌、防止糊鍋底或溢出，熬好的培養基液體澄清透明，1L 培養基熬製一般需要 15～20min
pH 調整	用酸度計或 pH 試紙測 pH，可用 0.1mol/L 的 NaOH 或 0.1mol/L 的 HCl 進行 pH 的調整
分裝	趁熱分裝，分裝均勻，培養基不能濺留在培養瓶口
封口	採用高壓聚丙烯塑膠封口時，培養瓶傾斜度不能超過 45°；紮繩位置在瓶頸處，鬆緊適宜，線繩不重疊。1min 內封完 12 個培養瓶為滿分

表 3-1-13　培養基製備考核評價

考核項目	考核標準	考核形式	滿分
實訓態度	1. 任務工單撰寫字跡工整、詳略得當（10 分）； 2. 操作認真、主動（10 分）； 3. 積極思考，有合作精神（10 分）	任務工單	30 分
技能操作	1. 計算準確（10 分）； 2. 操作規範和準確（20 分）； 3. 操作熟練（20 分）	現場操作	50 分
效果	1. 培養基標識清楚、正確（5 分）； 2. 無不凝固現象發生（10 分）； 3. 實驗場地清理乾淨（5 分）	現場檢查	20 分
合計			100 分

知識拓展

螯合劑與螯合物

螯合劑是一類能與金屬離子一起形成環狀配合物的有機化合物，又稱配體（如乙二胺四乙酸二鈉鹽）。它既能有選擇性地捕捉某些金屬離子，又能在必要時適量釋放出這種金屬離子來。螯合物是螯合劑的一個大分子配位體與一個中心金屬原子連接所形成的環狀結構。例如，乙二胺四乙酸與金屬離子的結合物就是一類螯合物，因乙二胺與金屬離子結合的結構很像螃蟹用兩隻螯夾住食物一樣，故命名為螯合物。所有的多價陽離子都能與相應的配體結合形成螯合物。其中螯合鐵較其他任何植物生長所必需的金屬螯合物都穩定，螯合物具有以下特性：①與螯合劑絡合的陽離子不易被其他多價陽離子所置換和沉澱，又能被植物的根表所吸收和在體內運輸與轉移；②易溶於水，又具有抗水解的穩定性；③治療缺素症的濃度不損傷植物。

自我測試

一、填空題

1. 600mL 地雷瓶盛裝蝴蝶蘭培養基，高壓滅菌時間一般設定為_____ min。
2. 培養基配製的操作流程是計算→_____→熬製→移取母液→_____→_____→分裝、封口→標識、記錄。
3. 為防止培養基中 IAA、GA 等不耐熱物質失效，應採取_____方式滅菌。
4. 培養基中瓊脂和蔗糖一般添加的量分別是_____和_____。
5. 培養基的成分主要包括_____、_____、_____、_____和_____五類物質。

二、是非題

1. 激素母液濃度一般為 0.5～1mg/mL。（　　）
2. 配製母液用水要求是蒸餾水或去離子水，所需藥品為工業品或農用品。（　　）
3. 培養基中肌醇添加量過多會引起汙染。（　　）
4. 瓊脂不僅是固化劑，也能為培養材料提供少量營養。（　　）
5. 配製 IBA、NAA 母液時，可用稀鹽酸助溶。（　　）
6. 調整培養基 pH 時，一般滴加 0.1mol/L 的鹽酸或氫氧化鈉溶液。（　　）
7. 使用 pH 試紙比色時，不能將蘸濕的濾紙條與比色卡直接接觸。（　　）
8. 熬製培養基的實質是使蔗糖充分溶解。（　　）

三、簡答題

1. 培養基的主要成分有哪些？配製鐵鹽母液時的注意事項有哪些？
2. 植物組織培養常用的滅菌方法有哪些？請舉例說明。
3. 請比較固體培養基和液體培養基的優缺點。固體培養基不凝固的原因有哪些？
4. 用於植物組織培養的激素種類很多，生長素/細胞分裂素比值不同時對離體材料的生長有何影響？

四、綜合分析題

1. 請總結出培養基配製時母液移取量的計算公式。
2. 現在需要配製 2L 非洲菊的 MS 固體培養基，請闡述從母液配製、培養基的配製和分裝直到滅菌的全部過程。

第二節
無 菌 操 作

> **知識目標**
> - 了解常見的外植體種類和外植體選擇原則。
> - 掌握外植體預處理的方法和表面滅菌方法。
> - 正確理解滅菌和消毒的含義，掌握各種滅菌劑的用途與滅菌原理。
> - 掌握無菌操作規程和無菌操作程序。
> - 熟悉常用的接種工具和接種方法。
>
> **能力目標**
> - 能夠熟練完成接種前準備工作和接種用品準備。
> - 掌握無菌操作流程、接種方法與注意事項，能夠熟練、規範地進行無菌操作。
> - 能夠根據不同外植體確定滅菌方案，掌握不同外植體的滅菌方法。
> - 熟練使用超淨工作臺和接種器械。
>
> **素養目標**
> - 熟悉安全生產規範、操作規程及環保基本要求，並自覺遵守。
> - 樹立無菌觀念、品質意識、節省意識。
> - 養成認真細緻、注重細節、精益求精的工作作風。

知識準備

任務一　外植體選擇與處理

　　外植體是指植物組織培養中的各種培養材料。從理論上講，植物細胞具有全能性，在適宜的培養條件下，任何器官、任何組織、單個細胞和原生質體都可以作為外植體，都能夠再生新的植株。但實際上，不同的植物品種、不同器官、同一器官不同生理狀態，對外界的誘導反應的能力和分化再生能力也有差別，培養的難易程度不同。在植物組織培養過程中，選擇合適的、最易表達全能性的部位，是決定成功建立組織培養體系的關鍵因素之一。

一、外植體選擇原則

　　1. 基因型　　無論是離體培養繁殖種苗，還是進行生物技術研究，培養材料的選擇都要從植物入手，選取性狀優良的種質、特殊的基因型和生長健壯的無病蟲害植株。選取優良的種質和基因型，離體快繁出來的種苗才有意義，才能轉化成商品。同時選擇生長健壯無病蟲

害的植株、器官或組織，其代謝旺盛，再生能力強，培養後容易成功。

2. 取材時期　組織培養選擇材料時，要注意植物的生長季節和生長發育階段，對大多數植物而言，應在其開始生長或生長旺季採樣，此時材料的內源激素含量高，容易分化，不僅成活率高，而且生長速度快、增殖率高。若在生長末期或已進入休眠期時採樣，則外植體可能對誘導反應遲鈍或無反應。如花藥培養應在花粉發育到單核靠邊期取材，這時比較容易形成癒傷組織；百合在春夏季採集的鱗莖，在不加生長素的培養基中可自由地生長、分化，而其他季節則不能；葉子花的腋芽如果在1月至翌年2月採集，則腋芽萌發非常遲緩，在3－8月採集，萌發的數目多，萌發速度快。在晴天取材時，下午採取的外植體要比早晨採的汙染少，因為經過日曬後可殺死部分細菌或真菌。

3. 外植體大小　培養材料的大小根據植物種類、器官和目的來確定。通常情況下，快速繁殖時葉片、花瓣等面積為 5mm^2，其他培養材料的大小為 0.5～1.0cm。如果是胚胎培養或去毒培養的材料，則應更小。材料太大，不易徹底消毒，汙染率高；材料太小，多形成癒傷組織，甚至難以成活。

在選擇外植體時，應盡量選擇帶雜菌少的器官或組織，降低初代培養時的汙染率。一般地上組織比地下組織容易消毒，一年生組織比多年生組織容易消毒，幼嫩組織比老齡和受傷組織容易消毒。

4. 生理狀態及發育年齡　生理狀態和發育年齡直接影響離體培養過程中的形態發生。一般情況下，越幼嫩、年限越短的組織形態發生能力越強，組織培養越易成功。如黃瓜隨著年齡的增長，其器官的再生能力逐漸減弱至完全消失。

5. 來源與選擇部位　在選擇植物外植體進行組織培養時，還要考慮待培養材料的來源是否有保證，來源是否豐富並容易獲得，是否容易成苗；同時要考慮到該外植體，特別是經過去分化產生的癒傷組織，是否會引起不良變異，喪失原品種的優良性狀。對大多數植物來講，莖尖是較好的部位，由於其形態已基本建成，生長速度快，遺傳性穩定，也是獲得無病毒苗的重要途徑。但莖尖往往受到材料來源的限制，而採用莖段可解決培養材料不足的困難。

二、外植體的種類

不同種類的植物以及同一植物的不同器官對誘導條件反應是不一致的，去分化、再分化的難易程度也不一樣，其再生途徑也不同。選取材料時要對所培養植物各部位的誘導及分化能力進行比較，從中篩選出合適的、最易表達全能性的部位作為外植體。一般來說，草本植物易於木本植物，雙子葉植物易於單子葉植物。迄今為止，組織培養獲得的成功，幾乎包括了植物體的各個部位的器官、組織、細胞，如莖尖、側芽、莖段、皮層及維管組織、表皮、塊莖的薄壁細胞、鱗莖、根莖、根尖、葉片、子葉、葉柄、花瓣、花萼、胚珠、花粉粒、花藥、胚軸等。

1. 莖尖　莖尖生長速度快，繁殖率高，不容易發生變異，莖尖培養是獲得去毒苗木的有效途徑。因此，莖尖是植物組織培養中常用的外植體。但對於一些珍貴材料來說，取材比較有限。

2. 莖段和節間部　莖段是指帶有腋芽或葉柄，長幾公分帶芽的節段。大多數植物新梢

的節間部是組織培養的較好材料。新梢節間部位不僅消毒容易，而且去分化和再分化能力較強，取材方便，因此，是常用的組織培養材料。

3. 葉和葉柄 離體葉培養指包括葉原基、葉柄、葉鞘、葉片、子葉在內的葉組織。葉片和葉柄取材容易，新出的葉片雜菌較少，實驗操作方便，是植物組織培養中常用的材料，但易發生變異。有些草本植物植株短小或無顯著的莖，可用葉片、葉柄等作外植體，如非洲紫羅蘭、秋海棠類、虎尾蘭等。

4. 鱗片 水仙、百合、蔥、蒜、風信子等鱗莖類植物常以鱗片為材料。同一百合鱗莖不同部位之間的再生能力差別也很大，外層鱗片葉比內層的再生能力強，下段比中、上段再生能力強。

5. 種子和胚 選擇受精後發育完全的成熟種子和發育不完全的未成熟種子作為外植體。消毒方便，無菌萌發容易獲得無菌苗。胚、胚芽、胚根不易被汙染且具有幼嫩的分生組織細胞是常用的外植體。

6. 其他 根、塊莖、塊根、花粉等也可以作為植物組織培養的材料。

三、外植體預處理

從室外取回的接種材料往往帶有較多的泥土、雜菌等，不宜直接接種，而且為了達到外植體的規格要求，需要對材料進行必要的預處理和修整。組培實踐中可以結合外植體的種類與特點採取不同的處理方法。

1. 噴殺蟲劑、殺菌劑及套袋 室外的植株可以提前選定枝條等取材部位，對取材部位噴施殺蟲劑、殺菌劑，然後套上白色塑膠袋，備用。

2. 材料預培養 挖取小植株，剪除一些不必要的枝條後改為盆栽，在室內或置於人工氣候室內培養。也可將一些植株的枝條插入水中或低濃度的糖液中培養，選取新抽生的芽或嫩枝條作為外植體，汙染率可下降到 20%～30%。也可用成熟種子在無菌條件下經嚴格滅菌培育成無菌苗，然後採用無菌芽苗的胚軸、胚根、子葉等為材料，也可減少汙染。為了加快外植體的誘導與分化，對一些材料，如花藥則可進行高低溫處理、藥劑處理或輻射處理等。

3. 修整 外植體表面滅菌前，預先進行必要的修整，以方便材料表面滅菌和外植體剪切。不同外植體的修整方法見表 3-2-1。

表 3-2-1 不同外植體的修整方法

外植體類型	修整方法
根及地下部器官	剪除老根、爛根；切除損傷及汙染嚴重部位；用軟毛刷刷洗，去除泥土、蟲卵等附屬物；幼根剪成 1 至幾公分長的根段
莖尖、莖段	剪去枝條上的葉片、葉柄及刺、捲鬚等附屬物；軟質枝條用軟毛刷蘸肥皂水刷洗，硬質枝條用刀刮除枝條表面的蠟質、油質、茸毛等；枝條剪成帶 2～3 個莖節的莖段，長 4～5cm
葉片	葉片帶油脂、蠟質、茸毛，可用毛筆蘸肥皂水刷洗；較大葉片可剪成若干帶葉脈的葉塊，大小以能放入沖洗容器即可

（續）

外植體類型	修整方法
果實、種子及胚	一般不用修整，直接沖洗消毒。對於種皮較硬的種子可去除種皮、預先用低濃度的鹽酸浸泡或機械磨損
花蕾、花藥	一般不用修整

4. 刷洗和沖洗 外植體採集回來後不宜久放，應及時修整、表面清洗和流水沖洗。外植體材料除去不用的部分，將需要的部分用適當的軟毛刷在流水下刷洗乾淨，或用毛刷沾少量洗衣粉刷洗。流水沖洗時間要根據取材環境與離體材料本身的特點來綜合確定，用流水沖洗幾分鐘至數小時，細小的或易漂浮的材料可用紗布或塑膠紗網住。

5. 洗衣粉或肥皂水浸洗 刷洗好的材料用洗衣粉水或肥皂水浸洗 1～5min，浸泡時不斷攪動。洗衣粉可按 100mL 水加 1～2 角匙的量配製，浸泡完後，再用自來水沖淨，進一步減少汙染源。此過程可視外植體具體情況而定，較乾淨的或容易處理的可以省略此步驟。

四、外植體的滅菌

預處理完的材料接種前必須要進行滅菌處理，一方面要求把材料表面上的各種微生物殺滅，同時又不能損傷或只輕微損傷組織材料而不影響其生長。因此，在組織培養中，對外植體進行徹底滅菌是取得培養成功的最重要環節。

外植體材料來源不同，其帶菌程度也不同，滅菌的難易程度和滅菌效果有明顯差別。採自田間的材料較溫室的材料難，新生嫩芽比老枝上的芽容易，夏天生長旺盛季節抽出的新芽滅菌效果好，汙染率低。

1. 常用滅菌劑 滅菌劑的種類不同，殺菌效果也不同。因此，選擇的滅菌劑既要具有良好的殺菌作用，又易被蒸餾水沖洗掉或能自行分解，且不會損傷或只輕微損傷組織材料而不影響其生長。常用的滅菌劑如表 3-2-2 所示。在使用不同的滅菌劑時，需要考慮其使用濃度和處理時間。

表 3-2-2 常用滅菌劑的使用方法及效果

滅菌劑	使用濃度	滅菌時間/min	去除的難易	滅菌效果	對植物毒害
氯化汞	0.1%～0.2%	2～10	較難	最好	劇毒
酒精	70%～75%	0.1～1.0	易	好	有
次氯酸鈉	2%	5～30	易	很好	無
漂白粉	飽和溶液	5～30	易	很好	低毒
過氧化氫	10%～12%	5～15	最易	好	無
新潔爾滅	0.5%	30	易	很好	很小
硝酸銀	1%	5～30	較難	好	低毒
抗生素	0.04%～0.5%	30～60	中	較好	低毒

（1）酒精。酒精是最常用的表面滅菌劑，以 70%～75% 酒精殺菌效果最好，95% 或無水酒精會使菌體表面蛋白質快速脫水凝固，形成一層乾燥膜，阻止酒精的繼續滲入，殺菌效

果大大降低。

酒精具有較強的穿透力，使菌體蛋白質變性，殺菌效果好。同時它還具有較強的濕潤作用，可排除材料上的空氣，利於其他滅菌劑的滲入。但酒精對植物材料的殺傷作用也很大，浸泡時間過長，植物材料的生長將會受到影響，甚至被酒精殺死，使用時應嚴格控制時間。但酒精不能徹底滅菌，一般不單獨使用，多與其他滅菌劑配合使用。

（2）氯化汞。氯化汞又稱升汞。Hg^{2+}可以與帶負電荷的蛋白質結合，使蛋白質變性，從而殺死菌體。氯化汞的滅菌效果極佳，但易在植物材料上殘留，滅菌後需用無菌水反覆多次沖洗。另外，氯化汞對環境危害大，對人畜的毒性極強，使用後應做好回收工作。

（3）次氯酸鈉。次氯酸鈉是一種較好的滅菌劑，它可以釋放出活性氯離子，從而殺死菌體。其滅菌能力很強，不易殘留，對環境無害。但次氯酸鈉溶液鹼性很強，對植物材料也有一定的破壞作用。

（4）漂白粉。漂白粉的有效成分是次氯酸鈣，滅菌效果很好，對環境無害。但容易吸潮散失有效氯而失效，故要密封保藏。

（5）過氧化氫。也稱雙氧水，滅菌效果好，易清除，又不會損傷外植體，常用於葉片的滅菌。

（6）新潔爾滅。新潔爾滅是一種廣譜表面活性滅菌劑，對絕大多數植物外植體傷害很小，殺菌效果好。

2. 滅菌方法　不同外植體的滅菌方法如表 3-2-3 所示。

表 3-2-3　不同外植體的滅菌方法

外植體類型	滅菌方法
根及地下部器官	1. 用自來水沖洗 30min 以上； 2. 用 95％酒精漂洗； 3. 在 0.1％～0.2％氯化汞溶液中浸 5～10min 或在 2％次氯酸鈉溶液中浸 10～15min； 4. 用無菌水漂洗 3～5 次
莖尖、莖段、葉片	1. 用流水沖洗後再用肥皂、洗衣粉或吐溫洗滌； 2. 在 70％酒精浸泡 10～30s； 3. 按材料的老嫩和枝條的堅實程度，分別採用 2％次氯酸鈉溶液浸泡 10～15min 或用 0.1％氯化汞溶液浸泡 5～10min； 4. 用無菌水漂洗 3～5 次
花藥	1. 用 70％酒精浸泡數秒； 2. 用無菌水沖洗 2～3 次； 3. 用飽和漂白粉浸泡 10min； 4. 用無菌水漂洗 3～5 次
胚、胚乳	方法 1：成熟或未成熟的種子消毒後剝離出胚或胚乳。 方法 2：去除種皮後用 4％～8％次氯酸鈉溶液浸泡 8～10min 或用 0.1％氯化汞溶液浸泡 5～10min，然後用無菌水漂洗 3～5 次
果實、種子	1. 用自來水沖洗 10～20min； 2. 用 75％酒精漂洗數秒； 3. 果實用 2％次氯酸鈉溶液浸 10min，然後用無菌水沖洗 2～3 次； 4. 種子則用 2％次氯酸鈉溶液浸泡 20～30min，難以滅菌的可用 0.1％氯化汞滅菌 5～10min。對於種皮太硬的種子，也可預先去掉種皮，再用 4％次氯酸鈉溶液浸泡 8～10min； 5. 用無菌水漂洗 3～5 次

學習筆記

技能訓練

外植體預處理與滅菌

一、訓練目標

了解莖段滅菌的方法和步驟，熟練掌握外植體預處理和滅菌的操作流程。

二、材料與用品

藍莓莖段、75％酒精、1％洗潔精或洗衣粉溶液、2％次氯酸鈉、吐溫-80、燒杯、玻璃棒、三角瓶、無菌培養皿、無菌濾紙、無菌水、手術剪刀、秒錶或手錶等。

三、方法與步驟

1. 外植體選擇與處理

（1）選擇晴天的中午或上午，取校園內健壯生長的藍莓嫩枝若干，去除莖段上的葉片，留葉柄，將嫩枝剪成長4～5cm的莖段。

（2）用1％洗潔精或洗衣粉溶液清洗藍莓的嫩莖。

（3）再用流水沖洗1～2h。

2. 外植體滅菌

（1）材料的表面滅菌要在超淨臺上完成。準備好滅菌的三角瓶、無菌濾紙、無菌培養皿、無菌水、玻璃棒、75％酒精、2％次氯酸鈉、手錶等。

（2）將預處理好的藍莓嫩枝剪成帶1～2個節和腋芽的莖段，以能放入150mL三角瓶為宜。

（3）把剪好的藍莓莖段裝入三角瓶，用75％酒精浸泡10～30s，不時搖晃，倒出酒精。

（4）向酒精浸泡過的藍莓莖段中倒入2％次氯酸鈉溶液，加入幾滴吐溫-80，不時用玻璃棒輕攪，滅菌10～15min。

（5）倒淨2％次氯酸鈉溶液後立即倒入無菌水，用玻璃棒輕攪漂洗4～5次，每次1～2min。

（6）滅完菌的莖段放超淨工作臺中無菌培養皿裡面，於無菌濾紙上吸乾水分，備用。

四、注意事項

（1）外植體要求無病、健壯。

（2）滅菌劑應在使用前臨時配製。

（3）滅菌劑要充分浸沒藍莓莖段，不時用玻璃棒輕攪，促進材料各部分與滅菌劑充分接觸，驅除氣泡，使滅菌徹底。同時也要注意不能把液體灑出來。

（4）由於滅菌劑對植物材料具有極強的滲透力，極易殺傷植物細胞，注意把握好滅菌時間。如酒精滅菌時間從倒入75％酒精開始，至倒入滅菌液時為止，不能超過30s；次氯酸鈉溶液是從倒入滅菌液開始，至倒入無菌水時為止。注意徹底清洗乾淨殘留的滅菌劑，否則外植體會受到明顯的傷害。

（5）在滅菌溶液中加吐溫-80會使滅菌效果較好，能使滅菌劑更容易浸入到材料表面。應注意吐溫的用量和滅菌時間，一般加入滅菌液的0.5％，即100mL加入15滴。

五、考核評價建議

考核重點是操作規範性、準確性和熟練程度。考核方案見表3-2-4。

表3-2-4　外植體預處理和滅菌考核評價

考核項目	考核標準	考核形式	滿分
實訓態度	1. 任務工單撰寫字跡工整、詳略得當（10分）； 2. 操作認真、主動（10分）； 3. 積極思考，有合作精神（10分）	任務工單	30分
技能操作	1. 外植體選擇與處理得當（10分）； 2. 外植體表面滅菌操作規範（20分）； 3. 操作熟練（20分）	現場操作	50分
效果	1. 材料滅菌徹底（5分）； 2. 材料無變褐現象發生（10分）； 3. 實驗場地清理乾淨（5分）	現場檢查	20分
合計			100分

任務二　接　　種

接種是指將經過表面滅菌後的離體材料在無菌環境中切割或分離出器官、組織或細胞轉入到無菌培養基上的過程。由於整個過程都是在無菌條件下進行的，所以又稱為無菌操作。接種是組培中最重要的技術環節和基本的操作技能，技術要求嚴格。提高接種品質是提高組培工作效率，保證組培正常有序進行的客觀要求。

一、無菌操作規程

（1）接種前1h接種室滅菌。
（2）接種前20min打開紫外燈。
（3）接種員洗手，在緩衝間換鞋、穿實驗服。
（4）關閉紫外燈，打開日光燈及風機，擦拭雙手及臺面。
（5）擦拭接種工具並反覆灼燒，烘烤培養皿。
（6）按接種程序操作。

(7)接種操作結束後做標識、清理臺面、填寫記錄。

二、接種程序

接種程序見圖 3-2-1。

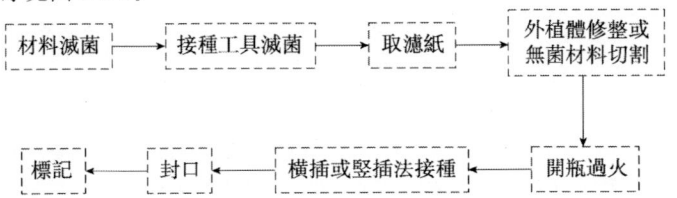

材料滅菌 → 接種工具滅菌 → 取濾紙 → 外植體修整或無菌材料切割

標記 ← 封口 ← 橫插或豎插法接種 ← 開瓶過火

三、接種方法和要求

植物組織培養中，接種操作有橫插和豎插兩種方法可供選擇。二者的主要區別是手握工具的姿勢和培養瓶是否置於臺面上（圖 3-2-2、圖 3-2-3）。豎插法對於固體培養基和液體培養基都適合，對於繼代「瓶轉瓶」式的轉接特別方便，而橫插法一般只適用於固體培養基。生產實踐中可根據培養基類型和個人習慣靈活選擇接種方法。

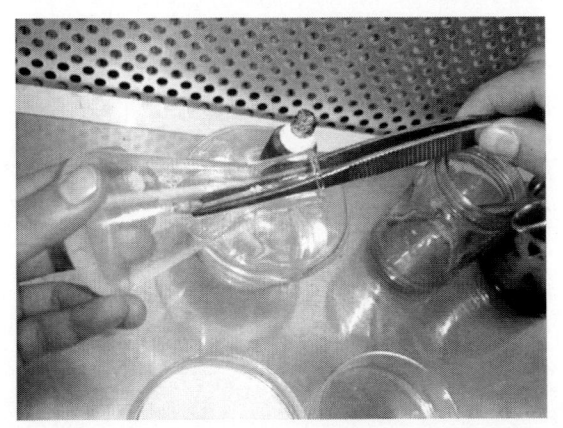

圖 3-2-2 橫插法 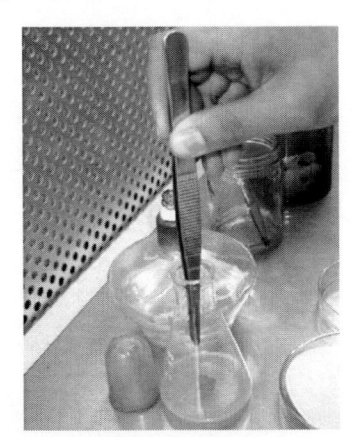　　　　　　　　圖 3-2-3 豎插法

在接種要求上，要做到規範操作和熟練操作。規範操作就是要求嚴格遵守接種程序，掌握各操作環節的技術要領，不折不扣地執行實施方案，具體要求見表 3-2-5。熟練操作是指在規範操作的前提下，提高操作速度，保證接種的高效性。

表 3-2-5　接種的一般要求

項目	具體要求
接種前準備	操作方案科學性、可行性強；材料準備充分、擺放合理；環境滅菌徹底；個人衛生合格
擺臺	擺臺合理

(續)

項目	具體要求
接種方法	選擇合理、針對性強
外植體修整	達到一般規格要求。如莖段 1.0～1.5cm，節上 1/3，節下 2/3，帶或不帶葉柄；葉片 0.5cm×0.5cm，帶中脈，微莖尖 0.2mm×0.5mm，帶 1～2 個葉原基；普通莖尖 0.5～1.0cm 等
接種操作	執行無菌操作規程，身體姿態、操作手法符合無菌操作要求；動作協調性好
接種品質	外植體規格一致，布局均衡，深淺適宜，無倒插或深陷現象，標識清楚，表達明白；汙染率低

四、接種操作的注意事項

在無菌操作過程中，應注意以下幾方面：

（1）防止交叉汙染。具體做到以下幾點：①接種材料滅菌後要用無菌濾紙吸乾水分，並剪除觸及培養皿外沿或伸出培養皿外的接種材料；②修剪後的外植體不能重疊放置；③每切割完一瓶母種材料或無菌濾紙較濕、有較多破損之處時應及時更換濾紙；④接種工具不能碰到臺面、管（瓶）的外壁、棉塞或薄膜；⑤接種工具要全面充分灼燒，手握的部位不能靠前；⑥接種工具在每次使用前最好進行火焰滅菌。

（2）必須在酒精燈火焰的有效範圍內操作，如修剪材料、開瓶、接種等。

（3）接種工具灼燒後擺放合理，充分冷卻，防止燙傷外植體。

（4）接種時夾取外植體用力要適當，外植體和手指不能觸及瓶口。

（5）開瓶時解繩或去除橡皮筋的動作要輕，接種的培養瓶拿成斜角，防止灰塵落入瓶中。

（6）接種人員注意個人衛生，要經常洗澡、剪指甲，實驗服、口罩和帽子應經常清洗和嚴格滅菌。

（7）無菌操作時戴上口罩，盡量不講話，防止呼吸、說話或咳嗽所引起汙染；雙手不要超出超淨工作臺邊緣，頭部不要探入超淨工作臺內，手及手臂盡量避免或減少從培養皿上方經過的次數；離開超淨工作臺後再接種時要重新擦手。

（8）接種材料滅菌後，最好將相關器皿清理發表面，然後再接種。

（9）封口時線繩不能碰到培養皿和接種工具；封口材料接觸瓶的部分不要用手觸摸或接觸臺面。

（10）無菌操作要規範、準確、迅速，動作協調。

五、組培中常用的滅菌方法舉例

組培中常用的滅菌方法見表 3-2-6。

表 3-2-6　組培中常用的滅菌方法

滅菌對象	滅菌方法	備注
環境滅菌	培養室、接種室等環境滅菌方法有紫外線殺菌、臭氧發生機滅菌、燻蒸滅菌、噴霧殺菌等	1. 紫外線殺菌：20～30min； 2. 臭氧發生機滅菌：1.5～2h/60m²； 3. 燻蒸滅菌：5～8mL/m²甲醛＋5g/m²高錳酸鉀混合燻蒸；冰醋酸加熱或硫黃燻蒸； 4. 噴霧殺菌：70%～75%酒精或0.2%新潔爾滅
培養基滅菌	濕熱滅菌、超音波滅菌、過濾滅菌	1. 濕熱滅菌：121℃，20～30min； 2. 微波、超音波滅菌； 3. IAA、GA等不耐熱的物質採用過濾滅菌裝置滅菌
接種材料滅菌	浸泡滅菌	70%～75%酒精浸泡10～30s或2%～10%次氯酸鈉或0.1%～0.5%氯化汞等
接種工具滅菌	濕熱滅菌、乾熱滅菌、器械滅菌器滅菌、灼燒滅菌等	1. 濕熱滅菌：121℃，20～30min； 2. 乾熱滅菌：160～180℃，20～30min； 3. 器械滅菌器滅菌：300℃，3～5min； 4. 灼燒滅菌
培養瓶、接種盤滅菌	濕熱滅菌、乾熱滅菌、超音波滅菌、烘烤滅菌	1. 濕熱滅菌：121℃，20～30min； 2. 乾熱滅菌：160～180℃，20～30min； 3. 超音波滅菌； 4. 烘烤滅菌
實驗服、口罩、濾紙、自來水	濕熱滅菌、紫外線殺菌	1. 濕熱滅菌：121℃，20～30min； 2. 紫外線殺菌：20～30min
桌面、牆面、雙手和物品表面	噴霧殺菌、塗抹殺菌	1. 噴霧殺菌：70%～75%酒精或0.2%新潔爾滅； 2. 塗抹殺菌

學習筆記

技能訓練

無菌操作

一、訓練目標

透過無菌操作訓練初步掌握組織培養的無菌操作規程。

二、材料與用品

超淨工作臺、75％酒精、培養基、接種器械（解剖刀、剪刀、鑷子等）、酒精燈、培養材料（根、莖、葉或種子等）、0.1％氯化汞或漂白粉、無菌水、大燒杯（盛放消毒廢液）、已經滅菌的小燒杯（用於外植體消毒）、接種盤（放有濾紙的培養皿）、酒精棉球（擦拭手、臺面）等。

三、方法與步驟

1. 接種前準備

（1）按照任務工單提前列出接種用品清單，並準備齊全。
（2）接種前打開接種室臭氧發生機30min，打開紫外燈照射20min。

2. 無菌操作

（1）用水和肥皂洗淨雙手，穿上滅菌過的專用實驗服、帽子與鞋子，進入無菌接種室。
（2）關閉臭氧發生機和紫外燈，打開日光燈和風機。
（3）用75％酒精擦拭工作臺和雙手。
（4）用75％酒精棉球擦拭裝有培養基的培養器皿，放進工作臺。
（5）把解剖刀、剪刀、鑷子等器械放入接種器械滅菌器中滅菌，取出在火焰上滅菌後放在器械架上。
（6）材料滅菌具體方法見本章任務一的相關內容。
（7）將經過滅菌的無菌濾紙取出置於接種盤或培養皿內，將無菌濾紙壓實，緊貼於接種盤底部。
（8）對外植體進行二次修整，如莖段1.0～1.5cm，節上1/3，節下2/3，帶或不帶葉柄；葉片0.5cm×0.5cm，帶中脈，微莖尖0.2mm×0.5mm，帶1～2個葉原基；普通莖尖0.5～1.0cm等。
（9）用火焰燒瓶口，轉動瓶口使瓶口各部分都燒到，打開瓶口。
（10）把培養材料按照橫插法或豎插法接種於培養基上，蓋上瓶蓋。操作期間應經常用75％酒精擦拭工作臺和雙手；接種器械應反覆在75％酒精中浸泡和在火焰上滅菌。
（11）接種結束後，做好標識，清理和關閉超淨工作臺。

四、考核評價

考核重點是操作規範性、準確性和熟練程度。考核方案見表3-2-7。

表3-2-7　無菌操作考核評價表

考核項目	考核標準	考核形式	滿分
實訓態度	1. 任務工單撰寫字跡工整、詳略得當（10分）； 2. 操作認真、主動（10分）； 3. 積極思考，有合作精神（10分）	任務工單	30分

（續）

考核項目	考核標準	考核形式	滿分
技能操作	1. 接種前準備全面（10分）； 2. 無菌操作規範（20分）； 3. 操作熟練（20分）	現場操作	50分
效果	1. 材料接種放置規範、合理（5分）； 2. 材料無汙染發生（10分）； 3. 實驗場地清理乾淨（5分）	現場檢查	20分
合計			100分

知識拓展

植物無糖組培快繁技術

植物無糖組培快繁技術是指透過輸入 CO_2 氣體代替傳統植物組織培養中的糖作為碳源，並採用微環境控制技術，提供適宜植株生長的溫度、濕度、光照、氣體、營養等條件，使培養容器中的小植株在人工光照下吸收 CO_2 進行光合作用，是環境控制技術和組織培養技術的有機結合，又稱為光自養微繁殖技術。該技術是 1980 年由日本千葉大學的古在豐樹教授提出和發明的，目前已經受到廣泛關注，在許多國家和地區得到了推廣應用。

一、植物無糖組培快繁技術的特點

1. 碳源的改變 在傳統的植物組培快繁技術中，小植株以糖作為碳源進行異養或者兼氧生長，糖是其中不可缺少的物質。而無糖組培快繁技術中則用 CO_2 替代糖作為小植株生長的碳源，使其在人工光照下吸收 CO_2 進行完全的自養生長，在一定程度上避免了微生物的汙染。

2. 培養容器的改變 為了防止汙染，傳統的組培快繁一般使用小的培養容器。而無糖組培快繁由於去除了糖，降低了汙染率，使各類大型培養容器的使用成為可能，可以根據培養材料和生產規模的需求選用不同規格的培養容器。

3. 培養基質的改變 瓊脂是傳統組培快繁中最常用的基質，它的透氣性差，不利於水分、氣體和營養物質的移動和吸收。無糖組培快繁在基質的選擇上相對廣泛，主要是一些多孔的無機基質，如蛭石、纖維、珍珠岩、成型岩棉、沙子等，這些基質由於其良好的透氣性，提高了小植株的生根率，而且與瓊脂相比，價格相對低廉，節省了培養成本。

二、植物無糖組培快繁技術的應用

無糖組培快繁技術由於具有降低汙染率、適於大規模培養、成本低等優點，目前已經在許多植物中得到了廣泛的應用。

1. 在花卉研究中的應用 20 世紀中期以來，組織培養技術在花卉組培快繁領域開始得到廣泛應用，在開發具有自主知識產權的花卉新品種、培育去毒花卉種苗等方面都起到了至關重要的作用。但與其他植物的組織培養一樣，培養過程中出現的褐化、汙染、生根率低和移栽成活率低也是制約某些花卉組培發展的瓶頸。隨著無糖組培快繁技術的逐漸成熟和推廣，該技術在花卉組培快繁方面表現出了明顯的優勢，如雲南省農業科學院花卉研究所科學研究人員對康乃馨、非洲菊、滿天星等植物進行了無糖組培技術研究，與傳統的培養方法相比，無糖培養效果好，植株生根快，健壯且根系發達。

2. 在中草藥研究中的應用 中國藥用植物資源豐富，人們對藥用植物的利用主要是以採挖和消耗大量的野生植物資源為代價，這必將導致某些中草藥資源匱乏甚至滅絕，而且生態環境的日益惡化，也加快了藥用植物資源減少的速度。由於植物組織培養具有不受地區、季節與氣候限制，便於工廠化生產等優勢，因此運用組織培養技術快速繁殖藥用植物種苗，對於緩解藥用植物資源匱乏和不足具有重要的作用，如在石斛、山藥、丹蔘等中藥材的繁殖中都得到了廣泛的應用。與其他植物一樣，培養過程中的汙染、褐化、生根率

和移栽成活率低也是該技術在中草藥研究中急待解決的問題，而無糖組織培養技術的應用則有效地解決了上述問題。

3. 在其他發面的應用　無糖組培快繁技術除在花卉和中草藥的研究中得到了應用之外，在馬鈴薯、草莓、花椰菜等植物的組培快繁中也得到了相應的應用。

三、無糖組培快繁技術的應用前景

無糖組培快繁技術作為一種新型的培養方法，打破了傳統組培中必須依靠糖進行異養生長的培養方式，克服了傳統組培中的一些缺點，解決了制約傳統組培快繁中的瓶頸問題。透過調整組培的微生態環境，如光照度、CO_2濃度、培養基質等，在一定程度上降低了組培苗的汙染率，縮短了培養週期，提高了生根率和移栽率。隨著無糖組培理論研究的不斷深入和相關設備的日益完善，該技術必將在更多的植物組培快繁中得到推廣和應用，在植物工廠化、規模化生產中發揮更大的作用。

自我測試

一、填空題

1. 外植體表面滅菌的原則是＿＿＿＿＿＿＿＿＿＿＿＿＿＿＿＿＿＿＿＿＿＿。
2. 消毒與滅菌的根本區別是＿＿＿＿＿＿＿＿＿＿＿＿＿＿＿＿＿＿＿＿＿。
3. 次氯酸鈣的滅菌原理是＿＿＿＿＿＿＿＿；$HgCl_2$的滅菌原理是＿＿＿＿＿＿＿＿。
4. 選擇外植體之前應考慮的因素主要包括＿＿＿＿、＿＿＿＿、＿＿＿＿、＿＿＿＿和外植體大小等。
5. 為提高外植體滅菌效果，可採取＿＿＿＿和＿＿＿＿滅菌方式；也可在滅菌劑中適當加入＿＿＿＿。
6. 離體植物材料滅菌方案的核心是滅菌劑的＿＿＿＿和＿＿＿＿。
7. 接種方法一般分為和＿＿＿＿和＿＿＿＿。
8. 接種材料一般採用＿＿＿＿滅菌，接種工具採用＿＿＿＿滅菌；接種室採用＿＿＿＿滅菌；濾紙採用＿＿＿＿滅菌。

二、是非題

1. 外植體滅菌方法是由接種材料的成熟度、母體植株的生態環境決定的。（　　）
2. 外植體採集前對取材部位套袋，與果樹套袋的目的與做法相同。（　　）
3. 外植體滅菌時間是從滅菌液開始倒入容器至從容器倒出的時間。（　　）
4. 外植體表面滅菌後，可以視現場時間方便與否擇機接入培養基。（　　）
5. 外植體滅菌過度的可能原因主要有滅菌劑的濃度和滅菌時間不適宜。（　　）
6. 不同植物種類、器官所選擇的修整方法是不同的。（　　）
7. 判斷變態器官是否為莖的依據是其上有節和節間，節上著生芽。（　　）
8. 接種後發現培養瓶汙染，其原因一定是無菌操作不當造成的。（　　）
9. 接種後培養物傾斜多半是因為接種時拿瓶姿勢不對。（　　）
10. 外植體修剪時，不小心掉在培養皿外，一般可以繼續使用。（　　）

三、簡答題

1. 外植體的種類有哪些？外植體的消毒程序及注意事項是什麼？
2. 簡述無菌操作流程。分析如何能避免接種操作過程中汙染的發生。
3. 植物組織培養的接種方法有哪些？有何異同？

第四章　組培技術研發

第一節　組培試驗方案設計

知識目標
- 掌握組培基本理論、組培快繁程序與類型。
- 了解組培苗遺傳穩定性的影響因素，掌握提高組培苗遺傳穩定性的措施。
- 了解文獻檢索方法，掌握組培資訊蒐集的程序和內容。

能力目標
- 能夠根據需要蒐集組培資訊。
- 學會蒐集組培資訊，會設計組培試驗。

素養目標
- 具備資訊蒐集與處理的能力，能自主蒐集、鑑別、處理組培資訊，正確分析和有效解決組培實際問題。
- 培養團隊精神、創新意識和科學思維。

知識準備

任務一　組培資訊蒐集

一、組培資訊蒐集

資訊蒐集是指透過各種方式擷取技術研發所需要的資訊。資訊蒐集是關鍵的一步，能夠幫助試驗研發者了解基本資訊、工作進展、行業焦點及難點，發掘相關的技術和科學問題，決定了技術研發的先進性和系統性。

（一）資訊蒐集原則和方法

資訊蒐集應堅持針對性、可靠性、完整性、實效性、準確性和易用性原則，以保證蒐集

的資訊全面、真實、有效、有利用價值、便於應用。資訊蒐集方法包括參觀訪問、文獻檢索、專家諮詢、網路諮詢、現場調查、觀察法、實驗法等。具體操作層面可結合資訊蒐集目的、難易程度和主客觀條件等，有針對性地選擇一種或幾種資訊蒐集方法。

（二）資訊蒐集程序

資訊蒐集的一般工作程序是：①制訂資訊蒐集計劃；②設計調查提綱和調查表；③資訊蒐集；④分類整理並保存資訊資料。資訊蒐集時要做好記錄，以備查詢。蒐集組培資訊時，同樣應堅持上述原則和工作程序，並選擇適宜的蒐集方法。

重點蒐集的組培資訊應包括以下幾個方面：①組培對象的學名、品種名、商品名、生物學特徵、生態學習性；②外植體的類型與取材時間、部位；③培養基配方；④培養條件；⑤培養效果；⑥移栽馴化條件與基質配比等。組培資訊蒐集結束後，應對所蒐集的資訊進行鑑別、分類、組合、排列，確保資訊的準確性、系統性和可靠性，為下一步試驗設計提供依據。

（三）資訊蒐集需注意的問題

資訊蒐集時，尤其需要全面查閱該植物組織培養方面相關的專業文獻，尤其是較新的文獻資料，進行綜合分析。如果該種植物的文獻數量不多或根本查不到，表明該種植物受到關注較少或組培成功案例較少，應擴大文獻檢索範圍，查閱與之相近的、同一個屬內其他種的相關文獻。

二、組培再生的途徑

根據離體材料再分化的類型與成苗途徑，組培快繁一般分為無菌短枝型、叢生芽增殖型、器官發生型、胚狀體發生型和原球莖發生型 5 種類型（圖 4-1-1）。透過組培快繁形成的植株稱為再生植株。組培快繁類型也稱為植株再生途徑。

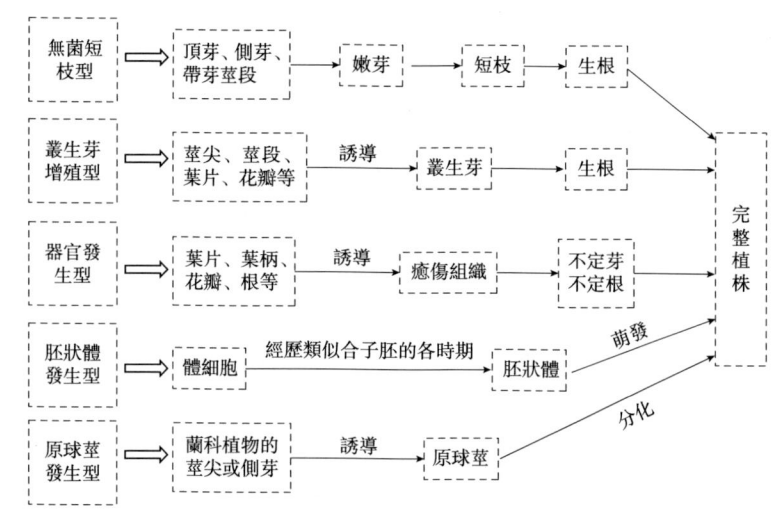

圖 4-1-1　植株再生途徑

（一）無菌短枝型

將頂芽、側芽、莖尖分生組織或帶有芽的莖切段接種到培養基上進行生長培養，逐漸形成一個微型的多枝多芽的無菌短枝（圖 4-1-2）。繼代時將叢生芽苗反覆切段進行繁殖，從而

迅速獲得大量的組培苗，這種繁殖方式也被稱作微型扦插或無菌短枝扦插，主要適用於頂端優勢明顯或枝條生長迅速，或對組培苗品質要求較高的一些木本植物和少數草本植物，如月季、矮牽牛、菊花、香石竹等。該種方式培養過程簡單，成苗快，且不需經過癒傷組織而再生，因而能使無性系後代保持原品種特性。實踐中應注意芽位置的選取，一般以上部 3～4 節的莖段或頂芽為外植體。

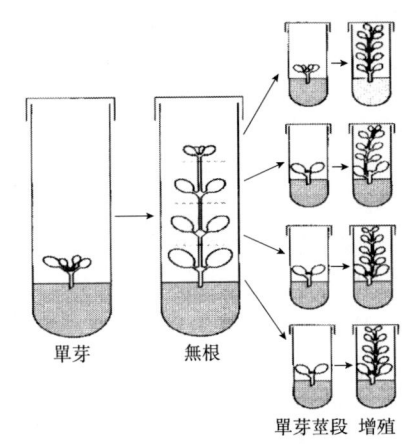

圖 4-1-2　無菌短枝型繁殖示意
（陳世昌，2011. 植物組織培養）

（二）器官發生型

器官發生型又稱為癒傷組織再生途徑，即將葉片、葉柄、花瓣等外植體在適宜的培養基和培養條件下經誘導形成癒傷組織，再由癒傷組織細胞分化形成不定芽或不形成癒傷組織而直接從表面形成不定芽。

1. 癒傷組織形成　　癒傷組織是植物細胞經過去分化形成一團不規則的具有分裂能力而無特定功能的薄壁組織。它可以在人工培養基上形成，也可在自然條件下形成，從機械損傷或微生物損傷、昆蟲咬傷的傷口處產生。

（1）癒傷組織的誘導。幾乎所有植物材料經離體培養都有誘導產生癒傷組織的潛在能力，並且能夠在一定的條件下分化成芽、根、胚狀體等。在進行癒傷組織培養過程中，應根據不同的培養目的擷取不同的外植體。如果要獲得癒傷組織，可選擇植株莖的切段、葉、根、花和種子，或把其中的某些組織切成片或塊狀，接種到培養基上；如果要進行細緻的研究，則要考慮外植體的一致性，其一致性包括植物材料的來源及外植體的大小、形狀、生理部位等，在進行這類研究中，常常選用組織塊較大的材料。

一般而言，誘導外植體形成典型的癒傷組織大致要經歷 3 個時期：活化期、分裂期和分化期（表 4-1-1）。

表 4-1-1　癒傷組織形成時期及特點

發育期	時間段	細胞特點
誘導期（活化期）	指細胞準備進行分裂的時期。其長短因植物種類、外植體的生理狀態和外部因素而異	該時期細胞的大小變化不大，但細胞的內部卻發生了生理生化變化，如合成代謝加強，蛋白質和核酸的合成等

(續)

發育期	時間段	細胞特點
分裂期	指細胞透過一分為二的方式，不斷增生子細胞的過程。外植體的細胞一旦經過誘導，其外層細胞開始進行細胞分裂	處於分裂期的癒傷組織的共同特徵是：細胞分裂快，結構疏鬆，缺少組織結構，顏色淺而透明
分化期	指停止分裂的細胞發生生理代謝變化而形成不同形態和功能的細胞的時期	此時的細胞體積不再減小，分裂部位和方向發生改變，形成分生組織瘤狀結構和維管組織等

（2）癒傷組織細胞的生長和分化。形成的無序結構的癒傷組織塊如果繼續在原培養基上培養，就要解決由於其中營養不足或有毒代謝物的積累而導致癒傷組織塊的停止生長，直至老化變黑死亡的問題。若要癒傷組織繼續生長增殖，必須定期將它們分成小塊，接種到新鮮的原培養基上繼代增殖，癒傷組織才可以長期保持旺盛生長。

旺盛生長的癒傷組織的質地存在顯著差異，可分為鬆脆型和堅硬型兩類，並且可以相互轉化。當培養基中的生長素類濃度高時癒傷組織塊變鬆脆；相反，降低或除去生長素，癒傷組織變為堅實的小塊。同一種類的癒傷組織也可隨外植體的部位及生長條件的差異而不同，即便是同一塊癒傷組織也會因各種因素的作用存在顏色和結構上的差異。癒傷組織在轉入分化培養基後會出現體細胞胚胎發生及營養器官的分化，出現哪種情況取決於植物種類、外植體的類型與生理狀態以及環境因子的影響，有時也有難以分化的情況。

2. 癒傷組織再生途徑 癒傷組織再生一般包括3種方式：第一種情況是先形成芽，在芽伸長後，在其莖的基部長出根而形成小植株，大多植物為這種情況；第二種情況是先產生根，再從根的基部分化出芽形成小植株，這在單子葉植物中很少出現，而在雙子葉植物中較為普遍；第三種情況是先在癒傷組織的相鄰不同部位分別形成芽和根，然後兩者結合起來形成一株小植株，類似根芽的天然嫁接，但這種情況少見，而且一定要在芽與根的維管束相通的情況下，才能得到成活植株（圖4-1-3）。

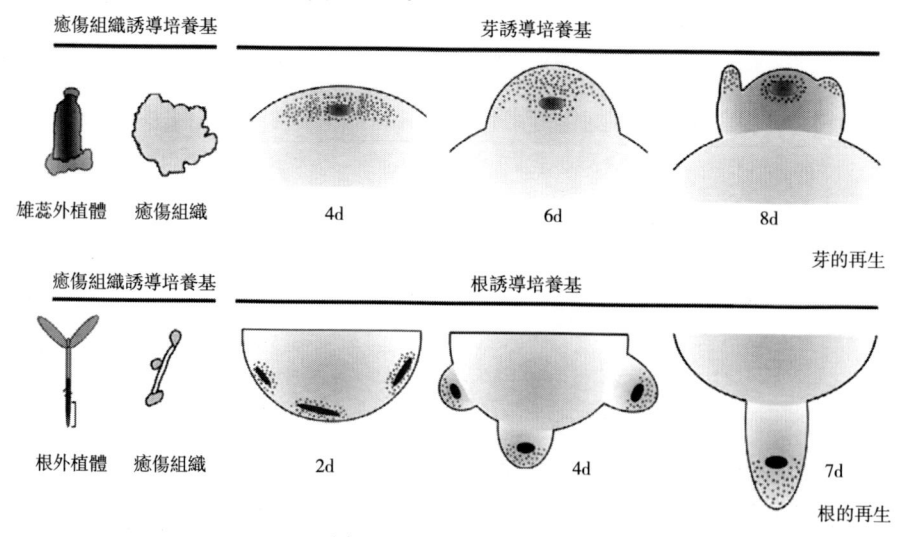

圖 4-1-3　癒傷組織的再生

3. 影響器官發生的主要因素

(1) 外植體。理論上講所有的植物都有被誘導產生癒傷組織的潛力，但植物種類不同誘導的難易程度不同。一般來說，被子植物比裸子植物誘導容易，草本植物比木本植物容易，同一種植物中幼嫩材料比老熟材料易於誘導和分化。

通常情況下，同一種植物的不同器官或組織所形成的癒傷組織，無論在生理上還是在形態上，其差別均不大，但是對有些植物而言，卻有明顯差異，如油菜的花器比葉、根等易於分化成苗；水稻和小麥幼穗的苗分化頻率比其他器官高。

(2) 培養基。培養基的類型、組成、生長調節物質及其配比、物理性質等都對癒傷組織誘導和分化不定芽產生一定影響。MS、B_5等基本培養基無機鹽濃度高對癒傷組織誘導和生長有利。外源生長調節物質是植物癒傷組織誘導過程中不可缺少的組成成分，生長素與細胞分裂素的濃度和配比是控制癒傷組織生長和分化的決定因素，透過改變生長調節物質的種類和濃度，可有效調節組織和器官的分化。一般高濃度的生長素和低濃度的細胞分裂素有利於癒傷組織的誘導和生長。在生長素類調節物質中，2,4-滴誘導癒傷組織效果最好，但使用濃度過高則會抑制不定芽的分化。醣類、維他命、肌醇和甘胺酸等有機成分，可以滿足癒傷組織生長和分化對營養的要求，且液體培養基要比固體培養基好，在液體培養基中癒傷組織易於生長和分化。另外，一些天然提取物對癒傷組織的誘導和維持十分有益，如10％椰子汁、0.5％酵母提取物、5％～10％番茄汁等。

(3) 培養環境。在離體培養條件下，光對器官的作用是一種誘導反應，一定的光照對芽苗的形成、根的發生、枝的分化和胚狀體的形成有促進作用。同時在（25±2）℃的恆溫條件下都能較好地形成芽和根，而有些植物則需要在一定的晝夜溫差下培養，且溫度高低對器官發生的數量和品質有一定的影響。

（三）叢生芽增殖型

莖尖、帶有腋芽的莖段或初代培養的芽，在適宜的培養基上誘導，可使芽不斷萌發、生長，形成叢生芽。將叢生芽分割成單芽增殖培養成新的叢生芽，如此重複芽生芽的過程，稱為叢生芽增殖型。將長勢強的單個嫩枝進行生根培養，進而形成再生植株（圖4-1-4）。

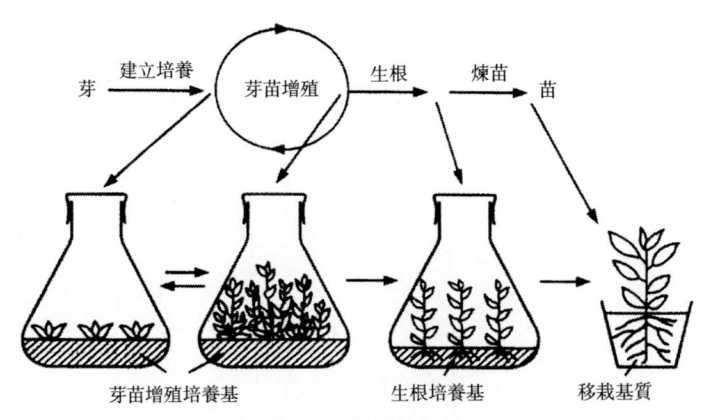

圖4-1-4　腋芽叢生法
（劉進平，2005. 植物細胞工程簡明教程）

(四) 胚狀體發生型

　　胚狀體類似於合子胚但又有所不同。胚狀體發生型是再生植株透過與合子胚相似的胚胎發生過程，即球形胚、心形胚、魚雷形胚和子葉形胚，形成類似胚胎的結構，最終發育成小苗，但它是由體細胞發生的（圖 4-1-5）。胚狀體可以從癒傷組織表面或游離的單細胞產生，也可從外植體表面已分化的細胞產生。它是離體無性繁殖最快的途徑（圖 4-1-6），也是人工種子和細胞工程常用的發生途徑，但有的胚狀體存在一定的變異，須經過試驗和檢測才能在生產上應用。由於胚狀體發生型與器官發生型均可起源於癒傷組織或直接來自外植體，因而容易混淆。表 4-1-2 中列出了這兩種途徑的主要區別。

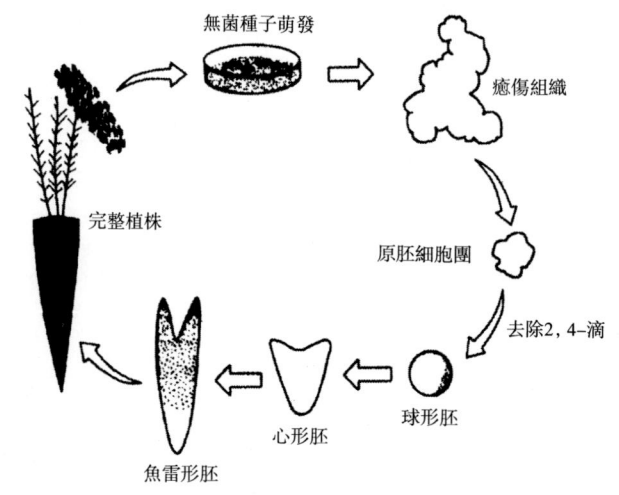

圖 4-1-5　胡蘿蔔體細胞胚狀體誘導和分化過程
（肖尊安，2004. 植物生物技術）

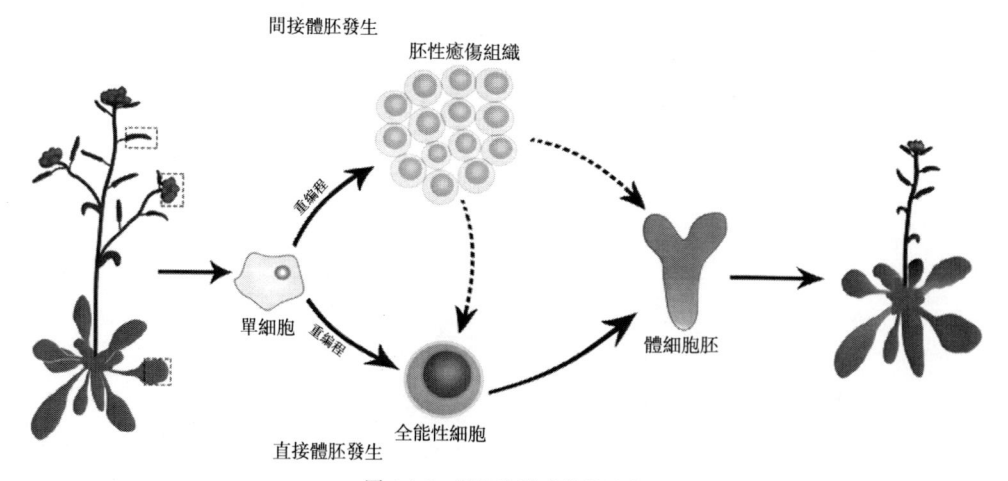

圖 4-1-6　體細胞形成過程示意

表 4-1-2　胚狀體苗與器官發生苗區別

項目	胚狀體發生型幼苗	器官發生型幼苗
來源與極性	最初形成多來自單細胞，雙極性，兩個分生中心，較早分化出莖端和根端	最初形成多來自多細胞，單極性，單個分生中心
維管組織	胚狀體維管組織與外植體維管組織不相連	不定芽和不定根與癒傷組織的維管組織不相連
胚胎形態	具有典型的胚胎形態發生過程	無胚胎形態，分生中心直接分化器官
子葉	具有	不具有
生根	根芽齊全，不經歷誘導生根	一般先生芽後誘導生根或先長根後長芽

影響胚狀體發生的因素主要是培養基中的生長調節劑和含氮化合物。

1. 生長調節劑　大多數植物可在生長素與細胞分裂素相組合的培養基上才能誘導出胚狀體（如山茶、花葉芋）；但也有些植物在只含有細胞分裂素的培養基上也能誘導胚狀體（如大麥、檀香）；同時，在 2,4-滴等生長素的作用下，癒傷組織有時也會在其若干部位分化形成胚性細胞團，但只有降低或者完全去除培養基中的 2,4-滴等生長素（如金魚草、矮牽牛）才能發育成胚狀體。

2. 含氮化合物　誘導胚狀體產生還要求培養基中含有一定量的含氮化合物，其中銨根離子對胚狀體的形成有作用。如果癒傷組織是在含有 KNO_3 和 NH_4Cl 的培養基上建立起來的，無論分化培養基中是否含有 NH_4Cl，癒傷組織都能形成胚狀體。另外，水解酪蛋白、麩醯胺酸和丙胺酸等對胚狀體的發生有一定的作用。

（五）原球莖發生型

原球莖是一種類胚組織，可以看作是呈珠粒狀短縮的、由胚性細胞組成的類似嫩莖的器官。一些蘭科植物的莖尖或側芽培養可直接誘導產生原球莖，繼而分化成植株，也可以透過原球莖切割或針刺損傷手段進行增殖培養。

外植體及培養條件不同，則成苗的途徑不同，且各種再生類型的特點不同。各種再生類型的比較見表 4-1-3。

表 4-1-3　各種再生類型的特點比較

再生類型	外植體來源	特點
無菌短枝型	嫩枝節段或芽	一次成苗，培養過程簡單，適用範圍廣，移栽容易成活，再生後代遺傳性狀穩定，但初期繁殖較慢
器官發生型	除芽外的離體組織	多數經歷「外植體→癒傷組織→不定芽→生根→完整植株」的過程，繁殖係數高，多次繼代後癒傷組織的再生能力下降或消失，再生後代易發生變異
叢生芽增殖型	莖尖、莖段或初代培養的芽	與無菌短枝型相似，繁殖速度較快，成苗量大，再生後代遺傳性狀穩定
胚狀體發生型	活的體細胞	胚狀體數量多，結構完整，易成苗和繁殖速度快，有的胚狀體存在一定變異
原球莖發生型	蘭科植物莖尖	原球莖具有完整的結構，易成苗和繁殖速度快，再生後代變異機率小

三、組培快繁方法

(一) 組培快繁程序

組培快繁程序因再生途徑的不同存在一定的差異，一般包括活化培養、增殖培養、壯苗與生根培養、組培苗馴化移栽 4 個階段。

1. 活化培養 又稱初代培養、誘導培養，是指經過滅菌的外植體在適宜的培養條件下進行誘導和分化，獲得癒傷組織、不定芽、短枝等無菌培養物的過程。在體胚發生體系中，能夠獲得胚性細胞即完成了活化培養的重要步驟，其目的是建立無菌培養體系，為離體再生做準備。這一階段的培養效果依植物種類、外植體類型及培養基的成分而異。

活化培養一般比較困難，主要體現在擷取無菌材料並保持再生的可能性。在此階段盡量用小容器，而且每個容器最好只接 1~2 個外植體，相互保持一定距離，均勻分布，以保證充足的營養面積和光照條件，更重要的是避免相互汙染。

多數外植體的活化培養對環境條件的要求是溫度 25~28℃、光照 8~12h/d。不同外植體的活化培養對營養水準的需求不同，應選擇與其相適應的基本培養基。在外植體誘導分化培養基中，生長素和細胞分裂素的濃度最為重要，如刺激腋芽生長時，細胞分裂素的適宜濃度一般為 0.5~1.0mg/L，生長素的濃度水準較低，為 0.01~0.1mg/L；誘導不定芽形成時，需較高水準的細胞分裂素；誘導癒傷組織形成，在增加生長素濃度的同時，可適當補充一定濃度的細胞分裂素。胚性癒傷的誘導過程更為複雜，目前多數植物還沒有建立穩定、高效的誘導體系。

活化培養通常需要 4~6 週，所獲得的培養物將過渡到增殖培養。而胚狀體發生途徑進行胚性細胞的誘導週期往往比較長，有些外植體可能需要在活化培養的階段停留較長時間，這時必須將外植體轉移到新培養基上進行培養。

2. 增殖培養 透過初代培養所獲得的癒傷組織、不定芽、胚性癒傷組織或類原球莖等無菌材料被稱為中間繁殖體。中間繁殖體由於數量有限，所以需要將他們切割、分離後轉移到新的培養基中培養增殖，這個過程稱為增殖培養（也稱繼代培養）。該階段是植物快繁的重要環節，其目的是擴繁中間繁殖體的數量。由於培養物在接近適宜的培養條件下生長排除了其他生物的競爭，所以中間繁殖體能夠按幾何級數增殖。一般 4~6 週需進行繼代一次，通常增殖係數為 3~4 倍，部分物種或品種可高達 10~20 倍。但也有一種情況，初代培養物難以繼續進行增殖培養，需要進行精細化的調控去解決增殖培養的問題。

中間繁殖體有多種增殖類型，對於具體的植物來說，採取哪種快繁增殖方式取決於培養目的及材料自身。大多數植物誘導不定芽產生，再以芽生芽的方式進行增殖；蘭科植物、百合等則採用類原球莖增殖途徑，最大程度保障繁殖材料的遺傳穩定性；體胚再生體系則以胚性癒傷組織作為中間繁殖體。

增殖培養基因植物種類、品種和培養類型的不同而異。通常增殖培養基與活化培養相同，不定芽或原球莖培養基所添加的植物激素多以細胞分裂素為主，並添加低濃度的生長素，而細胞分裂素和礦物元素的濃度水準則高於活化培養。在胚性癒傷的繼代增殖中，通常以生長素為主要的激素類物質，輔以細胞分裂素提高增殖係數，因為生長素對胚性細胞狀態的維持更加重要，一旦去除生長素，胚性細胞的極性會得以表達，從而進行胚狀體的發育，

對繼代培養不利。細胞分裂素和生長素的比例是影響繁殖係數和不定芽品質的主要因素。如果生長素/細胞分裂素比值大，則不定芽生長健壯，而繁殖係數較低，達不到快速繁殖的目的；如果只用細胞分裂素，中間繁殖體的增殖量雖然大，但是通常材料長勢比較細弱，需要加入生長素以促進莖的生長，即需要一個壯苗過程。只有將二者的比例調整到適宜的水準，才能使中間繁殖體快速增殖。中間繁殖體經過多次繼代，有時芽苗會出現不能生長、莖尖褐化、進入休眠，甚至失去再生的潛能等衰退現象，可以採取及時降低外源激素的濃度、避免基部癒傷組織的產生或重新構建無性繁殖系等措施加以解決。當中間繁殖體大量增殖後，應及時過渡到生根培養階段。若不能及時將中間繁殖體轉到生根培養基上去，長期不轉移的芽苗就會發黃老化，或因過分擁擠而使無效苗增多，導致芽苗的浪費。而胚性癒傷組織經過長期繼代也會發生胚性降低或喪失的情況，因此，繼代週期、繼代次數的把握都非常重要，通常情況下應結合活化培養做好繼代材料的更新。

3. 壯苗與生根培養　通常情況下，透過增殖培養形成的大量無根芽苗需要進一步誘導生根，少部分物種可以不用誘導生根。對於體細胞發生途徑，因為材料本身具有莖尖和根尖的極性結構，一般不需要專門進行誘導生根，僅需將培養基中的生長素類物質去除，即可進行胚狀體的誘導，得到的胚狀體能夠進一步發育成體胚苗。無根芽苗的生根品質是移栽成活的關鍵，主要體現在根系品質（粗度、長度）和根係數量（條數）兩個方面，不僅要求不定根比較粗壯，更重要的是要有較多的毛細根。試管苗生根一般分為試管內生根和試管外生根兩種方式。

（1）試管內生根。當叢生芽苗增殖到一定數量後要分離成單個芽苗或小芽叢，轉入生根培養基進行生根誘導。一般認為培養基滲透壓降低利於生根，如礦物元素濃度較低時有利於生根，故多採用 1/2、1/3 或 1/4 MS 培養基；同時，較低濃度的蔗糖等碳源對根系伸長生長較為有利。在激素的使用方面，不用或僅用濃度很低的細胞分裂素，同時加入適量的生長素。其中，用得最普遍的生長素是 NAA（0.1～1.0mg/L），一般外植體芽苗 2～4 週即可生根。當長出潔白的正常短根（≤1cm）時，即可出瓶馴化。實踐中要選擇好適宜的生長素及其濃度，否則較高濃度生長素的培養基上不利於幼根的生長發育。不同植物種類生根培養的難易程度不同。一般木本植物比草本植物難；喬木比灌木難；成年樹比幼樹難。對生根比較困難的植物可採用紙橋培養法（如山茶花、香石竹等）。

生根階段可以採取下列壯苗措施：培養基中添加多效唑、丁醯肼、矮壯素等一定數量的生長延緩劑，可以促進單位體積內源養分的積累；將培養基中的糖含量減半，光照度提高為原來的 3～6 倍，一方面促進生根，促使試管苗的生活方式由異養型向自養型轉變；另一方面對水分脅迫和疾病的抗性也會增強。加入活性炭可解決部分植物根系對光敏感的問題。

由於胚狀體有根原基和芽原基的分化，可不經誘導生根階段直接成苗，但經胚狀體途徑發育的苗數特別多，並且個體弱小，所以通常需要一個在低濃度或沒有植物激素的培養基中培養的階段，以便壯苗生根。由其他途徑形成的弱小試管苗也需要經歷一個壯苗過程。

（2）試管外生根。試管外生根又稱活體生根，即不經過生根培養階段，而是從繼代增殖的健壯芽苗上切取插條，直接扦插於基質中生根。有些植物種類在試管中難以生根，或有根但與莖的維管束不相通，或有根而無根毛，吸收功能極弱，移栽後不易成活，這就需要採用試管外生根法。一些商業性實驗室經過成本核算，認為誘導芽苗生根過程的費用佔總費用的 35%～75% 時，就可以考慮採取瓶外生根的方法，把生根和馴化過程結合起來，既可大幅度

降低組培成本、能耗與工時，又能夠提高移栽成活率。

試管外生根主要有 3 種方法：①在試管內誘導根原基後再移栽。將符合生根標準的芽苗轉入生根培養基中，培養 4～10d，待芽苗基部長出根原基後取出扦插到室外基質中，短時間就可自行生根。此法生出的根系有根毛，吸收功能好，成活率高，既縮短了生產週期，又適於長途運輸，簡便易行。②在生根小室扦插生根與煉苗。做一個生根小室，不用瓊脂和蔗糖，而採用泥炭、珍珠岩等透氣又保濕的基質作為扦插基質，能夠人為控制環境條件。將健壯的無根嫩莖剪切成長 1～3cm 的小段移入生根小室，培養 20～30d 即可生成發育良好、吸收功能強的新根。此法相對費用較高。③盆栽或瓶插生根法。以裝有基質的罐頭瓶或花盆作為容器，將生長健壯的無根芽苗插入其中，深度控制在 0.3～1.0cm，再加入外源生根激素或生根營養液，在適宜的環境條件下 30d 左右即可生根成活。有的也可直接扦插到基質苗床上。

需要注意的是，並不是所有植物都適合試管外生根，應在小範圍試驗摸索成功後才可在生產上應用；試管外生根時一定要選擇生長健壯的無根芽苗；最好用生根粉或生長素浸蘸處理（如插條基部浸入 50～100mg/kg 的 IBA 溶液中處理 4～8h）後再扦插，能夠顯著提高生根率。

4. 組培苗馴化移栽 在溫室等設施內搭建床架，對苗床進行徹底消毒。床架上搭建小拱棚，上蓋塑膠薄膜以利於馴化初期的保濕。根據計劃移栽量需準備穴盤，以蛭石、草炭等常用基質作為馴化基質。將消毒過的基質裝入穴盤，基質鬆緊度以輕壓不陷坑有彈性為宜。

組培苗具 3～4 條根、根長 1cm 左右時，將瓶苗置於溫室內陰涼弱光處放置 3～5d，然後開瓶加少量水煉苗 2d 左右，有些物種也可以不加水。在清水中洗淨根部培養基，然後置於百菌清 800～1 000 倍液中浸泡 6min，取出後選擇生長健壯、無變異的組培苗分級擺放在消過毒的泡沫盒中，注意保濕。在穴盤打孔栽苗，每穴栽 1 株，深度以埋住根系且不倒伏為準，栽後輕輕壓實。穴盤按順序擺放後立即用消毒溶液噴灑，拱棚上覆塑膠薄膜保濕。溫度控制在 20～25℃，不要超過 35℃；空氣相對濕度控制在 95% 以上。剛移栽時光照度控制在 800～1 000lx，10d 後逐漸增加光照度，但光線不能直射，以免灼傷葉片，生產上一般採用雙層遮陽網來控制光強。通常栽後 30d 左右小苗長出新葉、新根，以後逐漸撤去塑膠薄膜，1 個月後逐漸撤去無紡布和遮陽網，後期進入常規管理。

（二）組培快繁條件

組培快繁條件包括操作環境、組培人員和培養條件等。操作環境要求嚴格無菌，能夠人為控制培養條件，在接種臺位、培養架的數量與培養面積等方面均能滿足種苗組培與快繁生產量的要求，從事組培與快繁的人員要求具備一定理論基礎，操作熟練，具有比較豐富的實踐經驗，在人員素養和數量上滿足生產要求。培養條件包括溫度、光照、濕度、培養基的成分與 pH 等。此外，應備有足夠的培養容器、藥品、工具等與組培快繁的相關用品。影響植物再生的因素較為複雜，主要包含以下內容。

1. 外植體 植物不同的器官和組織，對離體培養的反映不同，其再生能力也是不同的。外植體的種類是影響組織培養效果的主要因素之一，即使是相同的器官，由於其生理學或發育年齡的差異，也會影響形態發生的類型。如胡蘿蔔子葉不同部位培養誘導的發育過程不同。基因型是影響植物再生的重要因素，如體細胞胚的誘導率和每個胚性外植體上體細胞胚的發生率因基因型而異。只有表皮下細胞具有真正細胞全能性和有能力直接產生體細胞胚，

而不用透過癒傷組織階段的誘導。一般認為，外植體越接近生殖生長，體胚發生的可能性越高，另外，內源生長素的含量是決定外植體體胚發生效率的重要因素。

2. 植物激素 常用於組織培養的植物激素有兩大類，即生長素類和細胞分裂素類，而其他激素如脫落酸、吉貝素、多胺等也有重要作用。離體植物細胞在開始往往缺乏合成生長素和細胞分裂素的能力，但是在大多數情況下，這些細胞的分裂和分化以及形態建成過程中又必須有這兩種激素的共同作用。在培養介質中添加不同種類或不同濃度的外源激素誘導形態發生已受到廣泛的重視。但最關鍵的是組織內部和不同再生起源發生部位的內源激素代謝動態和平衡。

生長素類的主要作用是重新啟動有絲分裂，使已停止分裂的植物細胞恢復分裂能力。植物生長激素通常被用來誘導癒傷組織形成及其增殖，對多數植物材料的培養而言，2, 4-滴是生長素中誘導癒傷組織和實現細胞懸浮培養最有效的物質，對組織培養再生芽的誘導和再生非常有效。在癒傷組織的產生和增殖過程中，在2, 4-滴等生長素的作用下，有時會在癒傷組織的若干部位分化形成胚性細胞團，但只有降低或者完全去除培養基中的2, 4-滴等生長素（如金魚草、矮牽牛）才能發育成胚狀體。在胡蘿蔔細胞懸浮培養體細胞胚發生中發現，2, 4-滴在誘導胚性細胞早期是必需的，而且2, 4-滴透過影響IAA結合蛋白起作用，其實質是促進IAA結合蛋白的形成，提高細胞對IAA的敏感性，從而誘導胚性細胞的形成。水稻細胞培養中也發現，由於2, 4-滴促進細胞內源IAA含量提高進而誘導胚性細胞的形成，並認為內源IAA含量上升或維持在較高水準，是胚性細胞出現的一個共同象徵。單子葉植物和雙子葉植物誘導體細胞胚胎發生時，所要求的2, 4-滴濃度不同，單子葉植物的使用濃度一般高於雙子葉植物，前者的範圍為0.5～5.0mg/L，後者為0.02～1.0mg/L。對於單子葉球根花卉而言，毒莠定（PIC）是一種新型的、特異性的誘導激素類物質，在百子蓮、鬱金香、水仙等花卉中應用逐漸增多。

細胞分裂素的主要作用是促進細胞的分裂和擴大，使莖增粗，抑制莖伸長，誘導芽的分化，促進側芽萌發生長。細胞分裂素在誘導癒傷組織的時候，一般要和生長素配合使用，增強生長素的誘導作用和效果。在癒傷組織的誘導、器官發生和增殖過程中，細胞分裂素和生長素的比例是非常重要的，當細胞分裂素含量高時產生不定芽，反之，產生不定根或癒傷組織。細胞分裂素對某些植物胚性細胞的誘導有抑制作用，因此在體胚發生體系中較少使用；少數植物在只有細胞分裂素的培養基上也能誘導胚狀體（如大麥、檀香）。

ABA在器官發生途徑的再生中使用較少，而對植物體細胞胚的發生與發育具有重要作用。外源ABA與內源ABA對體細胞胚發生起到相互調節和促進的作用，而且透過補充外源ABA可以明顯提高體細胞胚發生的頻率與品質。ABA對某些植物體細胞胚胎發生特異性基因的表達起調控作用，啟動相關基因的表達，合成儲藏蛋白、晚期胚胎發生豐富蛋白和胚胎發生的特異性蛋白。

外源多胺對體胚發生的作用取決於植物種類及其內源多胺的狀況。多胺與體細胞胚發生的關係在胡蘿蔔的研究中較多。已發現胡蘿蔔的胚性細胞中腐胺、精胺含量比非胚性的高，在胡蘿蔔體細胞胚發生的前胚時期多胺含量一般較低，從球形胚、心形胚到魚雷胚時期，精胺和亞精胺逐漸升高，心形胚時期以腐胺為主，魚雷胚時期則富含亞精胺。

3. 氮源 除生長素外，培養基中還要求有一定量的含氮化合物。還原性氮（銨態氮）的高低直接影響胚狀體的誘導效果，另外，水解酪蛋白、麩醯胺酸和丙胺酸等對胚狀體的發

生有一定的作用。MS 培養基因含有硝態氮和銨態氮，有利於胚狀體形成，而有機氮源通常有利於胚狀體發生，其中脯胺酸對禾穀類胚狀體發生有重要作用。氮源在胚性誘導方面的調控作用主要體現在氮代謝方面。氮代謝作為植物體內最基本的物質和能量代謝過程，細胞吸收硝態氮和銨態氮有利於進行胺基酸和蛋白質的轉化，不同氮素形態對癒傷組織細胞可溶性蛋白含量和可溶性糖含量也具有重要影響。

4. 醣類　　碳源是植物組織培養不可缺少的物質，它不僅能給外植體提供能量，而且能維持一定的滲透壓。不同植物對不同醣類的反應不完全相同，多數植物組織培養除蔗糖外，在以葡萄糖、果糖為碳源時也能生長良好。醣類也可影響植物再生途徑。研究表明，小麥的癒傷組織一旦分化為胚性細胞後就有澱粉粒的積累，在胚性細胞分化與發育的整個過程中，澱粉的兩次合成高峰均在發育的重要轉折期，為體細胞胚的進一步發育和分化提供必要的物質和能量基礎。澱粉的積累與胚性細胞分化能力和體細胞胚發育時期的轉折密切相關。

5. 其他因素　　除了以上因素，培養基中的瓊脂、活性炭，培養環境中的光照、濕度、培養時間、材料處理、接種方式、實驗人員的經驗以及繼代時間的長短等也都是組培再生可以進行調控的因子。

（三）提高組培苗遺傳穩定性的措施

植物組織培養一般會選擇性狀優良的種質資源進行快繁，雖然該過程可獲得大量形態、生理特性不變的植株，建立遺傳性一致的無性系，但在培養過程中往往會發生變異。有些是有益變異，在育種過程中具有重要的價值，但更多的是不良變異，造成人力、財力、物力和時間損失。在組培試驗與生產上對保持試管苗遺傳穩定性的問題必須予以高度重視，需要了解其發生的因素，選擇適當的應對變異的措施，而且在組培快繁過程中需要進行遺傳變異的檢測。

1. 影響組培苗遺傳穩定性的因素

（1）外植體。外植體的倍性通常存在不確定性，一段成熟的莖或根通常既含有二倍體細胞又含有多倍體細胞，而且均可被刺激而分裂，形成癒傷組織，有些培養基可能優先促進較高倍性細胞的分裂，最終造成變異。基因型不同，發生變異的頻率也不同。如在玉簪組培過程中，雜色葉培養的變異頻率高於綠色葉；香龍血樹癒傷組織培養再生植株全部發生變異；嵌合體植株培養後其變異更大，如金邊虎皮蘭經過組織培養後，往往變成普通虎皮蘭；單倍體和多倍體變異大於二倍體。同一植株不同器官的外植體對無性系變異率也有影響，在鳳梨組織培養中，來自幼果的再生植株幾乎 100％出現變異，而來自冠芽的再生植株的變異率只有 7％，似乎表明從分化水準高的組織產生的無性系較從分化水準低的無性系更容易出現變異。此外，不同的發育時期其變異程度不同，成年期枝條具有栽培品種的優良性狀，而幼年期的枝條通常難以表達，就算具有潛在的表達能力，所需的時間也比較長。

（2）繼代次數與繼代時間。時間越長則其染色體畸變越大，不正常核型也越多，試管苗繼代的次數與培養時間的長短直接影響遺傳的穩定性，一般隨繼代次數和時間的增加，變異頻率不斷提高。香蕉繼代培養不能超過一年；蝴蝶蘭連續培養 2 年更換一次莖尖。研究表明，變異往往出現在由年齡漸老的培養物所再生的植株中，而由幼齡培養物再生的植株一般較少發生。另外，長期營養繁殖的植物變異率較高，有人認為這是由於在外植體的體細胞中已經積累著遺傳變異。因此，在組織培養中，應該盡量減少繼代次數，縮短繼代時間。

（3）植株再生方式。植株再生方式不同，其遺傳穩定性差異較大。在離體器官的發生方

式中，以莖尖、莖段產生叢生芽的再生方式不易發生變異或變異率極低；而透過癒傷組織分化不定芽獲得的再生植株，變異頻率較高，透過胚狀體途徑再生植株變異較少。

（4）外源激素。培養基中的外源激素是誘導體細胞無性系變異的重要原因之一。一般認為較低濃度的外源激素能夠有選擇地刺激多倍體細胞的有絲分裂，而較高濃度的激素則能抑制多倍體細胞的有絲分裂。在高濃度激素的作用下，細胞分裂和生長加快，不正常分裂頻率增高，再生植株變異也增多。選用各種激素以及調節合成培養基中激素水準的平衡，對組織培養的遺傳穩定性有重要作用。培養條件中的無機物、有機物、光照、溫度、相對濕度等主要是透過調節植物的內源生長物質及生理活動而發生作用。

2. 減少變異，提高遺傳穩定性的措施 進行植物組培與快繁時，盡量採用不易發生體細胞變異的分化途徑，如採用莖尖培養胚狀體繁殖等方式都能有效地減少變異；縮短繼代時間，限制繼代次數，每隔一定繼代數後，重新採集外植體進行培養；選取幼年的培養材料；採用適當的植物激素和較低的激素濃度，不要加入容易引起變異的化學藥劑；定期對試管苗和移栽苗進行觀察和檢測，及時剔除生理、形態異常苗。

四、組培研究的技術路線

組培研究的主要目的就是確定最有利的再生措施，為種苗工廠化組培快繁提供依據。影響組培快繁的因素主要包括以下幾類：①外植體（類型、取材部位、採集時期）；②培養基的種類；③激素（種類、濃度、配比）；④添加物及醣類（種類、濃度）；⑤pH；⑥溫度（高溫/低溫、恆溫/變溫）；⑦光照（光培養/暗培養、光週期、光質）；⑧培養方式（固體/液體、靜置/振盪）。除了外植體取材，其他均為外因。

組培研究首先要確定外植體的取材類型、取材部位、採集時期。外植體的取材類型與取材部位決定其再生潛力，生理狀態決定其再生速度，而取材時間決定其生理狀態和消毒的難易程度。進行活化培養的外植體需要從室外空間進行選擇，一般以腋芽和頂芽作外植體，取材時期最好在春夏之交植物旺盛生長的階段。而進行生產最好的外植體是無菌的試管苗，其來源有3條途徑：一是從企業、大學或科學研究單位購買；二是透過技術轉讓；三是種苗交換。自己採集外植體，首先要獲得無菌材料，一般可參照以下步驟篩選培養因子（組合）；自我設計培養基配方開展試驗研究，一般先在空白的MS培養基上過渡一代，然後再按相同步驟進行試驗。

1. 培養基種類 如果組培的外植體或癒傷組織生長不理想，下一步就要篩選基本培養基。一般保持激素配方不變，比較 MS、B_5、N_6、WPM、VW 等不同基本培養基的效果。

2. 生長素和細胞分裂素 一般以 MS 培養基為基礎，首先篩選生長素和細胞分裂素的種類、濃度與配比。生長素和細胞分裂素的濃度範圍平均為 $0.5\sim 2.0\text{mg/L}$。一般在增殖階段細胞分裂素多些，生長階段生長素多些，生根階段只加生長素，但組培過程中的特殊情況也較多，應具體情況具體分析。活化培養階段的激素種類和用量非常重要，決定後期的取材以及培養過程中材料的狀態，通常得到具有分裂活力的癒傷組織為第一步。

3. 糖和其他添加物 培養基各個階段對糖的需求不同，一般2%～5%的含糖量比較合適，其中3%較為常用。如果糖濃度對培養效果的差異不明顯，從節省成本角度考慮應選最低含糖量。糖的種類一般選用蔗糖，生產上多用白砂糖代替。椰乳、香蕉汁（泥）、水解乳

蛋白等有機添加物多在植物枯黃等特殊情況下使用。活性炭、聚乙烯醇（PVP）等添加物多在材料發生褐化的情況下使用。

4. pH 與離子濃度 培養基的 pH 影響培養物對營養物質的吸收和生長速度。pH 透過維持植物細胞生理代謝所需的弱酸性環境可影響細胞代謝過程，從而對再生造成顯著影響。植物細胞內 pH 的變化可顯著影響細胞分裂、分化及生長，內源 IAA 是唯一具有極性運輸特性的植物激素，極性運輸的能量依賴於胞內外 pH 梯度產生的質子動力，環境 pH 可影響 IAA 的極性運輸，IAA 的運輸受到自身信號回饋和 pH 環境的共同作用。對大多數植物來說，培養基的 pH 控制在 5.6～6.0，特殊植物如蝴蝶蘭較佳的 pH 為 5.8、杜鵑 pH 4.0、桃樹 pH 7.0 較好，可以稍低或高。pH 過高，不但培養基變硬，阻礙培養物對水分的吸收，而且影響離子的解離釋放；pH 過低，則容易導致瓊脂水解，培養基不能凝固。一般培養基 pH 5.8 就能滿足大多數植物離體培養。MS 培養基的離子濃度因外植體和組培階段的不同，需整體調整為 1/2MS、1/4MS 之外，有時只需要調整大量元素濃度和鐵離子濃度（培養材料發黃時，鐵鹽濃度調整為標準濃度的 2～3 倍）。其他離子在選擇好基本培養基後，一般不做調整。

5. 溫濕度 溫度透過影響細胞代謝酶活性影響植物組織培養的生長速度，也影響分化增殖、器官建成等發育進程。原則上，培養室溫度一般設定在（25±2）℃。因為大多數植物組織培養的最適溫度在 23～27℃。但不同植物組培的最適溫度不同（如百合的最適溫度是 20℃，月季是 25～27℃）。變溫培養的變溫幅度一般都很小，主要是受光源發熱和季節變化的影響。生產單位在冬季不低於 20℃、夏季不超過 30℃ 的溫度範圍內均屬正常。需要注意的是，同一培養架的上下層之間有 2～3℃ 的溫差（上高下低），放置培養瓶時可充分利用這種特性。

濕度包括培養容器內和培養室的濕度條件。容器內濕度主要受培養基含水量和封口材料的影響，前者又受到瓊脂含量的影響。冬季應適當減少瓊脂用量，否則將使培養基變硬，不利於外植體插入培養基和材料吸水，導致生長發育受阻。另外，封口材料會直接影響容器內的濕度，封閉性較好的封口材料容易引起透氣性受阻，也會使離體材料的生長發育受到影響。培養室的相對濕度可以影響培養基的水分蒸發，一般設定 70%～80% 的相對濕度即可，常用加濕器或經常灑水的方法來調節濕度。濕度過低會使培養基喪失大量水分，導致培養基養分濃度的改變和滲透壓的升高，進而影響組織培養的正常進行。

6. 光照 光照對植物組培的影響主要表現在光週期、光照度及光質 3 個方面，對細胞增殖、器官分化、光合作用等均有影響。光可以調節植物細胞、組織和器官培養中生長發育、形態建成及代謝等一系列生命過程。培養材料生長發育所需的能源主要由外來碳源提供，光照主要是滿足植物形態的建成。300～500lx 的光照度可以滿足基本需要，但對於大多數的植物來說 2 000～3 000lx 比較合適。光週期影響植物的生長，也影響花芽的形成和誘導。光質對癒傷組織誘導、組織細胞的增殖和器官的分化都有明顯的影響。如百合珠芽在紅光下培養 8 週後分化出癒傷組織，但在藍光下幾週後才出現癒傷組織，而唐菖蒲子球塊接種 15d 後，在藍光下培養出芽快，幼苗生長旺盛，而在白光下幼苗纖細。

組培研究時，一般先進行光、暗培養的對比試驗，然後選擇光週期，一般保證 12～15h/d 的光照時間就能滿足大多數植物生長分化要求。生產上一般不做光質試驗，直接用日光燈照明。目前 LED 燈代替日光燈的趨勢比較明顯，尤其是選擇冷光源的日光燈，同時藍

紅光的篩選也具有明顯的效果，有條件的可進行對比實驗。

7. 培養方式 一般採用固體靜置培養。液體振盪培養多在胚狀體、原球莖等離體快繁發生途徑和細胞培養上使用。在一定的 pH 下，瓊脂以能固化的最少用量為宜。

> 學習筆記

任務二　試驗方案設計

組培再生植株體系建立及規模化生產前必須透過反覆試驗研究，形成比較完善的技術體系，否則邊生產邊研究，很有可能會給生產帶來非常大的市場風險和經濟損失。合理的試驗設計是非常重要的。它可以精簡試驗次數，克服培養基配方設計的盲目性，顯著提高工作效率和試驗的可靠性；也可以節省人力、物力、財力和時間；更重要的是能夠減少試驗誤差，提高試驗的精確度，以服務於生產。因此，要高度重視組培技術的試驗研究，做好組培試驗設計。

一、試驗設計原則

1. 科學可行性原則 科學性是指試驗目的要明確，試驗原理要正確，試驗材料和試驗手段的選擇要恰當，整個設計思路和試驗方法的確定都不能偏離生物學基本原理及其他學科領域的基本原則。試驗設計要素必須有依據，要符合客觀規律，科學研究設計必須科學，符合邏輯性。

在試驗設計時，要根據原理或者理論來假定結果，從試驗實施到試驗結果的產生都實際可行。要考慮到試驗材料要容易獲得，試驗裝置簡單，試驗藥品較便宜，試驗操作較簡便，試驗步驟較少，試驗時間較短。生物學試驗中，一種生命現象的發生往往有其複雜的前因後果，從不同角度全面地分析問題就是科學性的基本原則。分析問題、設計試驗的全面性和科學性體現了邏輯思維的嚴密性。

2. 對照與均衡性原則 試驗中的無關變數很多，必須嚴格控制，要平衡和消除無關變數對試驗結果的影響，對照試驗的設計是消除無關變數影響的有效方法。由於同一種試驗結果可能會被多種不同的試驗因素所引起，因此如果沒有嚴格的對照試驗，即使出現了某種預想的試驗結果，也很難保證該試驗結果是由某因素所引起的，這樣就使得所設計的試驗缺乏應有的說服力。可見只有設置對照試驗，才能鑑別處理因素與非處理因素之間的差異。處理因素效應的大小，重要的不是其本身，而是透過對比後得出的結論，消除和減少試驗誤差才能有效地排除其他因素的干擾結果，使設計顯得比較嚴密，所以大多數試驗，尤其是生理類試驗往往都要有相應的對照試驗。

3. 隨機性原則 隨機是指分配於試驗的各組對象（樣本）是從試驗對象的總體中任意抽取的，即在將試驗對象分配至各試驗組或對照組時，它們的機會是均等的。如果在同一試驗中存在數個處理因素（如先後觀察數種藥物的作用），則各處理因素施加順序的機會也是均等的。透過隨機化，一是盡量使抽取的樣本能夠代表總體，減少抽樣誤差；二是使各組樣本的條件盡量一致，消除或減少組間人為的誤差，從而使處理因素產生的效應更加客觀，便於得出正確的試驗結果。

4. 可重複性原則 同一處理在試驗中出現的次數稱為重複。重複的作用有兩方面：一是降低試驗誤差，擴大試驗的代表性；二是估計試驗誤差的大小，判斷試驗可靠程度。重複、對照、隨機是保證試驗結果準確的三大原則。任何試驗都必須有足夠的試驗次數才能判斷結果的可靠性，設計試驗只能進行一次而無法重複就得出結論是草率的。

二、常用的試驗方法

在植物組培快繁過程中，為使培養物向預先設計的方向發展，必須尋找最適宜的培養基配方及培養條件。組織培養中設計的培養基成分、培養條件等可變因素很多，各因素間又互相影響，因此採用科學的試驗方法對合理分析試驗結果具有事半功倍的效果。

1. 單因子試驗 單因子試驗就是試驗過程中，只有一個因素在變動而其他因素不動，從而找出所變動因素對培養材料的影響程度。例如，某一培養基其他成分不變，只變動 NAA 濃度，分別試驗在 0mg/L、0.1mg/L、0.5mg/L、1.0mg/L 四個水準下 NAA 對某一培養物生根的影響。單因子試驗除了要研究的那一個變數外，其餘各方面都應盡量相同或盡可能接近，一般是在其他因素都已確定的情況下，對某個因子進行比較精細的選擇。

2. 雙因子試驗 雙因子試驗就是試驗過程中其他因素不變，比較兩個因素的不同水準變動對培養材料影響的試驗。例如，考察 6-BA、NAA 的不同濃度間的配比對菊花花瓣的培養效果，透過對 6-BA、NAA 的不同濃度進行如表 4-1-4 設計，安排了 16 組試驗，從而選出試驗結果中的最佳濃度組合，如果不滿意可以擴大濃度梯度和組合數，繼而選出最佳濃度組合。

表 4-1-4　6-BA、NAA 濃度的試驗組合

單位：mg/L

NAA	6-BA			
	0	0.5	1.0	1.5
0	1	2	3	4
0.1	5	6	7	8
0.2	9	10	11	12
0.3	13	14	15	16

3. 多因子試驗 多因子試驗是指在同一試驗中同時研究兩個以上試驗因子的試驗。多因子試驗設計由該試驗所有試驗因子的水準組合（即處理）構成。此種方法主要用於對培養基種類、激素種類及其濃度的篩選。多因子試驗方案分為完全方案和不完全方案兩類，實際多採用不完全方案中的正交試驗設計。

正交試驗是指利用正交表來安排與分析多因子試驗的一種設計方法，目前用得最多，效率最高。如採用 4 因子 3 水準 9 次試驗的 L_9（3^4）正交試驗，可以一次選擇培養基、生長素、細胞分裂素、吉貝素等眾多因子及其水準，然後查正交表組合因子及其水準（表 4-1-5）。

表 4-1-5　L_9（3^4）正交試驗設計

水準	培養基	6-BA/（mg/L）	NAA/（mg/L）	GA_3/（mg/L）
1	MS	0.4	0.1	0.3
2	B_5	1.2	0.2	0.6
3	White	2.0	0.3	0.9

植物組織培養研究中，經常探討各種組成因子的最佳組合，採用正交試驗，可以對各因素進行分析，每一種因素所起的作用卻又能夠明白無誤地表現出來，能方便準確地從眾多因素中選出主要影響因素及最佳水準，用有限的時間取得成倍的收穫。

在進行 4 個因子 3 種水準的試驗時，採取正交試驗設計只需做 9 種不同搭配的試驗，其結果相當於做了 27 種搭配的試驗（表 4-1-6）。例如，考察培養基、6-BA、NAA、GA_3 四種因素對驅蚊草培養的影響，採用正交試驗設計。正交試驗設計結果的分析及更多的正交試驗設計，請參閱相關生物統計方面的書籍學習。

表 4-1-6　L_9（3^4）正交試驗配方組合

處理	因素			
	基本培養基	6-BA/（mg/L）	NAA/（mg/L）	GA_3/（mg/L）
1	1（MS）	1（0.4）	1（0.1）	1（0.3）
2	1（MS）	2（1.2）	2（0.2）	2（0.6）
3	1（MS）	3（2.0）	3（0.3）	3（0.9）
4	2（B_5）	1（0.4）	2（0.2）	3（0.9）
5	2（B_5）	2（1.2）	3（0.3）	1（0.3）
6	2（B_5）	3（2.0）	1（0.1）	2（0.6）
7	3（White）	1（0.4）	3（0.3）	2（0.6）
8	3（White）	2（1.2）	1（0.1）	3（0.9）
9	3（White）	3（2.0）	2（0.2）	1（0.3）

4. 逐步添加或排除試驗　試驗研究過程中，在沒有取得可靠數據之前，往往需要添加一些有機營養成分，而在取得了穩定的成功結果之後，就可以逐步減少這些成分。逐步添加是為了使試驗成功，逐步減少是為了縮小範圍，以便找到最有影響力的因子，或是為了生產上竭力使培養基簡化，以降低成本和利於推廣。

三、試驗實施步驟

1. 預備試驗　在對資料分析的基礎上，確定影響該種植物組織培養的主要影響因素，如基本培養基、生長調節劑和其他物質等，安排簡單配比，進行預備試驗，探尋影響因素及

因素水準。

2. 正式試驗 根據預備試驗結果確定主要影響因素，根據試驗情況採用相應的試驗方法，進行正式試驗。

3. 試驗設計的基本要點

（1）確定試驗因子。一般在研究的開始階段，應進行單因子試驗。隨著研究的深入，可採用多因子試驗。

（2）正確劃分各試驗因子的水準。試驗因子分為兩類，即品質化因子與數量化因子。品質化因子是指因素水準不能夠用數量等級的形式來表現的因素，如光源種類、培養基類型、生長調節劑類型等都是不能量化的。數量化因子在劃分水準時應注意：①水準範圍要符合生產實際並有一定的預見性；②水準間距（即相鄰水準之間的差異）要適當且相等，且有設置的依據，可以根據情況設置為等比、等差數列或其他方式；③數量化因子通常可不設置對照或 0 水準為對照。

四、需要注意的問題

分析收集到的相關資料，根據試驗條件和試驗要求靈活運用試驗方法，設計具體的試驗方案，設計時應注意以下問題：

1. 外植體 試驗方案中必須應明確外植體的類型、取材季節及預處理方式，外植體消毒時所用消毒劑的濃度及消毒時間。

2. 培養基

（1）基本培養基。在已獲得成功的離體培養植物中，多以 MS 為基本培養基。因此在一般的培養中可先試用，如果發現有不利影響或培養效果不夠理想，可對基本培養基加以改進。首先可改變 MS 培養基的濃度，如 1/2MS；其次可選擇在配料成分上與 MS 培養基有顯著不同的 B_5、White 等培養基。在取得穩定的分化增殖時，微量元素可減少或不用。

（2）植物生長調節劑種類及配比。在選定或暫時認定某一基本培養基後，通常要考慮植物生長調節劑的種類和濃度。細胞分裂素可選擇 6-BA、KT、ZT、2-IP 等，生長素可選用 NAA、IBA、IAA、2,4-滴等。6-BA 2.0 mg/L + NAA 0.1～0.2 mg/L 這種組合已使比較容易再生的上百種植物順利分化和增殖，首次試驗可以試用。培養一段時間後，可根據大多數培養物及其中少數組織塊的表現來調整生長調節劑的配比。但所有試驗應在相同的培養基上重複繼代 2～3 次，以確定其效果。

（3）糖及有機物質。對大多數植物來說，適宜的糖濃度為 20～30g/L，少數達到 40g/L。花藥培養時濃度達 70～150g/L。最佳糖濃度可採用單因子試驗，或結合生長調節劑的選擇採用正交試驗來確定。

培養基中的有機成分變化最大，不必拘泥於某一配方的要求。一些有機附加物是植物生長分化所必需的，離體培養時合成較少或不能合成，在培養基中必須加入，即使很少也將對培養能否成功起到關鍵作用。所以在遇到難分化的材料時，常常是增加培養基的複雜性，添加各種可能有希望的營養成分或生理活性物質，在培養成功後再逐漸減去，以確定這些成分是否真正起到促進作用。

（4）pH。培養基 pH 一般調整到 5.6～6.2，特殊植物如杜鵑、棗樹可以稍低或稍高，

但一般不會超出 5.0～7.0 的範圍。

3. 培養條件 在沒有專門的設備，對光照和溫度的要求不必過細。先進行光培養與暗培養的試驗，然後選擇光照週期。光照時間一般為 8～16h/d，光照度一般選擇在 1 000～3 000lx，少量試驗需要達到 4 000lx 或以上。

五、組培試驗方案撰寫

組培試驗方案的撰寫要求如下：

1. 課題名稱（題目） 課題名稱（題目）要求能精練地概括試驗內容，包括供試植物類型或品種名稱、試驗因子及主要指標，有時也可在課題名稱中體現出試驗時間、負責試驗的單位與地點。如「影響××組培苗褐化的因素研究」「××不同器官的組培試驗」等。

2. 前言 主要介紹試驗的目的與意義。試驗目的要明確：①說明為什麼要進行本試驗，引出要研究的試驗因子；②試驗的理論依據，從理論上簡要分析試驗因子對問題解決的可行性；③其他的同類試驗方法與結論，以突出自己試驗的特色。

3. 正文

（1）試驗的基本條件。試驗的基本條件能更好地反映試驗的代表性和可行性。主要闡述實驗室環境控制與有關儀器設備能否滿足植物培養與分析測定的需求，並適當介紹科學研究人員構成。

（2）試驗設計。一般應說明供試材料的種類與品種名稱、試驗因子與水準、處理的數量與名稱，以及對照的設置情況。在此基礎上介紹試驗設計方法和試驗單位的大小、重複次數、重複（區組）的排列方式等內容。組培試驗單位設計主要寫明每個單位包含多少個培養瓶（或皿、試管、袋、盆），每個培養瓶（或皿、試管、袋、盆）中的培養物數量（如種子數、莖段、芽、葉塊、癒傷組織、胚狀體等）。組培試驗一般需要設置 3 次及以上重複，要求每個處理接種至少 30 個培養物，可以接種 30 瓶，每瓶接種 1 個培養物；或者每個處理 10 瓶，每瓶接種 3 個以上培養物。

（3）操作與管理要求。簡要介紹對供試材料的培養條件設置與操作要求。組培試驗主要介紹培養基的準備、消毒滅菌措施、接種方法、培養室溫濕度與光照控制，以及責任分工等。

（4）調查分析的指標與方法。調查分析的指標設計關係到今後對試驗結果的調查與分析是否合理、準確、完整、系統，最終結果能否證實試驗研究的結論。因此要科學設計調查的技術指標，明確實施方法，從定性和定量兩個方面進行設計與觀察。一般以一個試驗單位為一個觀察記載單位，當試驗單位要調查的工作量太大，也可以在一個試驗單位內進行抽樣調查。分析的指標在工作量允許的情況下盡可能多設，以全面反映試驗處理之間的差異；如果工作量太大，需要設置必要的核心指標。

（5）試驗進度安排及經費預算。試驗進度安排要說明試驗的起止時間和各階段工作任務。經費預算要合理、夠用。在不影響課題完成的前提下，充分利用現有設備，節省各種物資材料。如果必須增添設備、人力、材料，應當將需要開支項目的名稱、數量、單價、預算金額等詳細寫在計畫書上（若開支項目太多，最好列表說明），以便早做準備，如期解決，以免影響試驗進度。

（6）落款與附錄。寫明試驗主持人（課題負責人）、執行人（課題成員）的姓名和單位（部門）。附錄主要是便於自己今後實施的需求，包括繪製試驗環境規劃圖、製作觀察記載表。

學習筆記

技能訓練

組培方案設計

一、訓練目標

透過對植物組培試驗方案的制訂，掌握植物組培試驗方案制訂的格式、內容、方法和步驟，能夠制訂一份科學合理的試驗方案。

二、材料與用品

相關資料、電腦、筆、本等。

三、方法與步驟

1. 資料的收集　透過參考書、網路資源收集相關資料。

2. 編寫試驗方案　根據查閱的相關資料，獨立編寫試驗方案。

（1）該植物組培的意義，組培的研究進展等。

（2）組培所需的物品，包括設施、儀器、器皿、藥品等。

（3）確定技術路線、培養方法、分化途徑、試驗方法等。

（4）外植體的選擇與消毒。外植體種類、預處理、消毒劑的種類及消毒時間等。

（5）初代培養。基本培養基、植物生長調節劑組合試驗設計。

（6）培養條件。溫度、光照時間、光照度等。

（7）增殖培養和生根培養。基本培養基、植物生長調節劑組合試驗設計。

（8）異常情況處理。汙染、褐變、玻璃化、增殖率低、不生根等異常情況的處理方法。

3. 方案確定　分組討論方案的可行性。

四、注意事項

（1）多查閱文獻資料。

（2）注意設計的合理性，將最佳處理包含到處理範圍內。

（3）根據現有條件進行設計。

五、考核評價建議

考核重點是試驗方案設計的科學性、可行性、規範性等。考核方案見表 4-1-7。

表 4-1-7　組培方案設計考核評價

考核項目	考核標準	考核形式	滿分
實訓態度	1. 小組成員認真、主動完成任務（10分）； 2. 積極思考，有合作精神（10分）	教師評價	20分
方案設計	1. 資料查找全面（10分）； 2. 方案設計格式規範、思路清晰、內容全面（20分）； 3. 小組任務分工明確，配合默契（10分）	任務工單	40分
效果	1. 方案設計的科學性、可行性（20分）； 2. 方案匯報表述清晰，回答問題流利、準確（10分）； 3. 方案修正（10分）	現場檢查	40分
合計			100分

知識拓展

人　工　種　子

人工種子也稱超級種子，是模擬天然種子的基本構造，對植物組織培養得到的胚狀體、腋芽或不定芽等進行加工而成的（圖 4-1-7）。

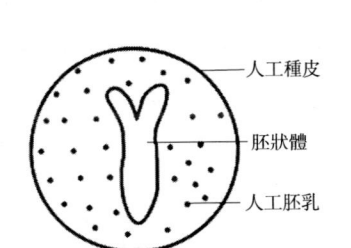

圖 4-1-7　人工種子

人工種子最外層由一層藻酸鈉膠囊包裹，保護水分免於喪失和防止外部的衝擊，中間含有營養成分和植物激素，這些物質是作為胚狀體等萌發時的能量和刺激因素，最內部是被包埋的胚狀體或芽。

人工種子具有以下優點：①解決了有些作物品種繁殖能力差、結籽困難或發芽率低等問題，縮短了育種週期，加速了良種繁育速度。②胚狀體透過組培生產，能迅速繁殖，而包裹層可以工業化生產。③人工胚乳中除含有胚狀體發育所需的營養物質外，還可添加各種附加成分，如固氮菌、農藥、除草劑、植物激素等，有利於作物生長。④可獲得整齊一致的植物苗，利於農業生產的規範化、標準化和機械化管理。

由於人工種子在自然條件下能夠像天然種子一樣正常生長，因此，可用於那些難以制種的優良雜交種的種子繁育和固定雜種優勢。人工種子價格昂貴，目前主要在草本植物上得到應用。

自我測試

一、選擇題

1. 根據試驗因子的多寡，植物組織培養的試驗設計包括（　　）試驗設計方法。
   A. 二類　　　　B. 三類　　　　C. 四類　　　　D. 五類
2. （　　）再生途徑有利於保持組培苗的遺傳穩定性。
   A. 無菌短枝型　　　　B. 叢生芽增殖型　　　　C. 器官發生型
   D. 胚狀體發生型　　　E. 原球莖發生型
3. 組培與快繁程序大體包括以下步驟（　　）。
   A. 外植體選擇與處理、初代培養、繼代培養
   B. 外植體選擇與處理、初代培養、誘導生根
   C. 活化培養、繼代培養、誘導生根及馴化移栽
   D. 初代培養、誘導生根及馴化移栽
4. 細胞分裂素/生長素比值高時有利於促進（　　）的發生。
   A. 根　　　　B. 芽　　　　C. 癒傷組織　　　　D. 胚狀體
5. 在組培與快繁過程中，如控制得當，其繁殖速度最快的中間繁殖體是（　　）。
   A. 側芽　　　　B. 莖尖　　　　C. 癒傷組織　　　　D. 胚狀體

二、是非題

1. 一般雙子葉植物去分化過程比單子葉植物和裸子植物容易；幼年細胞和組織去分化過程比成年細胞和組織容易。（　　）
2. 對於不知道培養基配方的試管苗，一般可先在 MS 培養基上預培養，根據培養效果再正式設計試驗方案。（　　）
3. 一般認為礦物元素濃度較高時有利於促發莖、葉，而較低時有利於生根，所以生根培養時多採用 1/2、1/3 或 1/4 量的 MS 培養基。（　　）
4. 一般 2,4-滴在誘導癒傷組織形成過程中效果較好。（　　）
5. 增殖培養可以持續 20 代。（　　）
6. 培養基中添加的植物激素是一種營養成分。（　　）

三、簡答題

1. 植物組織培養資訊蒐集的方法有哪些？
2. 植物組織培養試驗設計的原則是什麼？植物組織培養試驗設計方法包括哪些？
3. 組培試驗方案包括哪些內容？制訂時的注意事項有哪些？

四、綜合分析題

1. 以圖表的形式說明植株再生途徑。
2. 如何選取和確定植物組織培養試驗中主要的培養條件及影響因子？

第二節
數據調查與分析

知識目標
- 了解組培觀察表的一般撰寫格式。
- 清楚組培試驗觀察的具體內容、方法與技術指標，會編制組培觀察表。

能力目標
- 能夠科學調查分析組培數據，並有效解決組培問題。
- 掌握組培易發問題的原因與調控措施，能準確判斷異常問題，並提出科學有效的解決辦法。

素養目標
- 具有理想信念和創新精神，養成鍥而不捨、認真細心的工作態度。
- 培養注重細節的職業習慣和科學的思維能力。

知識準備

任務一　組培數據調查

組培試驗效果和生產管理水準如何，需要依據數據調查與結果分析來衡量。組培數據調查與分析是組培試驗研究和生產管理的重要內容。調查的組培數據主要包括出癒率、汙染率、分化率、增殖率、生根率等需要計算的技術指標，也包括能夠直接觀察和測量的數據，如長勢、長相、葉色、不定芽高度等。調查上述數據均為非破壞性的測量，測量之後離體培養物仍能繼續生長，有些數據需要在條件允許的情況下進行破壞性測量（如癒傷組織的質地判定等）。

一、組培技術指標

在植物組織培養的研究中，採集數據是試驗研究的重要內容，一定要充分利用轉接、出瓶等時機，直接調查數據。不同培養階段可以測定不同的數量指標（表 4-2-1），不同階段組培苗觀察的主要內容見表 4-2-2。

針對這些數量指標，盡可能用數據進行量化。對癒傷組織生長狀況、苗健壯度等品質性狀，可用編碼性狀。即先找出最好與最差的極端類型，然後根據生長差異分良、中、差三級，或優、良、中、差、劣 5 級；可分別記為 3、2、1，或 5、4、3、2、1，或者以＋＋＋、

表 4-2-1　組培主要技術指標

指標名稱	含義	計算公式
出癒率	反映無菌材料癒傷組織誘導效果	$出癒率 = \dfrac{形成癒傷組織材料數}{培養材料總數} \times 100\%$
分化率	反映無菌材料分化與再分化能力	$分化率 = \dfrac{分化的材料數}{培養材料總數} \times 100\%$
汙染率	反映雜菌汙染和接種品質	$汙染率 = \dfrac{汙染的材料數}{培養材料總數} \times 100\%$
增殖率	反映中間繁殖體的生長速度和增殖數量的變化	$增殖率 = \dfrac{一個增殖週期擴繁的中間繁殖體數}{一次增殖轉接材料總數} \times 100\%$
生根率	反映無根芽苗根原基發生的快慢和生根效果	$生根率 = \dfrac{生根材料數}{生根培養材料總數} \times 100\%$
成活率	反映組培苗的適應性與移栽效果，一定程度上說明組培與快繁成功率的高低	$成活率 = \dfrac{40d\,成活的植株總數}{移栽植株總數} \times 100\%$

表 4-2-2　不同階段組培苗觀察的內容與方法

觀察階段	觀察內容	觀察方法
初代培養	外植體的變化（形體、結構、顏色）；癒傷組織、胚狀體或芽萌動時間、數量；出癒率、分化率、胚狀體或原球莖的誘導率、汙染率、褐變率等	目視觀察；照相；計算
繼代培養	中間繁殖體的生長量、健壯程度等；長相（形態、結構、質地、大小、顏色、高度等）；增殖率、汙染率、褐變率、玻璃化苗發生率、變異率等	目視觀察；照相；顯微鏡觀察；計算
生根培養	根發生的時間；生長量、發達程度；長相（根長、根數、根粗、根色等）；生根率、汙染率、畸形根發生率等	目視觀察；照相；顯微鏡觀察；計算

＋＋、＋、—、——、———等來表示。特殊情況可用文字記入備注欄。在此，一定要注意分級、編碼，不能只記文字。另外，對於癒傷組織的生長量，也可以用大、中、小編碼表示。

二、分析結果

　　試驗的結果分析需要進行顯著性檢驗。正交試驗設計需要進行方差分析，以確定主要影響因子，具體方法可參考試驗統計相關的專業書籍。

學習筆記

技能訓練

組培苗觀察

一、訓練目標

掌握組培苗觀察的內容和方法；能夠計算組培的主要技術指標；學會編制組培觀察表。

二、材料與用品

培養物、染料、固定液等生理生化檢測所需的試劑、直尺、鑷子、解剖鏡、顯微鏡、恆溫水浴鍋、數位相機、鋼筆、觀察記錄表等。

三、方法與步驟

1. 觀察培養物的外觀 選取不同培養階段的培養物進行長勢、長相觀察和出癒率等技術指標的計算等。觀察的內容與方法見表 4-2-3。

表 4-2-3　組培苗觀察的內容與方法

觀察項目	觀察內容	觀察方法
外植體接種後的變化	外植體的顏色、形態變化；滅菌效果；外植體成活率等	目視觀察
癒傷組織誘導	癒傷組織形成時間；長勢；長相（顏色、形態、質地、大小、位置）；組織細胞有無變化；誘導率或出癒率	目視觀察；照相；顯微鏡觀察；計算
不定芽生長與分化	不定芽開始分化時間；長勢；長相（數量、顏色、形態、大小、位置、苗高）；組織細胞有無變化；分化率和增殖率、增殖係數等	目視觀察；照相；顯微鏡觀察；計算
生根情況	開始生根時間；長勢（生長狀態、根系發達程度）；長相（根長、根數、根色、根粗、位置）；生根率	目視觀察；計算
馴化移栽	試管苗長勢；有無變異；計算馴化移栽成活率	目視觀察；計算
存在問題	汙染類型及汙染率；褐變及褐變率；玻璃化及玻璃化發生率；其他問題等	目視觀察；計算

2. 觀察培養物內部組織細胞變化 透過化學試劑和顯微照相、鏡檢等手段，檢查培養物的生長分化是否正常、有無變異等。

3. 填寫組培苗調查統計表 組培苗數據調查統計可參考表 4-2-4。

表 4-2-4　組培苗觀察記錄

試驗處理	接種時間	觀察時間	接種瓶數	每瓶接種量
1				
2				
3				

試驗處理	汙染類型	汙染率	出癒率	分化率	增殖率	生根率	移栽成活率	生長分化情況	處理建議
1									
2									
3									

4. 解決問題　針對培養過程中出現的問題提出解決措施。

四、注意事項

（1）組培苗觀察要尊重事實，調查要全面、客觀。
（2）組培苗觀察最好不要手握封口膜處，以防二次汙染。
（3）組培瓶最好不要帶出培養室。
（4）出癒率、分化率、生根率等技術指標的數據統計一般要求以 30 個培養物調查為依據；培養物的生長量等數據一般是至少 5 個培養物的平均值；汙染率、玻璃化率、褐變率等數據統計以一次接種的培養物為基數。

五、考核評價建議

考核重點是觀察記錄的全面性和數據計算的準確性，以及現象分析與問題解決措施的科學性、有效性。考核方案見表 4-2-5。

表 4-2-5　組培方案設計考核評價

考核項目	考核標準	考核形式	滿分
實訓態度	1. 小組成員認真、主動完成任務（10 分）； 2. 積極思考，有合作精神（10 分）	教師評價	20 分
技能操作	1. 觀察方法正確（10 分）； 2. 組培技術指標統計科學，計算準確（30 分）； 3. 小組任務分工明確，配合默契（10 分）	任務工單	50 分
效果	1. 組培觀察表設計科學、合理、內容全面（15 分）； 2. 針對培養過程中的問題提出合理的解決措施（15 分）	現場檢查	30 分
合計			100 分

任務二　異常問題分析與處理

一、汙染

汙染是植物組織培養最常見和首要解決的問題。汙染是指在組培過程中，由於真菌、細菌等微生物的侵染，在培養容器中滋生大量菌斑，使培養材料不能正常生長和發育的現象。對於工廠化育苗來說，汙染往往是影響生產任務按時完成的主要原因。汙染帶來的危害是多方面的，如導致初代培養失敗、降低繼代增殖係數、影響培養物生長、加劇玻璃化等。

1. 汙染的類型　造成汙染的病原菌主要有細菌和真菌兩大類，因此，汙染類型可分為細菌性汙染和真菌性汙染兩大類，其區別見表 4-2-6。實際生產中要明辨汙染的類型，以便有針對性地採取防治措施提高組培效率。

表 4-2-6　細菌汙染和真菌汙染比較

汙染類型	細菌汙染	真菌汙染
病原菌形態	桿狀或球狀	絲狀
出現的時間	接種後 1～2d	接種後 3～10d
主要症狀	在培養基表面或材料周圍形成黏液或混濁，與培養基表面界限明顯，多呈乳白色或黃色，一些會在培養基表面產生氣泡	外植體基部表面出現絨毛狀、棉絮狀的菌落，與培養基和培養物的界限不明顯，初期多為白色，後期多為黑色、藍色、紅色、白色的孢子層

2. 汙染原因及預防措施　雖然引起汙染的病原主要是細菌和真菌，但引起汙染的原因多種多樣，在組培快繁中要採取嚴格的預防措施減少雜菌汙染（表 4-2-7）。

表 4-2-7　汙染的原因及預防措施

汙染類型	汙染原因	預防措施
破損汙染	封口膜或瓶蓋過濾膜破損；瓶壁破裂	仔細檢查封口膜和瓶蓋；挑選無破損的容器
培養基汙染	培養基滅菌不徹底；培養基放置時間過長	培養基滅菌要徹底；培養基在一週內用完
外植體帶菌	外植體表面帶菌過多、外植體帶有內生菌；外植體消毒不徹底；無菌水、無菌紙滅菌不徹底	選擇健壯、無病的外植體，在晴天下午或中午取材；在室內進行預培養；外植體消毒方法要適當；在培養基中加入合適的抗生素類
接種汙染	接種環境不清潔；接種工具滅菌不徹底；不嚴格遵守無菌操作規程；超淨工作臺的過濾裝置失效	接種環境嚴格消毒；接種工具滅菌要徹底；嚴格遵守無菌操作規程；定期更換工作臺過濾裝置
培養汙染	培養環境不清潔；培養室空氣濕度過高；培養容器的口徑過大；培養室內汙染苗過多	培養室要保持清潔，每天紫外燈消毒一次，外人不得隨意進入培養室；進入培養室必須穿上乾淨的工作服；定期通風乾燥，濕度不超過 70%；及時挑出汙染的材料

此外，可透過簡化組培的方式進行操作。簡化組培是將培養基改造成既保證植物組織正常生長，又具有殺菌、抗菌功能的培養基，脫離嚴格的無菌環境，進行開放式組織培養。

簡化組培技術體系包括：

（1）培養容器的選擇。在傳統組培中，培養容器需選擇耐高溫高壓的玻璃瓶和聚丙烯封

口膜；簡化體系中用乾淨玻璃瓶或一次性塑膠口杯作為培養容器（用 PE 保鮮膜封口）。

（2）抗菌培養基的製備。傳統組培選擇高壓滅菌鍋進行嚴格的滅菌；簡化體系中加入抗菌劑，這樣可以降低培養容器和設備高投入的成本消耗，從而更有利於植物組培技術的推廣和應用。

二、褐變

褐變（又稱褐化）是指培養材料向培養基中釋放褐色物質，致使培養基和外植體材料逐漸變褐而死亡的現象。培養材料褐化是由於植物組織中的多酚氧化酶使細胞裡的酚類物質轉化成棕褐色的醌類物質，並抑制其他酶的活性，導致代謝紊亂，這些醌類物質擴散到培養基後，毒害外植體，造成生長不良甚至死亡。

1. 褐變的原因　影響褐變的因素極其複雜，隨著植物種類、外植體的生理狀態、取材季節和取材部位、培養基成分、培養條件、外植體大小和受傷程度及材料轉移時間等情況的不同而不同。

（1）植物種類與品種。在不同植物或同種植物不同品種的組培過程中，褐化發生的頻率和嚴重程度存在較大差異，這是由各種植物所含的單寧及其他酚類化合物的數量、多酚氧化酶活性上的差異造成的。因此，在培養過程中對容易褐變的植物，應考慮對其不同基因型進行篩選，盡量採用不褐變或褐變程度輕的外植體作為培養材料。

（2）外植體的生理狀態、取材季節及部位。材料本身的生理狀態不同，接種後的褐變程度也有所不同。一般來說，處於幼齡期的植物材料較成年植株採集的植物材料褐化程度要輕；幼嫩組織較老熟組織褐化程度輕。另外，處於生長季節的植物體內含有較多的酚類化合物，所以夏季時取材更容易發生褐化，春季與冬季取材則材料褐化死亡率最低。因此，從防止材料褐化角度考慮，要注意取材時間和部位。

（3）培養基成分。培養基的成分也會影響褐變，無機鹽濃度過高可引起酚類物質的大量產生，導致外植體褐變，降低鹽濃度則可減少酚類外溢，減輕褐變；植物生長物質使用不當，如細胞分裂素 6-BA 能使多酚氧化酶的活性提高，也會使組織培養材料褐變。

（4）培養條件。培養過程中溫度過高或光照過強，均可提高多酚氧化酶的活性，從而加速外植體的褐變。因此，採集外植體前先將材料或母株枝條作遮光處理後再切取外植體培養，能夠有效抑制褐化的發生。

（5）外植體大小及受傷的程度。切取的材料大小、植物組織受傷程度也影響褐化。一般來說，材料太小容易褐化；外植體受傷越重，越容易褐化。因此，化學滅菌劑在殺死外植體表面菌類的同時也可能會在一定程度上殺死外植體的組織細胞導致褐化。

（6）材料轉移時間。培養過程中材料長期不轉移，會導致培養材料褐化，以致材料全部死亡。

2. 預防措施

（1）選擇適當的外植體。不同時期和年齡的外植體在培養中褐變的程度不同，選擇適當的外植體是克服褐變的重要手段。盡量在冬、春季節採集幼嫩的外植體，並加大接種量。最好選擇不褐變或褐變程度輕的離體材料作為培養對象。處於旺盛生長狀態的外植體具有較強的分生能力，其褐變程度低，為組培之首選。生長在避陰處的外植體比生長在全光下的外植

體褐變率低，培養材料和外植體最好前期進行 20～40d 的遮光處理或暗培養。還應注意外植體的基因型及部位，選擇褐變程度較小的品種和部位作外植體。

（2）添加褐變抑制劑和吸附劑。在培養基中加入抗氧化劑或在含有抗氧化劑的培養基中進行預培養可大大減輕褐變程度。在液體培養基中加入抗氧化劑比在固體培養基中加入效果要好。在培養基中添加硫代硫酸鈉（$Na_2S_2O_3$）、維他命 C、PVP 等可以減輕外植體褐變的程度。在培養基中加入亞硫酸鈉、亞硫酸鹽、硫脲等物質都可以抑制中間體參與反應形成褐色色素，或者作為還原劑促進醌向酚的轉變，同時還透過與羧基中間體反應，從而抑制了非酶促褐變。檸檬酸、蘋果酸和 α-酮戊二酸均能顯著增強某些還原劑對 PPO 活性的抑制作用，從而防止褐變發生。活性炭也可以吸附培養物在培養過程中分泌的酚、醌類物質等，減輕褐變危害。通常在培養基中附加 0.1％～0.3％的活性炭或 5～20mg/L 的聚乙烯吡咯烷酮。

（3）對外植體進行預處理。外植體經流水處理後，放置在 5℃ 左右的冰箱中低溫處理 12～24h，消毒後先接種在只含蔗糖的瓊脂培養基中培養 5～7d，使組織中的酚類物質先部分滲入到培養基中，取出外植體用 0.1％漂白粉溶液浸泡 10min，再接種到合適的培養基中，這樣褐變現象完全被抑制。

（4）篩選合適的培養基和培養條件。注意培養基的組成如無機鹽、蔗糖濃度、激素水準與組合對褐變發生的影響。初期培養在黑暗或弱光下進行，可防止褐變的發生。因為光照會提高 PPO 的活性，促進多酚類物質的氧化。還要注意培養溫度不能過高。採用液體培養基紙橋培養，可使外植體溢出的有毒物質很快擴散到液體培養基中，效果也很好。

（5）連續轉移。對易發生褐變的植物，在外植體接種後 1～2d 立即轉移到新鮮培養基上，可減輕酚類物質對培養物的毒害作用，連續轉移 5～6 次可基本解決外植體的褐變問題。如山月桂樹的莖尖培養，接種後 12～24h 轉入液體培養基中，然後每天轉移一次，連續一週，褐變得到完全控制。

三、玻璃化

玻璃化是指植物材料進行離體繁殖時，有些培養物的嫩莖、葉片往往會呈半透明水漬狀，這種現象通常稱為玻璃化，也稱為超水化現象。發生玻璃化的組培苗稱為玻璃化苗。玻璃化苗的葉、嫩梢呈透明或半透明的水浸狀；整株矮小腫脹，失綠，莖葉表皮無蠟質層，無功能性氣孔；葉片皺縮成縱向捲曲，脆弱易碎；組織發育不全或畸形；體內含水量高，乾物質等含量低；組培苗生長緩慢，分化能力下降，難以誘導生根，移栽成活率極低，繁殖係數低。一旦形成玻璃化苗很難恢復成正常苗，給生產帶來很大的損失。

1. 玻璃化的原因 玻璃化苗是在芽分化啟動後的生長過程中，碳、氮代謝和水分發生生理性異常所引起。其實質是植物細胞分裂與體積增大的速度超過了乾物質生產與積累的速度，植物只好用水分來充漲體積，從而表現玻璃化。玻璃化苗絕大多數來自莖尖或莖切段培養物的不定芽，僅極少數玻璃苗來自癒傷組織的再生芽；已經成長的組織、器官不可能再玻璃化。已經玻璃化的組培苗，隨著培養基和培養環境在培養過程中的變化是有可能逆轉的，也可以透過誘導癒傷組織形成後再生成正常苗。影響玻璃化的因素主要有激素濃度、瓊脂用量、溫光條件、通風狀況、培養基成分等。

（1）植物激素。許多試驗證明，培養基中 6-BA 濃度和玻璃化苗產生率呈正相關。在

組培實踐中，6-BA 等細胞分裂素濃度偏高的原因有：①培養基中一次加入細胞分裂素過多；②細胞分裂素與生長素的比例失調，植物吸收過多細胞分裂素；③細胞分裂素經多次繼代培養引起的累加效應。通常繼代次數越多，玻璃化苗發生的比例越大。此外，GA 與 IAA 促進細胞過度生長會導致玻璃化；乙烯促進葉綠素分解和植株腫脹，也容易形成玻璃化苗。

（2）培養基成分。當培養基中無機離子的種類、濃度及其比例不適合該種植物離體培養時，玻璃化苗的比例就會增加。培養基中含氮量過高，特別是銨態氮含量過高，也會導致試管苗玻璃化。培養基中的 NH_4^+ 過多容易導致組培苗玻璃化發生。

（3）瓊脂與蔗糖的濃度。研究發現瓊脂與蔗糖的濃度與玻璃化呈負相關。瓊脂濃度低，培養基硬度差，玻璃化苗的比例增加，水浸狀嚴重，苗只向上生長。液體培養更容易形成玻璃化苗。雖然隨著瓊脂用量的增加，玻璃化的比例明顯減少，但瓊脂加入過多，培養基會變硬，會影響營養吸收，使苗生長緩慢，分枝減少。在一定範圍內，蔗糖濃度越高，玻璃化苗產生的機率越低。

（4）溫度和光照。適宜的溫度可以使試管苗生長良好，但溫度過高過低或忽高忽低都容易產生玻璃化苗。增加光度可促進光合作用，提高醣類的含量，使玻璃化的發生比例降低；光照不足，加之高溫，極易引發試管苗的過度生長，會加速試管苗的玻璃化。

（5）培養瓶內的濕度與通氣條件。試管苗生長期間要求氣體交換充分、良好。如果培養瓶口密閉過嚴，瓶內外氣體交換不暢，造成瓶內空氣濕度和培養基含水量過高，容易誘發玻璃化苗。一般來說，單位體積內培養的材料越多，苗的長勢越快，玻璃化出現的頻率就越高。當培養瓶內分化芽叢較多、芽叢長滿瓶卻不能及時轉苗，瓶內空氣品質會惡化，CO_2 增多，此時很快形成玻璃化苗。

（6）植物材料。不同植物試管苗產生玻璃化苗的難易程度是不一樣的。草本植物和幼嫩組織相對容易發生玻璃化。禾本科植物如水稻、小麥、玉米等試管苗卻不易產生玻璃苗。容易玻璃化的植物材料經長時間液體培養，玻璃化程度尤其嚴重。

2. 預防措施

（1）適當控制培養基中無機營養成分，減少培養基中的氮素含量。大多數植物在 MS 培養基上生長良好，玻璃化苗的比例較低，主要是由於 MS 培養基的硝態氮、鈣、鋅、錳的含量較高的緣故。適當增加培養基中鈣、鋅、錳、鉀、鐵、銅、鎂的含量，降低氮和氯元素比例，特別是降低銨態氮濃度，提高硝態氮濃度，可減少玻璃化苗的比例。

（2）適當提高培養基中蔗糖和瓊脂的濃度。適當提高培養基中蔗糖的含量，可降低培養基中的滲透勢，減少外植體從培養基中獲得過多的水分。而適當提高培養基中瓊脂的含量和提高瓊脂的純度，可降低培養基的供水能力，造成細胞吸水阻遏，也可降低玻璃化。

（3）適當降低細胞分裂素和吉貝素的濃度。細胞分裂素和吉貝素可以促進芽的分化，但是為了防止玻璃化現象，應適當減少其用量，或增加生長素的比例。在繼代培養時，要逐步減少細胞分裂素的含量。

（4）增加自然光照，控制光照時間。在試驗中發現，玻璃化苗放在自然光下幾天後，莖、葉變紅，玻璃化逐漸消失。這是因為自然光中的紫外線能促進組培苗成熟，加快木質化。光照時間不宜太長，大多數植物以 8～12h/d 為宜；光照度在 1 000～1 800lx，就可以

滿足植物生長的要求。

（5）控制好溫度。培養溫度要適宜植物的正常生長發育。如果培養室的溫度過低，應採取增溫措施。熱處理可防止玻璃化的發生，如用 40℃ 熱處理瑞香癒傷組織培養物可完全消除其再生苗的玻璃化，同時還能提高癒傷組織芽的分化頻率。一定的晝夜溫差較恆溫效果好。

（6）改善培養器皿的通風。增加容器通風，降低瓶內濕度以及乙烯含量，改善氣體交換狀況，使用透氣性好的封口材料，如牛皮紙、棉塞、濾紙、封口紙等，盡可能降低培養瓶內的空氣濕度，加強氣體交換，從而改善培養瓶的通氣條件。

（7）在培養基中添加其他物質。在培養基中加入間苯三酚或根皮苷或其他添加物可有效地減輕或防治組培苗玻璃化，如添加馬鈴薯泥可降低油菜玻璃化苗的產生頻率，而用 0.5mg/L 多效唑或 10g/L 矮壯素可減少重瓣石竹組培苗玻璃化的發生。

（8）選擇玻璃化程度較低的材料。如果發現培養材料有玻璃化傾向時，應立即將未玻璃化的苗轉入生根培養基上誘導生根。

四、其他異常現象及其預防措施

組培快繁過程中其他異常現象表現、產生原因及預防措施見表 4-2-8 和表 4-2-9。

表 4-2-8　植物組織培養常見問題及解決措施

常見問題	產生的原因	解決措施
材料死亡	外植體滅菌過度；培養基不適宜或配製過程出現問題；培養條件惡化	滅菌時間長短要適宜；選擇適宜的培養基；改善培養環境；嚴格外植體處理操作
黃化	培養基中 Fe 含量不足；礦質營養不均衡；生長調節物質配比不當；糖用量少；長時間不轉接；通氣狀況不好；瓶內乙烯多；光照不足；培養溫度不適	調節培養基成分；降低培養溫度，適當增加光照和透氣性；減少或不使用抗生素
組培苗瘦弱或徒長	細胞分裂素濃度過高，不定芽沒有及時轉接；溫度過高，通氣狀況不良；光照不足；培養基水分過多	減少細胞分裂素的用量；及時轉接；提高光照度，延長光照時間；選擇透性好的封口膜；適當增加培養基的硬度
變異和畸形	激素濃度和選用的種類不當；環境惡化和不適	選不易發生變異的基因型材料；盡量使用「芽生芽」的方式；降低細胞分裂素濃度；調整生長素與細胞分裂素的比例；改善環境條件
增殖率低下或過盛	與品種特性有關；與激素濃度和配比有關	進行激素對比試驗；根據長勢定配方，並及時調整；交替使用兩種培養基；優化培養條件
移栽死亡率高	組培苗品質差；環境條件不適宜；管理不精細	培育高品質組培苗；及時出瓶，盡快移栽；改善環境條件；採取配套的管理措施，加強過渡苗的肥水管理和病蟲害防治
不生根或生根率低	基因型差異；激素種類和濃度；環境條件；繁殖苗的基部受傷	對於難生根的品種，從激素種類和配比、環境條件綜合調控；掌握移栽操作要領和品質要求；切割組培苗基部時用利刀，用力均勻，切口平整，損傷小

表 4-2-9　不同培養階段異常問題及預防措施

階段	常見問題	產生原因	預防措施
初代培養	培養物呈水浸狀、變色、壞死、莖斷面附近乾枯	表面消毒劑過量、時間過長；外植體選用部位、時期不當	更換其他消毒劑或降低濃度，縮短時間；試用其他部位，生長初期取樣
	培養物長期培養沒有反應	生長素種類不當；用量不足；溫度不適宜；培養基不適宜	增加生長素用量，使用2,4-滴；調整培養溫度
	癒傷組織生長過旺，疏鬆，後期呈水浸狀	生長素及細胞分裂素用量過多；培養基滲透勢低	減少生長素、細胞分裂素用量，適當降低培養溫度
	癒傷組織生長緊密、平滑或突起，粗厚，生長緩慢	細胞分裂素用量過多；糖濃度過高，生長素過量	適當減少細胞分裂素和糖的用量
	側芽不萌發，皮層過於膨大，皮孔長出癒傷組織	採樣枝條過嫩；生長素、細胞分裂素用量過多	減少生長素、細胞分裂素用量，採用較老化枝條
增殖培養	幼苗整株失綠，全部或部分葉片黃化、斑駁	培養基中鐵元素含量不足；激素配比不當；糖用量不足或已耗盡；培養瓶通氣不良，溫度不適，光照不足；培養基中添加抗生素類物質	調節培養基組成和pH；控制培養室溫度，增加光照，改善瓶內通氣情況；減少或不用抗生素物質
	苗分化數量少、速度慢、分枝少，個別苗生長細高	細胞分裂素用量不足；溫度偏高；光照不足	增加細胞分裂素用量，適當降低溫度
	苗分化較多，生長慢，部分苗畸形，節間極度短縮，苗叢密集	細胞分裂素用量過多；溫度不適宜	減少細胞分裂素用量或停用一段時間，適當調節溫度
	分化出苗較少，苗畸形，培養較久，苗再次形成癒傷組織	生長素用量偏高，溫度偏高	減少生長素用量，適當降低溫度
	葉粗厚變脆	生長素用量偏高，或兼用細胞分裂素用量偏高	適當減少激素用量，避免葉接觸培養基
	再生的葉緣、葉面等處偶有不定芽分化出來	細胞分裂素用量過多，或該種植物適宜於這種再生方式	適當減少細胞分裂素用量，或分階段利用這一再生方式
	叢生苗過於細弱，不適於生根操作和移栽	細胞分裂素用量過多，溫度過高，光照短，光照度過小，久不轉接，生長空間窄	減少細胞分裂素用量，延長光照時間，增大光照度，及時轉接繼代，降低接種密度，改善瓶口遮蔽物
	叢生苗中有黃葉、死苗，部分苗逐漸衰弱，生長停止，草本植物有時呈水浸狀、燙傷狀	瓶內氣體狀況惡化，pH變化過大，久不轉接糖已耗盡，瓶內乙烯含量升高；培養物受汙染，溫度不適宜	及時轉接繼代，改善瓶口遮蔽物，去除汙染，控制溫度
	幼苗生長無力，陸續發黃落葉，組織呈水浸狀、煮熟狀	溫度不適，光照不足，植物激素配比不適，無機鹽濃度不適	控制光溫條件，及時繼代，適當調節激素配比和無機鹽濃度
	幼苗淡綠，部分失綠	缺鐵鹽或量不足，pH不適，鐵、錳、鎂元素配比失調，光照過強，溫度不適	仔細配製培養基，注意配方成分，調好pH，控制光溫條件
生根培養	不生根或生根率低	無機鹽濃度高，生長素濃度低，溫度不適，苗基部受損	降低無機鹽濃度，提高生長素濃度，調整適宜溫度
	癒傷組織生長過快、過大，根莖部腫脹或畸形	生長素種類不適，用量過高或伴有細胞分裂素用量過高	更換生長素和細胞分裂素組合，降低濃度
移栽	移栽死亡率高	組培苗品質差；環境條件不適宜；管理不精細	培養高品質組培苗；改善移栽環境，採取配套管理措施

第四章 組培技術研發

學習筆記

知識拓展

SPSS 統計分析軟體介紹

SPSS 是世界上最早的統計分析軟體，由美國史丹佛大學的三位研究生於 1968 年研究開發成功，同時成立了 SPSS 公司，並於 1975 年在芝加哥組建了 SPSS 總部。1984 年 SPSS 總部首先推出了世界上第一個統計分析軟體微機版本 SPSS/PC＋，開創了 SPSS 微機系列產品的開發方向，極大地擴充了它的應用範圍，並使其能很快地應用於自然科學、技術科學、社會科學的各個領域。世界上許多有影響的報紙雜誌紛紛就 SPSS 的自動統計繪圖、數據的深入分析、使用方便、功能齊全等方面給予了高度的評價與稱讚。

SPSS 是軟體英文名稱的首字母縮寫，原意為 Statistical Package for the Social Sciences，即為「社會科學統計軟體包」。但是隨著 SPSS 產品服務領域的擴大和服務深度的增加，SPSS 公司已於 2000 年正式將英文全稱更改為 Statistical Product and Service Solutions，意為「統計產品與服務解決方案」，標誌著 SPSS 的策略方向正在做出重大調整。迄今，SPSS 公司已有 40 餘年的成長歷史，全球約有 28 萬家產品用戶，它們分布於通訊、醫療、銀行、證券、保險、製造、商業、市場研究、科學研究教育等多個領域和行業，是世界上應用最廣泛的專業統計軟體。

自我測試

一、選擇題

1. 接種後 2d 發現培養基表面出現黏液狀菌落，判定屬於（　　）性汙染。
   A. 細菌　　　　　B. 真菌　　　　　C. 黏菌　　　　　D. 病毒
2. （　　）與汙染、褐變並稱植物組織培養的三大技術難題。
   A. 成本高　　　　B. 玻璃化　　　　C. 技術難度大　　D. 遺傳不穩定
3. 組培汙染有以下（　　）汙染途徑。
   A. 外植體滅菌不徹底　　　　　B. 環境不清潔
   C. 培養基及接種工具滅菌不徹　D. 操作時人為帶入
4. 組培的主要技術指標包括（　　）。
   A. 出癒率　　　　B. 分化率　　　　C. 增殖率
   D. 生根率　　　　E. 移栽成活率　　F. 汙染率
5. 試管苗玻璃化的實質是（　　）。

A. 病害　　　　　　B. 培養基不合適　　C. 生理失調症　　　D. 營養失調

6. 在培養基中加入（　　　）可大大減輕褐變程度。

A. 抗氧化劑　　　B. 蔗糖　　　　　C. 生長素　　　　　D. 滅菌劑

7. 瓊脂和蔗糖的濃度與玻璃化苗的發生（　　　）。

A. 呈負相關　　　B. 呈正相關　　　C. 沒有關係

8. 組培苗在培養過程中光照過強、溫度過高、培養時間過長會（　　　）外植體的褐變。

A. 降低　　　　　B. 加速　　　　　C. 沒有關係

9. 引起試管苗黃化的原因可能是（　　　）。

A. 培養基中 Fe 含量不足　　B. 激素配比不當　　C. 蔗糖用量少
D. 培養環境通氣不良　　　　E. 光照不足　　　　F. 試管苗長期不轉移

10. 試管苗瘦弱或徒長的原因可能是（　　　）。

A. CTK 濃度過高　B. 溫度過高　　　C. 光照不足　　　D. 培養基水分過多

二、是非題

1. 材料太小、幼齡材料、外植體受傷越重，越容易褐變。　　　　　　　（　　）
2. 培養基中 6-BA 濃度和玻璃苗產生率呈負相關。　　　　　　　　　　（　　）
3. 瓊脂濃度高、光照不足、溫度過高過低或忽高忽低都會促進形成玻璃化苗。
   　　　　　　　　　　　　　　　　　　　　　　　　　　　　　　　（　　）
4. 降低培養基中細胞分裂素的濃度，有助於緩解玻璃化苗的發生。　　　（　　）
5. 夏季取材容易發生褐變，冬、春季節取材則材料褐變死亡率最低。　　（　　）
6. 組培苗觀察內容包括組培苗的生長分化情況和相關技術指標等。　　　（　　）
7. 試管苗玻璃化是離體材料生理失調所表現出來的一種症狀。　　　　　（　　）
8. 試管苗黃化一定是缺鐵造成的。　　　　　　　　　　　　　　　　　（　　）

三、簡答題

1. 在培養物的生長發育過程中，主要觀察記錄的技術指標有哪些？如何進行計算？
2. 如何減少組培試驗數據調查的誤差？
3. 簡述植物組織培養過程中褐變發生原因及預防措施。
4. 從試驗設計角度考慮，如何防止組培過程中出現異常問題？

四、綜合分析題

某組培企業技術員小王新引進了一批藍莓組培苗，接種一週後部分試管苗變得矮小腫脹、失綠，葉和嫩梢呈半透明狀，生長緩慢。請幫小王分析一下原因，並為其提供解決辦法。

第五章　植物去毒與快繁技術

第一節
植物去毒技術

知識目標
- 掌握植物熱處理去毒和微莖尖培養去毒的原理。
- 掌握常見植物去毒方法和具體操作步驟。
- 掌握去毒苗鑑定的常用方法與操作要求。
- 了解去毒苗的保存與繁育方法。

能力目標
- 能對帶病毒植物進行熱處理和微莖尖去毒處理。
- 會檢測病毒，能夠準確判定去毒效果。
- 能採用汁液塗抹法、酶聯免疫吸附法對去毒苗進行檢測。

素養目標
- 具有無菌意識和嚴謹務實的工作態度。
- 具備觀察力和分析解決問題的能力。

知識準備

任務一　植物去毒方法

　　自然界中植物病毒侵染植物的範圍相當廣泛，很多植物病毒危害的對象是與人類生活密切相關的作物，比如糧食、油料、果樹、蔬菜、藥材、林木和花卉等各種植物。病毒侵染已成為農作物和園藝作物生活力、產量、品質下降及植株大面積死亡的重要原因之一，給農業生產造成巨大的危害和損失。植物病毒侵染植株可導致植物細胞和組織結構發生變化，進而引發植株黃化、褪綠、壞死、枯斑和缺水等現象；或導致植物組織和細胞的不正常生長，如植株矮化、木栓化、葉片捲曲、變形等。病變還可造成植物果實減小，產量降低。例如，小

麥黃矮病一般減產 20%～30%；柑橘衰退病曾使巴西大部分的柑橘園毀滅；1995 年，在河北中部爆發的馬鈴薯退化病發生率為 85%～90%，減產 50%～70%，造成當地馬鈴薯產量很低，不能留種，給農民帶來巨大的經濟損失。

一、植物去毒意義

植物病毒病與真菌、細菌不同，常規使用的農藥或抗生素不能從根本上有效防治。1950 年代，人們發現透過組織培養途徑可以除去植物體內的病毒，1960、1970 年代這項技術便在花卉、蔬菜和果樹生產中得到了廣泛應用，現已成為徹底去除植物體內病毒、培育去毒苗的根本途徑。

去毒苗又稱無病毒苗，是指不含有影響該種植物產量和品質的主要危害病毒，即經過檢測主要病毒在植物體內的存在表現為陰性反應的苗木。因此，準確地說，把去毒苗稱作特定無病毒或檢定苗更為恰當。植物去除病毒後可恢復原來優良種性，生長勢增強，品質得到改善，產量明顯提高，在農業生產上產生巨大的經濟效益，如草莓去毒後產量可以提高 20%～30%；觀賞花卉去毒後產量可以提高 50%～80%；大蒜去毒後蒜頭產量可以提高 32.3%～114.3%；馬鈴薯去毒後產量可以提高 50%～100%，菊花、百合、風信子經過去毒後，葉片濃綠，莖稈粗壯挺拔，花朵變大，花色變豔。

目前不少國家已經建立了無病毒良種繁育體系和大規模的無病毒苗生產基地，在生產上發揮了重要的作用，並取得了巨大的經濟效益。同時，在地球汙染日益嚴重的今天，栽培無病毒苗可以減少農藥的使用或不使用農藥，這為保護環境、生產健康綠色食品、促進農業可持續發展奠定了基礎。

二、植物去毒方法

目前，植物去毒方法有物理性的熱處理去毒、化學性的抗病毒藥劑應用（主要抵制病毒的合成）和微莖尖培養、熱處理結合莖尖培養、莖尖微體嫁接、癒傷組織培養、花藥培養等組培去毒方法。其中，熱處理、微莖尖培養、熱處理結合莖尖培養去毒方法最常用，也最容易掌握。實踐證明，根據植物種類和待檢病毒的種類、特性不同，採取不同去毒方法的組合處理，去毒效果會更好。

（一）熱處理去毒

1. 去毒原理 主要利用病毒和寄主植物耐高溫的差異性，透過高溫抑制病毒的增殖，減緩病毒在植株體內的擴散速度。高溫對許多植物有加速其生長的作用。針對不同植物、不同品種和不同植物病毒對溫度的敏感程度不同的特點，對需要去毒的植株進行一定溫度和時間範圍內的熱處理，使植物的生長速度明顯超過病毒在植株體內擴散的速度，從而使一部分正在迅速生長的植物組織，如頂芽、嫩梢的尖端不含病毒，把不含有病毒的部分切下接種到適宜的培養基上，最終培養出無毒植株。

2. 去毒方法

（1）溫湯浸漬處理。將需要去除病毒的材料在 50～55℃ 的溫水中浸漬數分鐘至數小時，使病毒失去活性。該方法簡便易行，適用於休眠期器官、剪下的接穗或種植的材料，但長時

間浸漬處理容易造成材料受傷。實踐中要注意控制好處理溫度。

(2) 熱空氣處理。熱空氣處理去毒適用於鮮活植物材料的去毒。將生長旺盛的盆栽植株、種球、癒傷組織、離體瓶苗等移入溫熱治療室（箱）內，以 35～40℃ 的溫度處理幾十分鐘至數月。熱處理去毒方法中最主要的影響因素是溫度和時間。在熱空氣處理過程中，通常溫度越高、時間越長，去毒效果就越好，但植物的生存率卻呈下降趨勢。所以，溫度與時間的選擇應當考慮去毒效果和植物耐性兩個方面。而植物耐性受植物種類、器官類別、生理狀況的影響。熱空氣處理對活躍生長的莖尖效果較好，如香石竹於 38℃ 下處理兩個月，其莖尖所含病毒即可被清除；馬鈴薯在 35℃ 下處理幾個月才能獲得無病毒苗。

此外，每種植物都有熱處理臨界溫度，過高溫度處理會造成植物的傷害，採用變溫處理既可消除病毒，又不易傷及植物。如每天 40℃ 處理 4h 與 16～20℃ 處理 20h 交替變溫處理馬鈴薯塊莖，既清除了芽眼中的捲葉病毒，又保持了芽的活力。

(3) 熱處理去毒的優缺點。熱處理方法簡單，去毒效果明顯，但仍存在侷限性。該方法對植物組織傷害較大，處理過程中極易使植物材料受熱枯死，造成損失。而且熱處理法不能去除所有病毒，因為並非所有的病毒都對熱處理敏感。一般來說，熱處理去毒對圓形病毒（如蘋果花葉病毒）、線狀病毒（如馬鈴薯捲葉病毒）以及由類菌質體引起的病毒有效，而對桿狀病毒（如千日紅病毒）無效。延長熱處理時間可以增強病毒鈍化效果，但同時也可能會鈍化植物組織中的抗性因子，致使寄主植物抗病毒因子難於活化，從而增加無效植株的發生率。因此，熱處理需與其他方法配合使用，才可獲得良好的效果。

(二) 微莖尖培養去毒

由於微莖尖培養去毒效果好，後代遺傳性穩定，是目前植物無病毒苗培育應用最廣泛、最重要的一個途徑。

1. 去毒原理 微莖尖去毒法的主要原理是病毒在植株體內的分布不均勻，隨植株部位及年齡而異，其中莖尖部分尤其是生長點（0.1～1.0mm 區域）帶病毒最少或不帶病毒，並且越靠近尖端病毒濃度越低。因為病毒在寄主植物體內隨維管系統和胞間連絲移動，而莖尖分生組織中沒有維管束系統，病毒運動困難。所以，莖尖分生組織不含病毒粒子或病毒濃度很低，病毒在寄主莖尖分生組織中的轉移速度落後於莖尖的生長速度，導致頂端分生組織附近病毒濃度低，甚至不帶病毒。

2. 微莖尖培養去毒繁殖過程 微莖尖培養去毒一般包括以下幾個過程（圖 5-1-1）。(1) 母本植株的選擇與預處理。品種選擇是微莖尖去毒培養的關鍵因素之一。不同品種的產量、品質特性及對病毒侵染的反應不同，直接影響到去除病毒後植株的增產效果和應用年限。選擇母本植株時，選擇符合原品種的典型特徵的，盡量選擇具有單一病毒侵染的植株，在感染病毒程度較輕或攜帶病毒較少、生長健壯無病蟲害的植株上採集外植體，利於培養出去毒苗。

材料預處理方法是切取插條插入 Knop 營養液中令其長大，由這些插條的腋芽長成的枝條要比在田間植株上直接取來的枝條汙染少得多。也可將母本植株栽種在溫室內無菌的盆鉢中培養，將來在腋芽抽出的枝條上選取外植體。母本植株預培養時，注意澆水不要直接澆在葉片上，定期噴施內吸性殺菌劑，如噴施 0.1% 多菌靈和 0.1% 硫酸鏈黴素等。

（2）外植體採集與滅菌。外植體最好從母本植株外圍或頂端活躍生長的枝梢上選取，頂芽、側芽均可。外植體滅菌的一般方法是：剪取植株上部枝梢段 2～3cm，去除較大葉片，用自來水沖洗乾淨，然後在超淨工作臺上用 75％酒精浸泡 30s，再用 2％～5％次氯酸鈉浸泡 8～15min，最後用無菌水漂洗 3～5 次。實踐中可針對不同外植體及原生態環境做相應調整。鱗片及幼葉包被嚴緊的芽，如菊花、蘭花等，只需在 75％酒精中浸蘸一下即可；而葉片包被鬆散的芽，如香石竹、大蒜和馬鈴薯等，先用流水沖洗乾淨，再在 75％酒精中浸泡數秒或 0.1％次氯酸鈉溶液浸泡 10min，最後用無菌水漂洗數次。

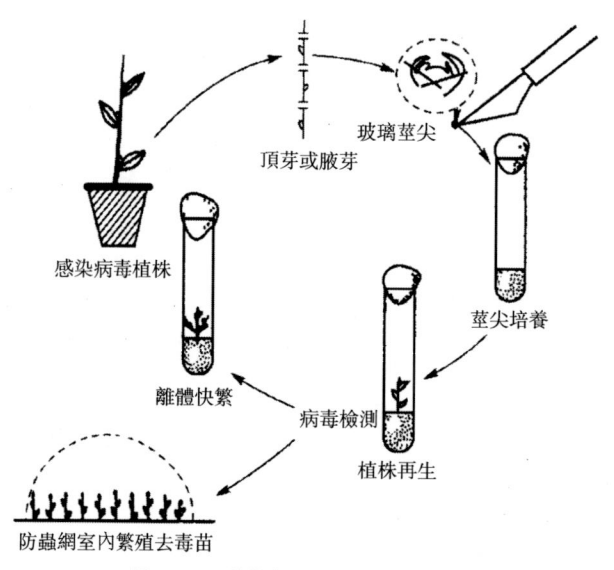

圖 5-1-1　微莖尖培養生產去毒苗流程
（陳世昌，2011. 植物組織培養）

（3）微莖尖剝離與接種。剝取莖尖在超淨工作臺上進行。由於微小的莖尖組織很難靠肉眼操作，因而需要一臺帶有適當光源的解剖鏡［(8～40)×］作輔助。剝離莖尖後應盡快接種，莖尖暴露的時間應越短越好，可在一個襯有無菌濕濾紙的培養皿內進行操作，有助於防止莖尖變乾。接種時只用解剖針即可，確保微莖尖不與芽的較老部分、解剖鏡臺面或持芽的鑷子接觸，避免材料染菌。

微莖尖大小是微莖尖去毒培養另一個關鍵因素。切取微莖尖的大小應根據欲去除病毒的種類及其在體內的分布狀況來綜合確定（表 5-1-1）。病毒分布少，切取的莖尖可稍大，否則宜小。一般要求微莖尖＜1mm。通常微莖尖培養的去毒效果與微莖尖大小呈負相關，而培養莖尖的成活率則與莖尖大小呈正相關，即莖尖越小，對培養基的要求越高，培養成活率越低，去毒效果越好；莖尖越大，則與之相反。實踐證明，微莖尖剝離時不帶葉原基，其去毒效果最好，但成活率最低；而帶 1～2 個葉原基的微莖尖培養，一般可獲得 40％以上的去毒苗。通常切取帶 1～2 個葉原基的微莖尖進行培養，以達到既去毒又保證成活率的目的。

表 5-1-1　植物去除病毒宜採用的微莖尖大小範圍

植物種類	病毒種類	莖尖大小/mm	品種數	植物種類	病毒種類	莖尖大小/mm	品種數
甘薯	斑葉花葉病毒	1.0～2.0	6	康乃馨	花葉病毒	0.2～0.8	5
	縮葉花葉病毒	1.0～2.0	1	百合	各種花葉病毒	0.2～1.0	3
	羽毛狀花葉病毒	0.3～1.0	2	鳶尾	花葉病毒	0.2～0.5	1
馬鈴薯	馬鈴薯 Y 病毒	1.0～3.0	1	大蒜	花葉病毒	0.3～1.0	1
	馬鈴薯 X 病毒	0.2～0.5	7	矮牽牛	菸草花葉病毒	0.1～0.3	6
	馬鈴薯捲葉病毒	1.0～3.0	3	菊花	花葉病毒	0.2～1.0	3
	馬鈴薯 G 病毒	0.2～0.3	1	草莓	各種病毒	0.2～1.0	4
	馬鈴薯 S 病毒	0.2 以下	5	甘蔗	花葉病毒	0.7～0.8	1
大麗花	花葉病毒	0.6～1.0	1	春山芥	蕪菁花葉病毒	0.5	1

　　不同植物微莖尖的形狀各不相同。在剝離某種植物的微莖尖之前，應對具體植物的微莖尖的形狀有清晰的印象，這是保證微莖尖剝離品質的前提。

　　(4) 培養基和培養條件。微莖尖培養一般以 White、Morel 和 MS 作為基本培養基。提高鉀鹽和銨鹽的含量有利於莖尖的生長，反之則有利於生根。在 MS 培養基上培養某些植物的微莖尖時，應適當降低部分離子的濃度。為了操作方便，一般使用瓊脂培養基。不過，在瓊脂培養基能誘導外植體癒傷組織分化的情況下，最好還是用液體培養基，因為這樣的培養方式有利於外植體的通氣、生根，還能消除瓊脂中雜質對微莖尖生長的不利影響。有時莖尖培養添加活性炭對某些植物的莖尖生長有利。

　　植物激素的種類和濃度組合對微莖尖的生長發育具有重要的作用。雙子葉植物的生長素和細胞分裂素是由第二對最年幼的葉原基合成的，所以培養不帶葉原基的微莖尖時，需要在培養基中適當添加生長素與細胞分裂素；為了使培養的去毒苗能保持原品種的特徵，應避免使用易促進癒傷組織分化的 2,4-滴，而改用穩定性較好的 NAA 或 IBA 等生長素；細胞分裂素可選用 KT 或 BA。GA_3 對某些植物莖尖培養有利，應注意選擇使用。

　　微莖尖接種後置於 25℃ 左右、光照時間 10～16h/d、光照度 1 500～5 000lx 的條件下培養。一般光照培養比暗培養效果好，由於在低溫和短日照下，莖尖有可能進入休眠，所以必須保證較高的溫度和充足的日照時間。培養環境的相對濕度以 70%～80% 較為適宜。

　　微莖尖需數月培養才能萌發和生長。較大的微莖尖培養 2 個月左右才能再生出綠芽，較小的微莖尖則需要 3 個月以上，甚至更長時間才發生綠芽。這期間應注意更換新鮮培養基，逐步提高培養基中 BA 的濃度，以獲得大量叢生芽。

　　叢生芽的增殖與生根培養與一般器官的培養相同，此處不再贅述。

三、其他去毒方法

　　其他去毒方法見表 5-1-2。

表 5-1-2 其他植物去毒方法簡介

去毒方法	原理	方法	應用	特點
莖尖微體嫁接去毒	多數病毒不經種子傳播，所以用種子繁殖的實生苗不帶病毒；莖尖培養能夠去毒。因此，將微莖尖嫁接到用種子繁殖的無菌砧木上培養，能得到去毒苗	切取微莖尖作為接穗，嫁接到試管中培養的無菌實生砧木上，繼續進行試管培養，癒合成為完整植株	該方法是獲得無病毒柑橘的最有效方法；在杏、桉樹和山茶等植物中，也有非常好的效果	1. 微體嫁接操作需精細；2. 砧木必須是細嫩材料，與莖尖密合度要高；3. 嫁接成活率與接穗大小呈正比，去毒效果與接穗大小呈反比；4. 此法多用於木本植物去毒
莖尖培養結合熱處理	見莖尖培養和熱處理去毒法	將植株在高溫下處理，再切取莖尖進行培養	該方法可有效去除水仙病毒；用於百合珠芽去毒，去毒率達100%	兩種去毒法的組合運用，去毒效果更好
化學療法去毒	抗病毒藥劑進入帶病毒植株體內後，會阻止病毒RNA帽子結構的形成而達到除去病毒的目的，然後再結合莖尖培養進一步去毒	將染病植株接種在含抗病毒試劑的培養基中，培養一段時間，切取莖尖進行莖尖去毒培養	對蘋果植株體內的褪綠葉斑病毒和蘋果莖溝病毒效果明顯	1. 採用注射法或將藥劑注入培養基使植物吸收；2. 常用抗病毒藥劑主要有利巴韋林、2-硫脲嘧啶、5-二氫尿嘧啶等；3. 此法剝取的莖尖可大於1mm，其成活率高於一般的微莖尖培養
癒傷組織培養去毒	癒傷組織增殖速度比病毒複製速度快，且癒傷組織容易產生抗病毒變異	透過外植體培養來誘導產生癒傷組織，癒傷組織再分化出芽，長成無毒苗	該方法先後在馬鈴薯、天竺葵、大蒜、草莓等多種植物上獲得成功	此法外植體選擇面廣，去毒苗變異率較高，生產上應用較少
珠心胚培養去毒	珠心組織與維管系統無直接連繫，又保持著母本植株的遺傳特性，由它形成的珠心胚可作為外植體培育去毒苗	自然條件下，珠心胚不能發育成熟，將其從種子中剝離出來，接種在培養基上，才能培養成植株	多用於具多胚性的植物，如柑橘、杧果等	該法去毒率可達100%，但長成的植株會出現長勢過旺、結實太遲、呈現野生性狀等問題，使其應用受到限制
花藥培養法	花藥培養經癒傷組織培養途徑產生的花粉植株不帶病毒	花藥經誘導產生癒傷組織，再將癒傷組織轉入分化培養基上，培養形成無病毒植株	該方法已廣泛應用於草莓無毒苗的生產	可快速培育大量去毒苗，且可省去去毒效果鑑定工作，但需做倍性檢測

學習筆記

技能訓練

微莖尖剝離

一、訓練目標

掌握微莖尖剝離操作程序，能夠規範、熟練、準確地切取微莖尖。

二、材料與用品

各種植物材料的嫩莖、脫脂棉、75％酒精、95％酒精、2％次氯酸鈉、無菌水、培養基、解剖鏡、解剖刀、解剖針、酒精燈、標籤紙、培養瓶、培養皿、燒杯、記號筆等。

三、方法與步驟

1. 切取莖芽 任選幾種植物嫩莖，用已消毒的剪刀剪取長 3～5cm、帶頂芽或腋芽的短莖 10 個，去掉葉片，僅保留護芽的嫩葉柄，置於滅過菌的培養皿中。

2. 莖芽消毒 用洗滌液或洗衣粉水洗滌，尤其是腋芽的葉柄處用軟毛刷刷洗，用清水沖洗乾淨，然後移入超淨工作臺，用 2％次氯酸鈉浸漬 5～10min，無菌水沖洗 3～5 次後備用。

3. 剝離莖尖 將芽置於襯有無菌濕濾紙的培養皿內，在解剖鏡下，一隻手拿鑷子按住嫩葉柄或芽，另一隻手用解剖刀或解剖針將葉片和葉原基層層剝除，到莖尖初露為止，再用解剖刀切下 0.3～0.5mm 的微莖尖（帶 2 個葉原基）。選用不同的材料反覆練習，達到熟練操作。

四、注意事項

（1）接種時最好使莖尖向上，不能埋入培養基內。

（2）為了防止莖尖變乾，應在一個襯有無菌濕濾紙的培養皿內剝離莖尖，而且從剝離到接種的時間間隔越短越好。

（3）整個剝離過程中，要注意常將解剖針和解剖刀浸入 75％酒精中，並用火焰灼燒滅菌，冷卻後使用。

（4）剝離微莖尖時雙眼要同時睜開，調整好解剖鏡的焦距，並且手、眼與工具間配合默契。

（5）切割微莖尖要用鋒利的解剖刀，並做到隨切隨接種。

五、考核評價建議

考核重點是微莖尖剝離是否規範、調查汙染率、成活率。考核方案見表 5-1-3。

表 5-1-3　微莖尖剝離考核評價建議

考核項目	考核標準	考核形式	滿分
實訓態度	1. 任務工單撰寫字跡工整、詳略得當（10分）； 2. 操作認真，積極主動完成任務（10分）； 3. 積極思考，有合作精神（10分）	教師評價	30分

(續)

考核項目	考核標準	考核形式	滿分
技能操作	1. 微莖尖剝離方法正確（20分）； 2. 操作規範和準確（20分）； 3. 操作熟練（10分）	現場操作	50分
效果	1. 汙染率、成活率調查準確（10分）； 2. 實習場地清理乾淨（10分）	現場檢查	20分
合計			100分

任務二　去毒苗鑑定與保存

經過去毒處理得到的種苗必須經過嚴格鑑定，確定其無病毒且農藝性狀優良之後，才可以作為去毒良種用於實際生產。去毒苗的鑑定包括兩個方面：一是去毒效果的鑑定；二是農藝性狀的鑑定。

一、去毒效果鑑定

對於非潛隱性病毒，透過直觀檢測法就能判斷是否患病毒病；對於潛隱性病毒則必須透過病毒檢測。病毒檢測方法有生物學檢測法、血清學檢測法、電子顯微鏡法和分子生物學檢測法等。在生產實踐中，具體使用哪一種檢測方法要根據病毒類型、技術掌握程度、設備等具體條件進行選擇。

（一）生物學檢測法

生物學檢測法以植物病毒在寄主上的表觀症狀作為辨識和檢測病毒的基礎。該檢測方法簡單，結果觀察直接，鑑定結果也較為可靠，不過檢測較慢，而且受季節和氣候等因素的限制，靈敏度不高，某些病毒因為無法找到鑑別寄主而不能運用這種檢測方法。生物學檢測法主要包括直觀檢測法和指示植物檢測法兩種。

1. 直觀檢測法　直觀檢測法是根據病毒在植株上的表現症狀來判斷感病情況，即根據植株莖葉是否表現出某種病毒所特有的可見症狀來確定病毒的感染程度。直接觀察待測植株生長狀態是否正常，莖葉上有無特定的病毒引起的症狀，如去毒苗葉色濃綠、均勻一致，生長勢好，未去毒的植株出現花葉、黃葉、矮化等異常狀態。該種方法簡便、直觀、準確。

2. 指示植物檢測法　指示植物是指對某種病毒反應敏感、症狀明顯、用以鑑定病毒種類的植物，又稱鑑別寄主。指示植物檢測法是指利用指示植物比原始寄主更容易表現症狀的特點，將汁液塗抹接種或是將待檢苗株（原始寄主）嫁接到指示植物上，利用病毒在其他植物上產生的症狀作為鑑別病毒種類的方法。指示植物法具有靈敏、準確、可靠、操作簡便等優點，是其他檢驗方法不可替代的傳統植物病毒檢測方法。

指示植物根據性狀分為草本指示植物和木本指示植物。一般情況下，草本植物去毒鑑定多採用汁液接種法和小葉嫁接法，而很多果樹與林木植物的去毒鑑定多採用木本指示植物嫁接方法。

病毒檢測指示植物的一般要求為：根據病毒種類及其寄生範圍的不同，選擇適合的指示

植物；一年四季都能栽培；能夠在較長時間內保持對病毒的敏感性和容易接種；在較廣的範圍內具有同樣的反應。指示植物應在嚴格防蟲條件下隔離繁殖，以免交叉感染而影響去毒效果的準確判斷。部分常用的指示植物見表 5-1-4。

表 5-1-4　一些常用指示植物及其檢測的病毒

（王清連，2003. 植物組織培養）

植物病毒種類	主要指標植物
草莓斑駁病毒（SMoV）	UC-4、UC-5、Alpine
草莓鑲脈病毒（SVBV）	UC-10、UC-4、UC-5
草莓皺縮病毒（SCrV）	UC-10、UC-4、UC-5、Alpine
草莓輕型黃邊病毒（SMYEV）	UC-10、UC-4、UC-5、Alpine
柑橘裂皮病毒（CEV）	Etro 香櫞
柑橘碎葉病毒（TLV）	Rusk 酸枳
柑橘衰退病毒（CTV）	墨西哥來檬
蘋果莖溝槽病毒（SGV）	維吉尼亞小蘋果
蘋果莖痘病毒（SPV）	維吉尼亞小蘋果、君柚
蘋果褪綠葉斑病毒（CLSV）	俄羅斯大蘋果、大果海棠、雜種溫桲
葡萄扇葉病毒（GFV）	Rupestris St. George
葡萄捲葉病毒（GLRV）	黑比諾、赤霞朱、品麗珠等
葡萄栓皮病毒（GCBV）	LN33
葡萄莖痘病毒（GSPV）	LN33、Rupestri. St. George

（1）草本指示植物的去毒鑑定。

①汁液塗抹法。適用於鑑定透過汁液傳播的病毒。利用指示植物法鑑定時，一般以早春為宜，因為早春剛萌發嫩葉或花瓣接種成功率較高，5月以後接種較難成功，從而影響檢測結果的正確性。具體檢測方法：取待檢植株的葉片置於研缽中，加入少量的水和等量的 0.1mol/L 磷酸緩衝液（pH 7.0），磨成勻漿，將其塗抹在指示植株葉片上，在指示植物的葉片上撒金剛砂，透過輕輕摩擦使汁液浸入葉片表皮細胞而又不損傷葉片，5min 後用清水清洗葉面。將指示植株放於防蚜蟲網罩的溫室內。數天至幾週後觀察指示植物，然後視其病斑的有無，來判斷是否去除了病毒（圖 5-1-2）。

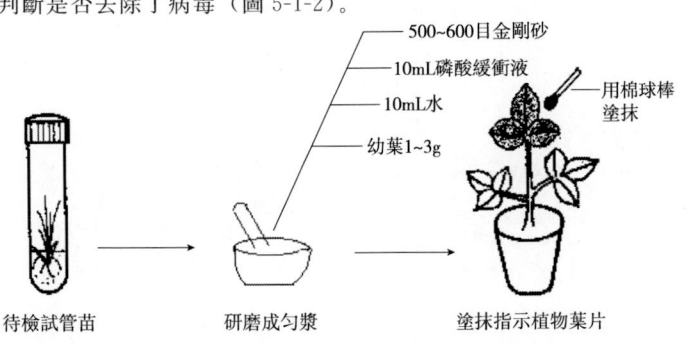

圖 5-1-2　汁液塗抹法操作示意

②小葉嫁接法。此法適用於汁液塗抹法鑑定比較困難，多用於如草莓等無性繁殖的草本植物（圖 5-1-3），適用於非汁液傳播病毒（如草莓的黃化病毒、叢枝病毒等）的鑑定。取待檢植物小葉嫁接到指示植物葉上，根據被嫁接指示植物葉上有無病毒症狀，鑑定待檢植物病毒。

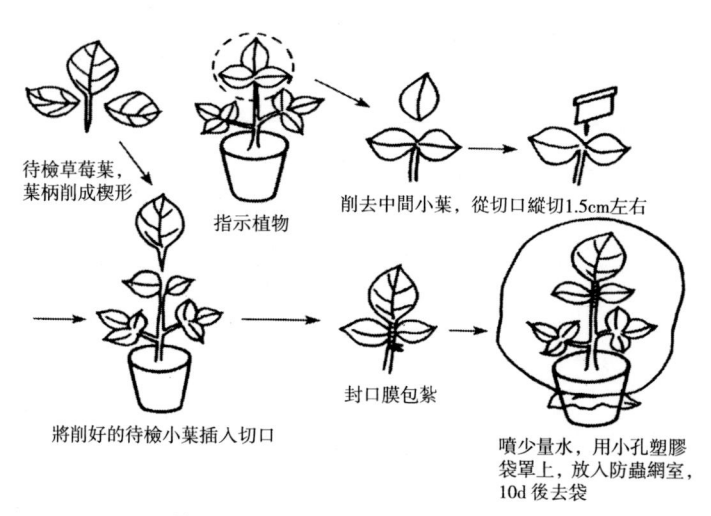

圖 5-1-3 草莓指示植物小葉嫁接檢測法
（熊慶娥，2003. 植物生理學實驗教程）

(2) 木本指示植物的去毒鑑定。

①雙重芽接。8 月中下旬從待檢樣本樹上剪取一年生枝條作為待檢接穗，先將其上的芽片削成盾形，芽接在距地面 5cm 左右的砧木基部。每株待檢樹在同一砧木上嫁接 1～2 個待檢芽。然後剝取指示植物的芽片嫁接在待檢芽的上方，兩芽相距 2～3cm。嫁接後 15～20d 檢查接芽的成活情況（圖 5-1-4）。若指示植物的芽未成活，再進行補接。成活後剪去指示植物芽以上的砧乾。翌年發芽後摘除待檢芽的生長點，促進指示植物的生長，觀察是否有症狀出現。

②雙重切接。也稱雙重嫁接法，多在春季進行。在休眠期分別剪取各帶 2 個芽的指示植物及待檢樹的接穗，萌芽前將待檢樹接穗切接在實生砧木上，將指示植物接穗切接在待檢樹的接穗上（圖 5-1-5）。為促進傷口癒合和提高成活率，可在嫁接後套上塑膠袋保溫保濕。此種方法的缺點是嫁接技術要求高，成活率低，嫁接速度慢。

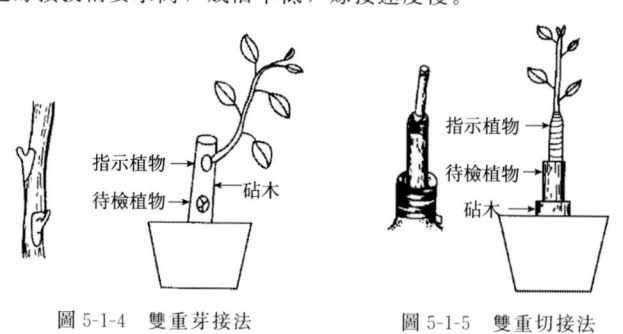

圖 5-1-4 雙重芽接法　　圖 5-1-5 雙重切接法
（王國平，2002. 果樹無病毒苗木繁育與栽培）

（二）血清學植物病毒檢測法

血清學植物病毒檢測法是指利用抗原、抗體的體外特異性相結合來檢測植物病毒。常見的血清學檢測方法有酶聯免疫吸附法、快速免疫濾紙法、免疫螢光技術、斑點免疫測定法以及免疫膠體金技術等，這些方法的廣泛應用使得植物病毒的檢測靈敏性與檢測速度都得到極大的提高，也更為靈活。酶聯免疫吸附法（ELISA 法）是血清學植物病毒檢測法中採用較多的一種方法。下面介紹抗血清檢測法和酶聯免疫吸附法。

1. 抗血清檢測法　凡能刺激動物機體產生免疫反應的物質稱為抗原。抗體則是由抗原刺激動物機體的免疫活性細胞而生成的一種具有免疫特性的球蛋白，能與該抗原發生專化性免疫反應，它存在於血清中，故稱抗血清。由於植物病毒為一種核蛋白複合體，因此它也具有抗原的作用，能刺激動物機體的免疫活性細胞產生抗體。同時由於植物病毒抗血清具有高度的專化性，感病植株無論是顯性還是隱性，都可以透過血清學的方法準確地判斷植物病毒的存在與否、存在的部位和數量。由於其特異性高，測定速度快，所以抗血清法也成為植物病毒檢測最常用的方法之一。

抗血清鑑定法包括抗原製備、抗血清收集、免疫反應試驗等，具體操作程序見圖 5-1-6。利用抗血清鑑定時要注意避免葉綠體的自發凝聚，可用磷酸緩衝液提取汁液，再用氯仿處理除去葉綠體，pH 保持 6.5～8.5。另外，抗原和抗體的比例要適當，抗原過量時會抑制沉澱的生成。

病毒接種繁殖 → 病葉研磨 → 粗汁液過濾澄清 → 注射至動物體內

抗血清稀釋 ← 抗血清保藏 ← 抗血清分離 ← 抗血清採集

待檢植物汁液

免疫反應試驗

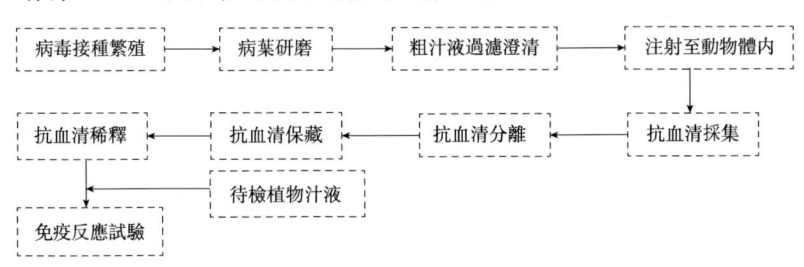

圖 5-1-6　抗血清鑑定法操作流程

2. 酶聯免疫吸附法（ELISA 法）

（1）含義與特點。酶聯免疫吸附測定法是以免疫學反應為基礎，將抗原、抗體的特異性反應與酶對底物的高效催化作用相結合的一種高敏感性的試驗技術。具體是將酶與抗體（或抗原）結合，製成酶標抗體（或酶標抗原）；將抗原固定在支持物上，加入待檢血清，然後加入酶（過氧化物酶或鹼性磷酸酶）標記的抗體，使待檢血清中與對應抗原的特異性抗體結合，最後用特殊分光光度計測定。常用的 ELISA 法分為兩方面：一方面是測定抗原的，方法主要有競爭法、雙抗體夾心法、改良雙抗體夾心法和抑制性測定法；另一方面是測定抗體的，主要用間接法。由於抗原、抗體的反應在一種固相載體——聚苯乙烯微量滴定板的孔中進行，每加入一種試劑孵育後，可透過洗滌除去多餘的游離反應物，從而保證試驗結果的特異性與穩定性。

ELISA 法是抗血清鑑定法中發展最迅速、應用最廣泛的方法，具有靈敏度高，特異性強，適於測定大量樣品，反應結果可長期保存，快捷、簡便，不需要使用同位素和複雜的設備，且對人體基本無害等一系列優點。但是也存在一定的缺點：①抗體製備所需時間長，費時費力；②經常存在假陽性反應，給去毒苗檢測帶來困難。

（2）檢測方案設計。檢測之前，首先根據檢測的需求設計酶聯板點樣孔。將使用的點樣

孔安排在內部，避免使用酶聯板周圍一圈的點樣孔，防止發生邊際效應而影響檢驗結果的準確性。在一次檢測試驗中，一般設置2個陽性對照孔、2個陰性對照孔、2個空白對照孔作為品質控制，並根據送檢樣品的數量設置待檢測樣品孔的數量，要求每個待測樣品設置2次重複。同時，需確定包被抗體和酶標抗體的最適濃度。

（3）樣品選取與處理要求。選取幼嫩或處於萌芽狀態的植物組織樣品用於檢測，如芽尖、幼葉等植物組織，避免選取成熟的植物組織樣品。檢測韌皮部中的病毒應選取韌皮組織樣品；檢測樹皮中的病毒應選取帶有形成層組織的樣品，也可選取幼嫩的根部組織作為病毒檢測樣品。

（4）植物病毒粗提液的製備。選取植物樣品，一般按照適當的比例加入樣品抽提緩衝液，製備一個植物病毒粗提液。如果提高植物樣品所占比例，有可能減少酶聯反應的機率，加大製備植物病毒粗提液的難度。相反，減少植物樣品所占比例，則有利於酶聯反應的進行。對於難於研磨的植物樣品，可加入金剛砂或矽藻土等研磨劑，將有助於研磨。

（5）操作程序。ELISA法檢測操作程序通常包括包被、加樣、孵育、包被酶標抗體、加底物、顯色和讀板等步驟（表5-1-5）。

表 5-1-5　ELISA 法操作步驟

序別	間接法（測抗體）	雙抗體夾心法（測抗原）	競爭法（測抗原）	抑制法（測抗原）
1	包被抗原：用包被緩衝液稀釋抗原至最適濃度5～20μg/mL，微反應板每個凹孔中各加0.3mL，4℃過夜或37℃水浴2～3h，儲存在冰箱中	包被抗體：用包被緩衝液稀釋特異性抗體球蛋白至最適濃度（1～10μg/mL），每凹孔加0.3mL，4℃過夜或37℃水浴3h，儲存在冰箱中	包被特異性抗體：用包被緩衝液稀釋特異性抗體球蛋白至最適濃度（1～10μg/mL），每凹孔加0.3mL，4℃過夜或37℃水浴3h，儲存在冰箱中	包被抗原：用包被緩衝液稀釋抗原至最適濃度5～20μg/mL，微反應板每個凹孔中各加0.3mL，4℃過夜或37℃水浴2～3h，儲存在冰箱中
2	洗滌：移去包液，凹孔用洗滌緩衝液（含0.05%吐溫-20）洗3次，每次5min			
3	加被檢標本：每凹孔加入0.2mL用含有0.05%吐溫-20的稀釋緩衝液稀釋的被檢血清，在37℃下保持1～2h	每凹孔加入0.2mL用稀釋緩衝液稀釋的含抗原的被檢標本，在37℃下保持1～2h	分2組，A組加酶記抗原和被檢抗原混合液0.2mL，B組只加酶記抗原液0.2mL，在37℃下保持1～2h（混合液可稀釋為不同稀釋度）	A組加參考抗體和被檢抗原混合液0.2mL，B組加參考抗體與等量稀釋劑0.2mL，在37℃下保持1～2h
4	洗滌：重複2			
5	加入酶結合物：每凹孔加入0.2mL稀釋緩衝液稀釋的酶結合物，在37℃下保持1～2h	加入0.2mL用稀釋緩衝液稀釋的酶標記特異性抗體溶液，在37℃下保持1～2h或由預備試驗確定作用時間	—	各加入0.2mL抗參考體的酶結合物，在37℃下保持1～2h
6	洗滌：重複2			
7	每個凹孔加入0.2mL底物溶液，（OPD或OT）在室溫下保持30min（另作一空白對照，0.4mL底物加0.1mL終止劑）			
8	加終止劑：每凹孔加入2mol/L H_2SO_4或2mol/L檸檬酸0.05mL			
9	觀察記錄結果：目測或用酶標比色計測定（OPD用492nm）OD值		用酶標比色計測定A、B兩組的OD值，並求出A、B兩組OD值的差數	

(6) 結果判定。在所有陽性對照、陰性對照和空白對照結果均成立的情況下，透過 P/N 值進行判定。如果 P/N 值在推薦的陽性判定標準範圍內，則判定為陽性樣品；如果 P/N 值在推薦的可疑判定標準範圍內，則判定為可疑樣品；如果 P/N 值在推薦的陰性判定標準範圍內，則判定為陰性樣品。

(三) 其他去毒鑑定方法

其他去毒鑑定方法舉例見表 5-1-6。

表 5-1-6　其他去毒鑑定方法列舉

鑑定法名稱	原理	說明
電鏡檢查法	用電子顯微鏡直接觀察被鑑定植物組織的提取液有無病毒，並鑑定病毒顆粒大小、形狀、結構、種類	靈敏度高、準確率高，能定量測定病毒，但設備昂貴
免疫雙擴散法	抗原、抗體在半固體凝膠中進行擴散和免疫反應，有擴散沉澱的抗原提供植株為帶病株	原理與抗血清鑑定法相同，但能節省血清，汁液也不用特殊處理
反轉錄聚合酶鏈反應（RT-PCR）檢測法	提取被鑑定植物的病毒 RNA，根據病毒基因序列設計合成引物，反轉錄合成病毒 cDNA，然後 cDNA 擴增，取出擴增產物，利用瓊脂糖凝膠電泳進行檢測	與 ELISA 法相比，不需製備抗體，檢測所需病毒量也少，具有靈敏、快速、特異性強等優點
核酸斑點雜交（NASH）技術	根據互補核酸單鏈可以相互結合的原理，將一段核酸單鏈以某種方式加以標記，製成探針，與互補的待鑑定病原的核酸雜交，鑑定帶探針的雜交物指示病原的存在	靈敏度較高，特異性較強，缺點是檢測大量樣品時，探針分離較困難

二、農藝性狀鑑定

有些去毒方法可使去毒苗產生變異。如經熱處理後，高溫可引起分生組織細胞突變；經癒傷組織誘導的再生植株去毒苗有時會產生染色體變異，導致良種性狀的喪失。因此，經過去毒和去毒效果鑑定後，還需進行田間農藝性狀鑑定，確定去毒苗仍保持原品種的特徵特性之後，才能作為原原種進行推廣。農藝性狀鑑定時必須採取隔離措施，以免重新感染病毒；鑑定中注意淘汰劣變植株，保留優良植株；注意發現和選留超越母體植株優良性狀的突變體。

三、去毒苗的保存

透過不同去毒方法處理所獲得的植株，經過鑑定確係無特定病毒者，即是去毒原原種。去毒原原種只是去除了原母株上的特定病毒，抗病毒能力並未增強，因而在自然條件下易受到病毒再侵染而喪失其利用價值。同時受到自然條件影響，去毒原種易丟失。因此，須將去毒原原種按照正確的方法進行保存。

(一) 隔離保存

植物病毒的傳播媒介主要是昆蟲，如蚜蟲、葉蟬或土壤線蟲等。因此，應將去毒原原種

苗種植於防蟲網室、栽在盆鉢中保存。栽培基質應事先消毒處理。除去網室周圍的雜草和易滋生蚜蟲等傳播媒介的植物，保證環境清潔，並定期噴藥劑防蟲殺菌。凡接觸去毒苗的工具應消毒並單獨保管專用，操作人員也應穿消毒的工作服。若有條件，最好將去毒苗母本園建在相對隔離的海島或高嶺山地種植保存。對隔離保存的去毒種苗要定期檢測有無病毒感染，及時將再感染的植株淘汰或重新去毒。若管理得當，材料可保存5~10年。

（二）離體保存

離體保存是利用植物組織培養的方法，將單細胞、原生質體、癒傷組織、懸浮細胞、體細胞胚、組培苗等植物組織培養物儲存在使其抑制生長或無生長條件下，以達到保存植物種質的方法。離體保存具有省時、省地、省力、不受自然條件的影響，便於運輸等優點。

1. 低溫保存 低溫保存是在低於正常培養溫度下保存植物組織培養物的技術，它是植物生長發育的有關理論與組織培養技術相結合的產物。低溫保存的基本特徵是保存材料的定期繼代培養，不斷繁殖更新。能夠最大限度地保持材料的遺傳穩定性。低溫保存的基本措施是控制保存材料所處的溫度和光照。在一定溫度範圍內，材料的壽命隨保存溫度的降低而延長，但要注意各種植物對低溫忍受程度的差異。

甘薯、馬鈴薯、蒟蒻等多種植物的低溫保存都取得了良好的效果。將莖尖或小植株接種到培養基上，培養一段時間，置於低溫（1~9℃）、低光照下保存。材料生長極緩慢，只需半年或一年更換一次培養基，又稱最小生長法。在培養基中添加脫落酸、矮壯素和甘露醇等生長延緩劑和滲透劑可以提高保存效果。保存材料每6個月繼代培養一次。繼代培養時，從形態、經濟性狀、生理生化等方面對材料進行遺傳穩定性鑑定。保存的材料要定期檢查，及時清除汙染材料，保持清潔。

2. 超低溫保存 超低溫保存也稱冷凍保存，一般以液態氮（-196℃）為冷源，使材料保存溫度維持在-196℃，植物新陳代謝活動基本停止。

由於材料生理狀態的不同和植物種的差異，冷凍會導致不同的效果，但關鍵是保護細胞不受凍害。目前有4種冷凍方法：快速冷凍法、慢速冷凍法、分步冷凍法和乾燥冷凍法。

（1）快速冷凍法。快速冷凍法是將植物材料從0℃或者其他預處理溫度直接投入到液氮中。在降溫冷凍過程中，植物體內的水在-140~-10℃是冰晶形成和增長的危險溫度區；-140℃以下，冰晶不再增生。

（2）慢速冷凍法。慢速冷凍法是以每分鐘0.1~10℃的降溫速度（一般1~2℃/min）使材料從0℃降至-10℃左右，隨即浸入液氮，或者以此降溫速度連續降至-196℃。

（3）分步冷凍法。分步冷凍法是指將植物的組織和細胞在放入液氮前經過一個短時間的低溫鍛鍊。分步冷凍可分為兩步冷凍法和逐級冷凍法兩種。兩步冷凍法是慢速冷凍和快速冷凍法的結合。它的第一步是採用0.5~4.0℃/min的慢速降溫法，使溫度從0℃降至-40℃，第二步是投入液氮迅速冷凍。

逐級冷凍法是在程式降溫儀或連續降溫冷凍設備條件下所採用的一種種質保存方法。其方法是先製備不同等級溫度的溶液，如-10℃、-15℃、-23℃、-35℃或-40℃等。植物材料經冷凍保護劑在0℃處理後，逐級透過這些溫度。材料在每級溫度中停留一定時間（4~6min），然後浸入液氮。這種方法使細胞在解凍後呈現較高的活力。

（4）乾燥冷凍法。乾燥冷凍法是將植物材料置於27~29℃烘箱內，使其含水量由72%~77%下降到27%~40%後再浸入液氮。

四、去毒苗的繁殖

為了滿足生產需要，去毒毒苗還需要進行擴大繁殖，主要透過嫁接繁殖、扦插繁殖、壓條繁殖、匍匐莖繁殖、微型塊莖（根）繁殖等方法在有防護措施的露地擴繁後應用於大田生產。

去毒苗不具有額外的抗病性，在自然條件下很快再次被同一病毒或不同病毒感染。所以，在整個種子生產過程中要採取措施，切斷病毒的傳播途徑。在大規模繁殖這些植株時，應把它們種在田間隔離區內。

學習筆記

技能訓練

病毒鑑定

一、訓練目標

了解各種病毒鑑定方法和原理；能夠熟練、規範地完成病毒鑑定操作。

二、材料與用品

香石竹待檢去毒苗、0.1mol/L 磷酸緩衝液（pH 7.0）、栽培基質與肥料、各種殺蟲劑和殺菌劑等；300 目防蟲網室、花盆、研缽、500～600 目金剛砂、醫用小剪刀、嫁接刀、嫁接夾、封口膜、紗布、棉球、蘋果待檢去毒苗、山定子實生幼苗無病葉、蘋果褪綠葉斑病毒的抗血清、抗體、酶標 A 蛋白稀釋液、A 蛋白、包被液、0.4mg/mL 鄰苯二胺、2mol/L 硫酸溶液、蒸餾水等；酶聯免疫檢測儀、離心機、冰箱、微孔板（40 孔微量聚苯乙烯板；先用 95％酒精浸泡 2h，再用蒸餾水沖洗後晾乾備用）、研缽、解剖刀、手術剪、移液管等。

三、方法與步驟

1. 香石竹去毒苗指示植物鑑定法

（1）去毒苗培育與指示植物栽植。在防蟲網室內提前播種石竹、莧色藜等指示植物種子，培育實生苗；按熱處理結合莖尖培養去毒法培育香石竹試管苗，作為待檢苗。

（2）葉片研磨。當指示植物石竹、莧色藜的實生苗苗齡達 8～10 週時，取香石竹去毒苗幼葉 1～3g 置於研缽中，加入 10mL 水和等量的 0.1mol/L 磷酸緩衝液，研碎後加入少量 600 目金剛砂作為摩擦劑，製成勻漿。

（3）汁液塗抹。用紗布或棉球蘸取勻漿液輕輕塗抹石竹、莧色藜的葉片表皮接種。兩種

指示植物各塗抹2組,每組5盆。

(4) 觀察記錄。汁液塗抹1週後檢查新生葉是否產生病斑,如果有枯斑或花葉等症狀,說明去毒效果不佳,需進一步去毒。

2. 蘋果去毒苗的酶聯免疫吸附測定法

(1) 樣品處理。取待測蘋果嫩葉,按1:(2～5)加抗原提取液(可用抗體及酶標A蛋白稀釋液)研磨,低速離心(4 000r/min,離心5min),取上清液,即為待檢樣品。用山定子實生幼苗的無病葉為陰性對照。

(2) 包被A蛋白。取A蛋白加5倍包被液,在28℃條件下孵育2h。A蛋白的工作濃度為1μg/mL。

(3) 加抗血清ACLSV。加入抗血清ACLSV,在28℃條件下孵育2h。抗血清ACLSV的工作濃度為1:(1 000～2 000)。

(4) 加待檢樣品。即抗原樣品及山定子陰性對照樣品,在4℃溫度下過夜。

(5) 加酶標A蛋白。加入酶標A蛋白,28℃條件下孵育2h。酶標A蛋白適宜的工作濃度為1:(4～100)。

(6) 加底物溶液。加入0.4mg/mL鄰苯二胺,在室溫下遮光顯色15～30min。

(7) 加反應終止液。顯色達到要求後,加入2mol/L硫酸溶液,使反應終止。

(8) 用酶聯免疫檢測儀測定。反應終止後20min內,於490nm波長處測定吸光值,以待檢樣品的平均吸光值/陰性對照的平均吸光值≥2,視為陽性,即蘋果去毒苗帶病毒,有待進一步去毒。

四、注意事項

(1) 指示植物和去毒苗要提前培育。

(2) 採用汁液塗抹法進行香石竹組培苗去毒鑑定時塗抹葉片力度要適當,既要使汁液浸入葉片,又不使指示植物的葉片受損嚴重,這樣有利於受損部位盡快癒合。

(3) 嚴格按照酶聯免疫吸附測定流程操作,測定時要多做幾個重複,以提高結果的準確性。

五、考核評價建議

考核重點是病毒檢測方法正確,操作規範、熟練。考核方案見表5-1-7。

表 5-1-7　病毒鑑定考核評價

考核項目	考核標準	考核形式	滿分
實訓態度	1. 任務工單撰寫字跡工整、詳略得當(10分); 2. 操作認真,主動積極完成任務(10分); 2. 積極思考,有合作精神(10分)	教師評價	30分
技能操作	1. 病毒檢測方法正確(20分); 2. 操作規範、準確(20分); 3. 操作熟練(10分)	現場操作	50分
效果	1. 檢測結果準確(10分); 2. 實習場地清理乾淨(10分)	現場檢查	20分
合計			100分

知識拓展

植物超低溫療法去毒

植物超低溫去毒處理是利用液氮超低溫（－196℃）對植物細胞的選擇性殺傷，得到存活的頂端分生組織。在超低溫處理過程中，導致細胞死亡主要發生在冰凍和凍融期間，在此期間，細胞的結構和功能受到嚴重損傷，致死凍融的細胞難以恢復生長而死亡。含有病毒的頂端細胞液泡較大，胞液中含有的水分也較多，在超低溫保存過程中易被形成的冰晶破壞致死，而增殖速度較快的分生組織含的水分少，胞質濃，抗凍性強，不易被凍死。這樣超低溫處理過的植株再生後可能是無病毒的，目前，超低溫保存作為一種可去除病毒的方法而受到人們關注。

到目前為止，超低溫療法已建立了多種超低溫保存種類，包括小滴法、玻璃化法、包埋乾燥法、包埋玻璃化法、小滴玻璃化法和小滴包埋玻璃化法。應用在馬鈴薯上的報導主要有玻璃化法、包埋玻璃化法和小滴玻璃化法。下面以馬鈴薯為例介紹玻璃化法低溫療法去毒步驟。

一、莖尖材料的擷取

超低溫療法對材料降溫速率有特殊要求，所選材料需具備細胞體積小、分化程度低、核質比大、含水量小等特徵，一般選擇試管苗的莖尖分生組織。莖尖材料的擷取方法主要有兩種：一是直接擷取；二是截取莖段經低溫、預培養後再剝離。

二、材料預培養

預培養步驟有的是放在莖尖剝離前，有的是放在莖尖剝離後。預培養基成分普遍是MS＋不同濃度的蔗糖。預培養時間一般是2～3d。預培養方式主要有：

1. 直接培養 剝離莖尖，直接放在不同糖濃度的預培養基上培養不同的時間。
2. 間接預培養 將莖尖放在逐步增加糖濃度的培養基上進行培養。

三、加載和冷凍保護劑

在液氮保存前，需要加載或者滲透保護使細胞受到傷害降低。加載液通常使用蔗糖和甘油，用來增加細胞內的滲透壓及減少自由水的含量。0.6mol/L蔗糖和2mol/L甘油組合能得到最好的再生率。在玻璃化溶液的選擇中，PVS是最常用的冷凍保護劑。植物莖尖可以在加載後直接投入100％的PVS中，或者投入60％的PVS中，然後把濃度逐步增加到100％。PVS處理的時間因處理的溫度（室溫或者0℃）、莖尖大小和基因型而異。

四、液氮冷凍及解凍處理

離體莖尖處理後於液氮中分別凍存1d，從液氮處理取出的材料需馬上進行化凍處理，即將液氮處理後的材料投入25～40℃的水浴中快速化凍1～3min，避免次生結冰對材料造成的傷害。化凍後立即洗滌，目的是去除高濃度冷凍保護劑（DMSO）對植物材料的毒害，防止對超低溫處理後恢復培養的影響。最常用的洗滌方法是用含1.2mol/L蔗糖的MS液體培養基在20～25℃條件下洗滌2～3次，每次10min。

自我測試

一、填空題

1. 植物去毒常用的方法有_____、_____、_____等。
2. 去毒苗具有_____、_____、_____等優勢。
3. 馬鈴薯種性退化是_____造成的，馬鈴薯去毒最好的方法是_____。
4. 由試管苗生產的_____微小馬鈴薯稱為微型薯。
5. 去毒效果鑑定的常用方法有指示植物法、_____和_____等。
6. 馬鈴薯微莖尖要求最好帶_____個葉原基。

二、是非題

1. 病毒可透過無性繁殖的營養器官世代相傳。　　　　　　　　　　（　　）
2. 微型薯原原種必須等芽萌動後才能播種。　　　　　　　　　　　（　　）
3. 熱空氣處理去毒適用於休眠器官去毒。　　　　　　　　　　　　（　　）
4. 熱處理能去除植物體內所有病毒。　　　　　　　　　　　　　　（　　）
5. 熱處理去毒與莖尖培養去毒在性質上是相同的。　　　　　　　　（　　）
6. 馬鈴薯試管苗徒長，可在 MS 培養基中添加丁醯肼或 CCC 復壯。（　　）
7. 莖尖大小與去毒效果呈正比，與成活率呈反比。　　　　　　　　（　　）
8. 在去毒馬鈴薯苗大規模增殖前，不需要進行去毒效果鑑定。　　　（　　）
9. 採用汁液塗抹法進行馬鈴薯去毒苗鑑定時，可以選用任何植物作為指示植物。（　　）

三、簡答題

1. 針對具體植物如何選擇適宜的去毒方法？
2. 為什麼植物根尖和莖尖病毒含量很少或不含病毒？
3. 植物去毒效果鑑定所採用的嫁接法和栽培上的嫁接法有何不同？
4. 針對某一去毒植物，如何選擇適宜的去毒效果鑑定方法？

第二節
花卉組培與快繁

知識目標
- 掌握蝴蝶蘭、紅掌和大花蕙蘭等花卉的組培快繁技術。
- 掌握試管苗馴化移栽的目的、原則與方法,清楚提高試管苗移栽成活率的措施。
- 了解莖尖培養、葉片培養、花梗等器官培養的方法與影響因素。

能力目標
- 能夠熟練進行不同外植體的無菌操作。
- 熟練掌握接種、轉瓶等無菌操作技術。
- 能夠正確進行繼代培養、壯苗生根培養和馴化移栽。

素養目標
- 養成求真務實的工作態度和敬業熱忱的工匠精神。
- 具有較強的分析問題能力,善於總結經驗,具有較好的邏輯思維能力,具有創新精神。

知識準備

任務一　蝴蝶蘭組培與快繁

　　蝴蝶蘭是蘭科蝴蝶蘭屬的一種熱帶附生蘭,素有「蘭花皇后」的美譽。其花大如蝶,花形優美,花色豔麗,色澤豐富,花期持久,成為世界名貴高檔花卉之一,深受人們的喜愛。蝴蝶蘭原產於歐亞、北非、北美和中美,以臺灣出產最多,主要分布在南北緯23°之間。由於蝴蝶蘭屬於單軸性氣生蘭,植株上極少發育側枝,不能用傳統的分株進行繁殖。蝴蝶蘭的種子非常細小,胚乳和胚發育不完全,種皮透性差含有抑制物,在自然條件下很難萌發。因此,採用組培快繁技術是蝴蝶蘭有效的繁殖方法,能夠在較短的時間獲得大量的優質種苗,服務於生產。

　　蝴蝶蘭的組織培養最早報導於1949年,當時Rotor成功地在試管中培養出了花梗苗。但是大量的應用研究是在1960年代以後,現已建立蘭花組培育苗技術體系,實現了蘭花工廠化生產。蝴蝶蘭種子小,數量多,比較適合無菌播種培養,但種子培養獲得的植株與母株基因型有較大差異,易發生變異,不宜作為良種的擴繁方式,而作為品種選育卻比較適宜。原球莖發生型、叢生芽增殖型再生植株是其組織培養的主要途徑,一般先從花梗側芽得到植株,然後取試管苗的葉片、莖尖、根尖等再培養,這樣易獲得成功。目前花梗腋芽培養是蝴蝶蘭快繁的主要方式。

一、蝴蝶蘭組培快繁操作流程

蝴蝶蘭組培快繁操作流程見圖 5-2-1。

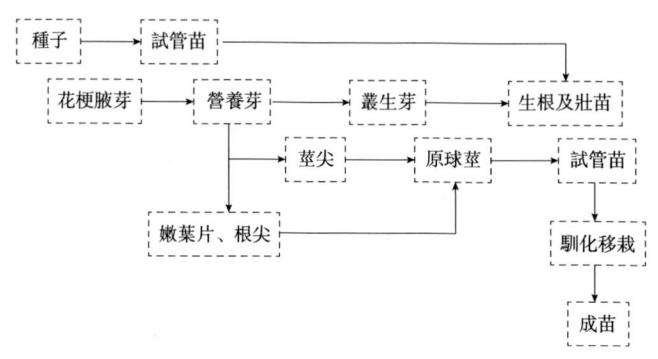

圖 5-2-1　蝴蝶蘭組培快繁操作流程

二、蝴蝶蘭花梗腋芽培養

1. 外植體的選擇與處理

（1）外植體的選擇。蝴蝶蘭是單節性氣生蘭，只有一個莖尖，如果取莖尖就會犧牲整個植株，以花梗作為外植體，就不會犧牲母株，而且消毒也較為容易。選擇長勢健壯、無病蟲害、花梗粗壯、花朵顏色等級高的品種作為母本。當蝴蝶蘭花梗長到 15cm 左右高時，從基部整枝取下。

（2）外植體的處理。用 75％酒精棉球將花梗外表的灰塵、雜物等擦拭乾淨，剝除苞葉並用解剖刀把節與芽相接處清除乾淨，同時削去花梗節段表面有病斑或焦枯的部分，然後以節為單位切成段，使腋芽在節的中間部位。流水沖洗 30min，在超淨臺上用 75％酒精消毒 30s，無菌水沖洗 2～3 次，再用 1％次氯酸鈉溶液浸泡，消毒時間依花梗的質地和幼嫩程度的不同而異。花朵盛開或花朵已謝的成熟花梗，消毒時間為 15～20min；較嫩的組織可將消毒時間縮短為 10～15min。消毒結束後用無菌水沖洗 3～5 次，然後切除節段兩端各 0.5cm，花梗餘下部分剪成長約 2cm、帶飽滿腋芽的切段，接入誘導培養基上。

2. 誘導培養　將消毒的花梗接種到誘導培養基花寶 1 號 2.0g/L＋花寶 2 號 1.0g/L＋BA 3mg/L＋NAA 0.5mg/L＋2％香蕉粉（pH 5.5）上，培養室溫度為（25±1）℃，光照度為 1 500～2 000lx，光照時間為 12～14h/d。每瓶接種 1 個外植體（圖 5-2-2），置於培養室培養。

通常花梗側芽在適當培養基上培養 7～10d 後腋芽突出肥大，15d 後腋芽萌發，30d 左右可長出 3 個左右＞1cm 的不定芽（圖 5-2-3）。花梗側芽在離體培養條件下有兩種發育可能，一種是進行營養生長，長出葉片而成幼小植株；另一種長出花梗。其發育方向主要與培養時所取的花梗芽的位置、生長時期、狀態、品種、培養基成分、培養環境等因素密切相關。所取組織材料較嫩或栽培環境溫度較低、芽大的多抽出花梗，而組織木質化程度較高、栽培環境溫度高的大多長出葉並形成完整的芽。

花梗在培養過程中，外植體基部容易變褐色，因而要及時在原培養基上轉移或轉接到新鮮培養基上。這個培養程序的目的是使休眠的花梗腋芽和頂芽啟動，形成營養芽，在試管內長成無菌植株，便於進一步利用，如取無菌試管苗的葉片、莖尖或根尖進行培養，建立無性繁殖體系。

圖 5-2-2　蝴蝶蘭花梗接種後　　　　圖 5-2-3　蝴蝶蘭花梗腋芽分化出芽

3. 增殖培養

（1）叢生芽增殖。將花梗誘導產生的芽或芽叢從花梗上切離，轉入花寶 1 號 3.0g/L＋BA 3mg/L＋NAA 0.2mg/L＋2％香蕉粉，pH 5.5 的繼代增殖培養基上培養，培養條件與誘導培養條件相同，一般每瓶接種 5～8 個中間繁殖體。叢生芽增殖培養方式有兩種：一種是將小芽切離花梗莖段，並橫切為上、下兩段，分別接種培養，誘導叢生芽增殖；另一種是將芽切離莖段，作為種苗接種增殖培養，30d 左右在基部可萌生新的芽叢（圖 5-2-4），40d 後可分割叢生芽，按照苗的大小分級移植，由此透過不斷分苗，可獲得大量的種苗和叢生苗，達到擴大繁殖的目的。

影響蝴蝶蘭叢生芽繼代培養效果的條件和因素很多，主要是生長調節劑種類和濃度、有機物添加種類等。細胞分裂素有利於芽的增殖，但是 BA 濃度並非越高越好，高濃度的 BA 會使芽的生長減弱。另外，培養基中添加椰子汁、水解乳蛋白（LH）、胰蛋白腖可明顯地提高蝴蝶蘭叢生芽的增殖率，且長勢較好。

（2）原球莖增殖。蝴蝶蘭叢生芽增殖倍數有限，為了工廠化生產，在形成原球莖階段要對原球莖進行增殖培養。當原球莖達到一定數量和大小時，接種到花寶 1 號 3.0g/L＋BA 3mg/L＋NAA 1.0mg/L＋2％香蕉粉的培養基上進行擴大繁殖，建立快速無性繁殖系。原球莖在切割分塊轉接過程中每瓶接種要保證一定的密度，有利於原球莖的增殖。培養一段時間以後，再不斷進行繼代，原球莖便以幾何級數增長（圖 5-2-5），實現擴繁增殖目的。當原球莖增殖到一定數量時，在繼代培養基上延遲培養時間來誘導分化出芽，逐漸形成叢生的小植株（圖 5-2-6）。

圖 5-2-5　蝴蝶蘭原球莖增殖　　　　　　圖 5-2-6　蝴蝶蘭原球莖分化出芽

4. 壯苗與生根培養　透過叢生芽增殖途徑繁育的小苗在原培養基上，植株生長緩慢、細弱，不易誘導生根成苗，因此，需要轉移到新的培養基中促進生長和生根。蝴蝶蘭壯苗與生根一般同時進行。將增殖的叢生芽切去部分葉片和氣生根。轉入壯苗培養基 1/2MS＋NAA 1.0mg/L＋2％香蕉粉＋AC 2g/L（pH 5.5）上。在促進根系生長方面，適當提高光照度可明顯促進植株生長健壯，以 3 000lx 最好，植株表現出葉色濃綠，葉片肥厚，植株生長健壯，而在 1 000lx 時，葉色淺綠，葉片瘦長，植株較弱。而在培養基中添加香蕉泥和馬鈴薯泥，可以明顯促進根系生長，生根數量較多（圖 5-2-7）。

圖 5-2-7　蝴蝶蘭生根苗

5. 馴化移栽　當蝴蝶蘭長出 2～3 條根、根長 3cm 左右時，將生根的瓶苗拿入溫室在自然光下煉苗 5d 左右（圖 5-2-8），然後用清水洗淨根部的瓊脂，移栽到水苔基質中（圖 5-2-9），水苔基質要提前浸泡 3～5h。蝴蝶蘭按雙葉距將瓶苗分級，分為特級苗、一級苗、二級苗和三級苗，分級標準相應為雙葉距＞5cm、3～5cm、2～3cm 和＜2cm。特級苗直接移栽到 7cm 盆中，一級苗種植於 5cm 盆中，二級苗種植到 128 孔的穴盤中或育苗盤中。移栽時要將泡透的水苔包裹住蝴蝶蘭的根，然後栽入穴盤中，以不包裹頂心和不露根為宜，且鬆緊適宜。剛定植的蝴蝶蘭應遮光 50％左右，溫度控制在 18～28℃，濕度以 60％～80％為宜，以

後逐漸保持在70％左右。緩苗後（兩週左右）逐步提高光照度至6 000～8 000lx。蝴蝶蘭根部忌積水，喜通風和乾燥，水分過多易引起根系腐爛。剛出瓶的小苗應勤補水，中苗或大苗根據乾濕程度澆水，一般每7～10d澆一次水，當水苔基質變乾，盆面發白時，宜澆水，澆水要澆透。

圖 5-2-8　蝴蝶蘭組培苗馴化　　　　　　圖 5-2-9　蝴蝶蘭組培苗出瓶移栽後

三、蝴蝶蘭組培快繁的影響因素

1. 外植體　誘導蝴蝶蘭原球莖採用的外植體主要有根段、花梗苗根尖、花梗腋芽、莖尖、葉片、胚、花梗節間、花梗節或花梗節間切段、種子等。由於花梗腋芽具有取材和滅菌較容易、不傷及母株、組培效果較好和容易組培成功的特點，而成為蝴蝶蘭組培快繁首選的最佳外植體。顧偉民等研究表明，蝴蝶蘭不同外植體的成活率有差異，其中，花梗腋芽、花梗、葉片和根尖的成活率分別為75％、62.5％、12.5％和7.5％；針對不同外植體，取材方法也不同，通常取花梗節之間1～2cm長幼嫩部分，切取長2～3mm的切段作為外植體。如利用長2～3cm的根尖段，將其切成長0.5～0.8cm的小段，接種2週後根端切口處開始膨大，產生淡綠色瘤狀癒傷組織；採用無菌種子苗莖尖作為外植體時，培養30d後基部出現癒傷組織，出癒率達85％以上；而利用正在培養的花梗苗生長旺盛的根尖進行培養，20d左右外植體膨大且表面顏色明顯加深。

2. 基本培養基　蝴蝶蘭組織培養所採用的基本培養基包括MS、1/2MS、VW、B_5、KC、花寶及其改良型等，但對最適培養基的選擇因蝴蝶蘭品種差異及外植體來源而異。周俊輝等以紅花品種為試材，研究比較了MS、1/2MS和改良KC三種基本培養基，發現改良KC的效果最好，1/2MS次之，MS最差。多人的研究結果表明，蝴蝶蘭的原球莖增殖與分化以較低的無機鹽濃度為好，1/2MS培養效果明顯好於MS。魯雪華等認為減少MS中大量元素和部分微量元素及有機成分，適當增加少量的葉酸和生物素有利於原球莖的增殖生長。楊美純等則認為，MS培養基最適合蝴蝶蘭種子的萌發。另外，也有報導B_5培養基更有利於蝴蝶蘭根段原球莖的誘導和增殖。

3. 植物激素　蝴蝶蘭組織培養中常用的細胞分裂素為BA。在28℃下，在0.01～5.0mg/L的濃度範圍，營養芽的誘導率隨BA濃度增加而提高，培養基中添加5.0mg/L的

BA，使花梗各部位的腋芽有 93％發育為營養芽。另外，多數研究結果表明，6-BA 在 1.0～5.0mg/L 的濃度範圍內有利於促進蝴蝶蘭原球莖增殖，而較低濃度（0.1～0.5mg/L）的 6-BA 則能促進原球莖分化，BA 濃度在 6mg/L 以上容易出現原球莖褐化；單獨添加 3mg/L 6-BA，原球莖的增殖率與平均每塊增殖數要高於其他各激素濃度的配比，且原球莖增殖迅速。相對而言，6-BA 對原球莖的增殖效果好於 KT。有人認為低濃度的 NAA 對原球莖增殖和出苗均有促進作用，高濃度的則不利；適宜濃度的 6-BA 配合較低濃度的 NAA 更有利於原球莖的增殖。彭立新等在蝴蝶蘭組培快繁研究中，採用 6-BA 3.0mg/L＋NAA 0.2mg/L 配方，能夠有效地誘導原球莖，同時還發現提高激素配比（6-BA 5.0mg/L＋NAA 0.2mg/L＋活性炭 1.0g/L），有利於原球莖的增殖，能提高增殖係數，且不用轉接就可直接生根成苗，避免轉接過程帶來的汙染損失，簡化了培養過程，因而是一種值得推廣的方法。此外，在培養基中加入 1.0mg/L GA_3 對原球莖分化成芽有一定的抑制效果。

4. 添加物 不同添加物對蝴蝶蘭原球莖增殖和分化的影響是不同的。水解酪蛋白對蝴蝶蘭原球莖增殖有明顯促進作用，而水解酪蛋白和香蕉勻漿相結合卻對原球莖增殖有抑制作用，有機添加物之間的相互作用或有機添加物與培養基之間的相互作用可能對原球莖增殖有影響。許多研究也表明，添加適量的香蕉泥、椰乳或含膠質的果菜汁等均對原球莖增殖有明顯促進效果。高濃度 AC（2.0～3.0g/L）對原球莖增殖有促進作用，也能防止原球莖褐化，但原球莖有黃化現象。蔗糖作為培養基的能源物質和滲透調節劑，對原球莖的增殖生長影響較大。有人認為，2％的蔗糖有利於原球莖生長，2％～3％的蔗糖能促進芽的形成，5％的蔗糖有利於根的分化和生長。陳勇等也認為蔗糖濃度對原球莖分化有明顯的影響，當分化培養基含 1％或 2％蔗糖時原球莖 100％分化，尤其蔗糖為 2％時，分化速度最快；蔗糖含量為 3％～5％時，抑制原球莖的分化和生長，分化品質和分化速度都顯著下降。

5. 培養條件 蝴蝶蘭組織培養適宜的溫度為 25～28℃。較高的培養溫度能夠促進腋芽朝營養芽的方向分化，而較低的溫度則促進花梗腋芽朝花芽方向分化；當溫度低於 20℃時，誘導葉塊形成原球莖的發生率很低。完全黑暗或光照度低於 1 000lx 的條件不利於葉塊誘導原球莖的形成。

四、蝴蝶蘭工廠化生產的常見問題

1. 汙染 控制或降低汙染率是蝴蝶蘭工廠化生產關鍵技術之一，從蝴蝶蘭組培快繁的全過程來看，每一環節都可能出現汙染，為了實現低汙染率，在組織培養中應加強無菌意識，遵守無菌操作各環節的技術規程。具體從以下幾個方面著手：

（1）良好的空氣品質。培養物產生 CO_2，當濃度過高時，有害氣體難以散去，也會阻礙培養物的生長和分化。因此，要注意瓶內與外界保持通氣狀態，最好採用通氣性好的瓶蓋、有濾氣膜的封口材料或棉塞。應當使用空氣淨化系統改善室內的通氣狀況，定期對室內空間進行消毒。培養室的相對濕度一般要保持在 70％～80％，屋內太潮，菌類繁衍多。

（2）滅菌要徹底。潔淨的培養容器和培養基徹底滅菌是減少汙染的必然要求。在工廠化生產中，各種培養基以及接種過程中使用的各種器具都要嚴格滅菌。首先培養瓶、試管等容器和封口用的蓋子、耐高溫的塑膠膜等物品在用前要經過徹底清洗、晾乾。其次

是培養基滅菌，鍋內溫度達到121℃，保持20～30min。經滅菌後的培養基放置3～5d，若培養基表面和內部無任何菌類滋生痕跡，證明已徹底滅菌，可使用。接種用的器具除了經過高溫滅菌外，在接種的過程中每使用一次後都要蘸酒精在酒精燈火焰上灼燒滅菌。

（3）環境消毒。保持乾淨整潔的環境是減少汙染的基本要求。不清潔的環境也會使培養的汙染率明顯增加。具體要做到每週對整個組培工廠進行一次徹底的大掃除，用消毒液對接種室和培養室內的設備、牆壁及地面進行擦洗，接種室和培養室要求密閉、乾燥，保持與外界環境處於相對隔絕的狀態，盡量減少與外界的空氣對流及微生物與塵埃的侵入，控制好光、溫、濕、氣等各種生態因子，夏季高溫高濕時要即時降溫排濕，接種和培養環境要保持清潔，定期進行燻蒸或噴霧消毒。高錳酸鉀和甲醛燻蒸效果好，但對人體有一定的傷害，一般每年燻蒸2～3次。經常用0.2%新潔爾滅對接種室和培養室進行消毒，平時用紫外燈對接種室和培養室進行空氣消毒，每次開啟30～50min，定期檢查超淨工作臺上的過濾裝置，定期更換初效過濾器。

（4）嚴格無菌操作，提高接種人員操作水準。嚴格規範且熟練的無菌操作是減少汙染的關鍵。在無菌操作過程中，工作人員嚴格按照無菌操作要求，規範熟練地完成每一個步驟，能有效地減少由操作引起的汙染。接種前工作人員的雙手必須用肥皂水洗淨，進入接種室後換上工作服、戴上口罩，用75%酒精擦拭消毒雙手，擦拭超淨工作臺，接種工具（如剪刀、手術刀、鑷子等）使用前要在75%酒精中浸泡，再在火焰上灼燒，冷卻後使用。在超淨工作臺上正確擺放接種用具、培養材料和培養基，臺面上的東西不能堆放太多，以免影響氣流。接種過程中應避免他人來回走動，操作人員禁止談話，並盡量避免操作人員頭部伸入超淨工作臺的工作區內。培養瓶的開啟、接種材料的切割、分裝、封口等步驟要規範熟練，避免交叉汙染。每切割、轉接完一瓶母種材料後要及時更換無菌紙，重新更換所用的接種工具，最好備兩套交替使用。

（5）正確處理汙染苗。汙染苗的正確處理是防止汙染傳播蔓延的有效途徑。組織培養中汙染是經常發生的，一旦發現培養物汙染，應對其進行及時處理，否則會導致培養室環境汙染，造成汙染的蔓延和相互傳染。首先立即把汙染材料從培養室轉移出去，然後對其進行高壓滅菌，最後徹底清洗培養瓶，晾乾後待用。

2. 褐化 在蝴蝶蘭組織培養過程中，外植體容易產生褐化現象。影響蝴蝶蘭褐變的因子是複雜的，主要有外植體酚類物質的含量、外植體的大小、培養基的成分、激素類型等。一般採取以下方法防止外植體褐化：

（1）外植體選擇適當。蝴蝶蘭外植體取材時應注意選擇褐變程度較小的品種和部位。成年植株比幼苗褐變程度嚴重，夏季材料比冬季及早春和秋季材料褐化嚴重。冬季的芽不易生長，宜選用早春和秋季的材料作為外植體。外植體的取材時間及部位、大小及發育階段都對褐化的發生有影響。在蝴蝶蘭花梗腋芽離體快繁的過程中發現帶腋芽花梗節段褐化程度比腋芽要輕。在原球莖增殖過程中，原球莖切割時不應切得太小，否則褐化情況嚴重。此外，外植體越老，木質素含量越高，越易褐化。

（2）適宜的培養基。蝴蝶蘭培養基不適合，褐化現象就比較嚴重，選擇適合的培養基是減輕褐化的有效途徑。低濃度的無機鹽可促進外植體的生長與分化，減輕外植體褐化的程度。培養基激素種類對褐變的發生產生影響，通常生長素濃度過高可促進褐變，高濃度6-

BA會使組織嚴重褐化。培養基的pH為4.5～5.0對褐化有抑制作用。

(3) 適宜的培養條件。如溫度過高或光照過強，則促進酚類物質的氧化，從而加速蝴蝶蘭組培材料的褐變。因此，初期培養要在黑暗或弱光條件下進行。在不影響正常生長和分化的前提下應適當降低溫度、減少光照。參與褐變發生的酶系統活性受光照影響，適當遮光處理可有效抑制褐變。適當的暗培養有利於減輕外植體的褐變，無論是花梗腋芽還是花梗節段的外植體，暗培養一週後再轉入光照度 2 000lx 下正常培養，都比接種後直接放在 2 000lx 條件下培養外植體發生褐變要輕，並且發生褐變的時間延後。此外，溫度對褐化的影響也比較大，溫度越高，褐化越嚴重，低溫可減輕褐化。

(4) 添加褐變抑制劑和吸附劑。褐變抑制劑主要包括抗氧化劑和PPO（多酚氧化酶）。在培養基中加入偏二亞硫酸鈉、L-半胱胺酸、抗壞血酸、椰子汁、檸檬酸、二硫蘇糖醇等抗氧化劑都可以與氧化產物醌發生作用，使其重新還原為酚。由於其作用過程均為消耗性的，在實際應用中應注意添加量。

常用的吸附劑為活性炭，活性炭是一種吸附性較強的無機吸附劑，能吸附培養基中的有害物質，包括瓊脂中的雜質、培養物在培養過程中分泌的酚、醌類物質，從而有利於培養物的生長，一般在培養基中加入1～2g/L活性炭。在使用過程中應注意，盡量用最低濃度的活性炭來對抗褐變的產生，因為活性炭的吸附作用是沒有選擇性的，在吸附物質的同時也會吸附培養基中的其他成分，對外植體的誘導分化會產生一定的負面影響，在抑制褐化的同時也影響到芽的萌發和增殖效果。

(5) 多次轉移。蝴蝶蘭外植體接種後，在培養過程中應經常進行觀察，如發現褐變現象且危害嚴重的，宜進行多次轉移來減輕褐變的危害。如外植體為褐變嚴重的材料，在外植體接種1～2d後應立即轉移到新鮮培養基中，能減輕酚類物質對培養物的毒害作用，降低抑制作用，使外植體盡快分生，連續轉移5～6次可基本解決外植體的褐變問題。

學習筆記

技能訓練

花器培養

一、訓練目標

掌握花器培養的操作流程與成苗途徑；能適期進行外植體選取與處理。

二、材料與用品

番茄和大花萱草帶花梗的花蕾、番茄培養基（誘導與分化培養基：Nitsch；生根培養基：MS＋IAA 2mg/L）、大花萱草培養基（誘導培養基：MS＋KT 0.5mg/L＋NAA 5mg/

L；分化培養基：MS＋BA 2mg/L＋NAA 0.2mg/L；生根培養基：MS＋NAA 0.05mg/L）、無菌水、95％酒精、75％酒精、2％～5％次氯酸鈉、超淨工作臺、酒精燈、75％酒精棉球、燒杯、培養皿、記號筆、無菌瓶、接種工具、營養土、育苗盤、移栽用品等。

三、方法與步驟

1. 番茄子房的離體培養

（1）外植體選擇及處理。開花前3～5d從生長正常、無病蟲害的番茄植株上選取花蕾，流水沖洗0.5～1h後在超淨工作臺上先用75％酒精浸泡30s，再用2.6％次氯酸鈉浸泡5～6min，最後用無菌水沖洗5次，無菌濾紙吸乾水分。

（2）接種。用接種工具去除花梗，剝掉花被，最後取出子房，豎直接種於誘導與分化培養基上。

（3）培養。子房接種後置於23～25℃、12～16h/d的散射光下培養。經過1個月左右在子房壁上長出癒傷組織，再培養一段時間分化出芽。當芽苗高＞2cm時轉移到生根培養基上生長，很快形成幼根。

（4）馴化移栽。當根長1～2cm時就可以馴化移栽。在溫室內不開瓶馴化3d後再出瓶栽植於營養土中，覆膜保濕，4～5d後就可去膜定植。

2. 大花萱草的花器培養

（1）外植體選擇及處理。開花前3～5d從生長正常、無病蟲害的大花萱草植株上剪下帶花梗的花蕾，流水沖洗0.5～1h後在超淨工作臺上進行花蕾表面消毒。具體方法是：先用75％酒精浸泡30s，再用2.6％次氯酸鈉浸泡5～6min，最後用無菌水沖洗5次，無菌濾紙吸乾水分。

（2）接種。用接種工具將花梗剪成長1cm左右的小段，分離一個個花瓣，用鑷子取出子房，然後將花瓣、花梗、子房分別接種於誘導培養基上。子房要豎直插入培養基。

（3）培養。花器接種後置於25℃、10～12h/d、光照度1 500～2 000lx的條件下培養。經2～3週即產生癒傷組織。當癒傷組織長到一定大小時，將其切成0.5cm×0.5cm的小塊，轉移到分化培養基上，2週後開始形成不定芽，5～6週後形成芽叢。透過芽叢分離進行繼代增殖，繼代週期5～6週。將高2～3cm、粗壯的芽切下，轉移至生根培養基上，便可誘導出不定根。

（4）馴化移栽。當試管苗具2～4條根、根長1.0～1.5cm時移至溫室內煉苗。5～7d後移栽到河沙或腐殖土中。

四、注意事項

（1）用鑷子夾取子房時力度要小，子房要豎直插入培養基。
（2）注意花蕾的採集時間。

五、考核評價建議

考核重點是外植體取材、剝離和易發問題的解決。考核方案見表5-2-1。

表 5-2-1　花器培養考核評價

考核項目	考核標準	考核形式	滿分
實訓態度	1. 任務工單撰寫字跡工整、詳略得當（5分）； 2. 實訓操作認真，積極主動完成任務（5分）； 3. 積極思考，有大局觀念、團隊意識和創新精神（5分）	教師評價	15分
現場操作和管理	1. 外植體取材時間合適，剝離操作正確（10分）； 2. 無菌操作規範、熟練，工作效率高（10分）； 3. 專案管理科學、有效（10分）	現場操作	30分
分析解決問題能力	1. 觀察細心、認真，能夠及時發現問題（5分）； 2. 問題分析科學、客觀、準確（10分）； 3. 問題解決及時，措施科學合理、針對性強（10分）	口試、討論	25分
培養與馴化效果	1. 建立組培無性繁殖系（10分）； 2. 出癒率、分化率高，汙染率低≤10%（10分）； 3. 移栽成活率≥80%（10分）	現場檢查	30分
合計			100分

任務二　紅掌組培與快繁

　　紅掌也稱為花燭、安祖花、紅鶴芋、火鶴花、紅鵝掌、鵝掌紅、紅苞芋、幸運花等，是單子葉植物綱天南星科花燭屬常綠多年生草本植物。紅掌株高因品種而異，多為50～80cm，節間較短，葉為長圓狀心形或卵圓形，深綠色，有光澤，葉自根莖抽出，具長柄，單生，花葶自葉腋抽出，其花序為肉穗花序，具有紅色、粉紅色、白色及五彩色的蠟質佛焰苞，終年開花不斷，既可用作盆花又可用於切花，是當今世界著名的切花和盆栽花卉之一。紅掌市場潛力大，具有極高的觀賞價值和經濟價值。

　　紅掌可進行種子繁殖，但進入開花期時間較長，人工授粉較難；繁殖一般以分株為主，但每年只能生產3～4株新苗，對直立性有莖的紅掌品種偶爾也用扦插繁殖，自然繁殖係數很低，遠遠不能滿足市場的需求。利用組培快繁技術進行紅掌種苗生產，可在短時間內獲得大量的優質種苗。

　　紅掌離體培養的外植體主要是葉片、葉柄、莖尖、根尖等，其中葉柄最易誘導出癒傷組織，莖尖最易誘導出叢生芽，葉片最易進行消毒。紅掌離體器官再生的途徑主要有兩種：一是以莖尖為外植體的叢生芽增殖途徑；二以葉片、葉柄為外植體的器官發生途徑，先誘導癒傷組織，然後再形成不定芽。紅掌植株再生時間比較長，通常要一年時間。叢生芽增殖速度較快，但存在莖尖外植體數量少、內生菌嚴重、消毒困難等問題。

一、紅掌組培快繁操作流程

　　紅掌組培快繁操作流程見圖5-2-10。

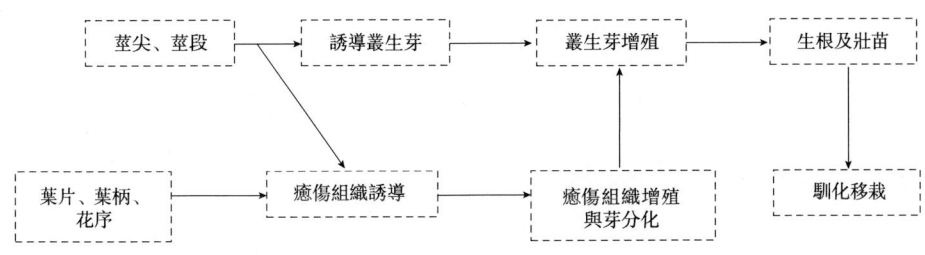

圖 5-2-10　紅掌組培快繁操作流程

二、紅掌葉片培養

1. 葉片的採集和滅菌　選擇園藝性狀良好、無病蟲害的紅掌植株作為培養對象，將其置於培養室或人工氣候室內預培養。從預培養的健壯未開花母本植株上切取幼嫩葉片，在流水下沖洗 30min，備用。在超淨工作臺上先用 75％酒精消毒 30s，無菌水沖洗 2～3 次，再用 2.6％次氯酸鈉溶液浸泡消毒 10～15min，在浸泡過程中要不斷搖晃，最後用無菌水沖洗 3～5 次。

2. 癒傷組織誘導與分化　在超淨工作臺上用無菌濾紙吸乾葉片表面水分後，剪成 0.5cm×0.5cm 的葉塊直接接種於癒傷組織誘導培養基上。癒傷組織誘導培養基為 MS＋BA 2mg/L＋2,4-滴 0.5mg/L（pH 5.8～6.0），培養溫度為（25±2）℃，先暗培養 1 週，然後轉入光照度 1 500～2 000lx、光照時間 12～14h/d 的培養條件下繼續培養。一般接種 25～30d 後可觀察到葉脈和葉片切口處開始產生癒傷組織，35d 後癒傷組織膨大凸起（圖 5-2-11）。將癒傷組織切塊轉入分化培養基 MS＋BA 2mg/L 上，經過 15～20d 的培養，癒傷組織分化出不定芽，45d 後形成大量叢生芽，叢生芽數量為 3～7 個（圖 5-2-12）。

圖 5-2-11　紅掌葉片產生癒傷組織　　　　圖 5-2-12　紅掌癒傷組織分化出不定芽

3. 叢生芽增殖　將高＞1.0cm 的芽苗分切成單株，去除＞1.5cm 的葉和底部老化的癒傷組織，芽苗基部保留約 0.5cm³ 的癒傷組織切塊，轉接到增殖培養基（MS 或改良 MS＋BA 2mg/L＋NAA 0.2mg/L）上培養。培養條件與誘導培養階段相同。注意將癒傷組織上產生的芽點和小苗以及癒傷組織分開，＞1.0cm 的芽苗分切成單株，＜1.0cm 的芽和癒傷組織

團塊繼續接入增殖培養基上繼續培養。培養條件與癒傷組織誘導時的培養條件相同，約培養50d後叢生芽可增殖5～8倍（圖5-2-13）。

4. 生根培養　選取長至2～3cm的壯苗切成單株，接種到培養基1/2MS＋NAA 0.2mg/L＋AC 1.0g/L（pH 5.8）上進行生根培養。培養溫度為25℃，然後轉入光照度2 500～3 000lx、光照時間12h/d的培養條件下培養。紅掌生根容易，一般1個月左右就能長出3～4條根，生根率可達100%（圖5-2-14）。

圖5-2-13　紅掌叢生芽增殖　　　　　　　圖5-2-14　紅掌生根培養

5. 馴化移栽　紅掌組培苗出瓶前，先將瓶苗移出培養室，打開瓶蓋，置於通風明亮的常溫房間裡，每天早、中、晚各噴1次水，以保證足夠的濕度。5d後將瓶苗從瓶中移出，用清水洗淨根系上的培養基，用0.5g/L的高錳酸鉀蘸根消毒後移栽到表土與腐殖土混合的基質上，淋水後罩上透明塑膠薄膜以保持空氣濕度，10d後打開保濕罩，逐漸降低濕度並增大光照度，30d後成活率可達到90%以上。

紅掌試管苗移栽方法簡單易行，對基質的要求不高，採用沙土、沙混表土或沙混黃土作為移栽基質均可達到較高的成活率，但從植株長勢等方面來看，移栽在表土中的試管苗生長健壯，葉色濃綠，長勢較好。紅掌原產地經常霧雨不斷，故喜空氣濕度高而又排水通暢的環境，喜陰，喜濕熱。生長季節每日除澆水外，還要給植株噴霧。終年最低溫度應保持在18～20℃。喜清晨或傍晚的陽光，忌強烈日光。

三、紅掌組培調控

紅掌癒傷組織的誘導及形成十分緩慢，接種20d後，葉片仍為綠色，1個月後葉片切口處才會出現少量黃色泡狀的癒傷組織，一個半月後泡狀癒傷組織形成黃綠色瘤狀突起，2個月後擴大連成一片，然後逐漸出現錐狀突起，並形成紅色的幼芽。在培養中發現，單獨使用BA不能誘導葉片產生癒傷組織，只有同時使用生長素才能產生癒傷組織。在與BA配合使用的生長素中2,4-滴誘導率較高，NAA次之，IBA的效果最差。在分化培養中，不同細胞分裂素對分化芽的效果不同，BA與ZT的效果較好，KT較差。在規模化生產中考慮到ZT的價格遠高於BA，所以一般使用BA進行分化及繼代培養。另據研究表明，大量元素的全量與半量對紅掌癒傷組織的誘導影響不大，但對芽分化有一定的影響，在相同激素水準

下，1/2MS 處理，不定芽的分化率顯著高於 MS 處理，所以在不定芽繼代培養中，有人建議採用 1/2MS 培養基。一般紅掌較易生根，一定濃度的生長素均可促其生根。

另外，在紅掌的組織培養中，採用淺層液體靜置培養基，其增殖率遠遠高於固體培養基，且生長週期縮短，成本降低。因此，在進入大量增殖階段後，即可改為液體培養。生根培養也可採用淺層液體靜置培養的方法。

四、紅掌生根苗後期管理

1. 溫度　紅掌生長的最適溫度為 18～28℃，最高溫度不宜超過 35℃，最低溫度為 14℃，低於 10℃隨時會產生凍害。夏季當溫度高於 32℃時需採取降溫措施，如加強通風、多噴水、適當遮陽等。冬季如果室內溫度低於 14℃需進行加溫。

2. 濕度　紅掌生長需較高的空氣濕度，一般不應低於 50%，高溫高濕有利於紅掌生長。當氣溫低於 20℃，保持室內的自然環境即可；當氣溫高於 28℃，可採用噴霧來增加葉面和室內空氣的相對濕度，以營造高溫高濕的生長環境。在冬季，即使室內氣溫較高時也不宜過多降溫保濕，因為夜間植株葉片過濕反而會降低抗寒能力，容易產生凍害。

3. 光照　光照過強時，有可能造成葉片變色、灼傷或焦枯。光照管理成功與否直接關係到盆花的品質和花的多寡。紅掌是喜陰植物，因此在室內宜放置在有一定散射光的明亮之處，千萬應注意不要把紅掌放在有強烈太陽光直射的環境中。

4. 水肥　紅掌對鹽分較敏感，水的含鹽量越少越好，最好採用自來水。肥料往往結合澆水一起施用，一般選用氮、磷、鉀比例為 1∶1∶1 的複合肥，把複合肥溶於水後，用濃度為 0.1% 的液肥澆施。液肥施用要掌握定期定量的原則，春、秋兩季一般每 3d 澆一次肥水，氣溫高則視盆內基質乾濕每 2～3d 澆一次肥水；夏季可每 2d 澆一次肥水，氣溫高時可加澆一次；冬季一般每 5～7d 澆一次肥水。也可直接使用紅掌專用肥。

5. 土壤 pH　pH 在 5.2～6.1 最適合紅掌生長。如果 pH 過小，花莖變短，就會降低觀賞價值。

學習筆記

任務三　大花蕙蘭組培與快繁

大花蕙蘭是蘭科蘭屬多年生草本植物，屬熱帶附生蘭，原種產生於喜馬拉雅山、印度、緬甸、泰國等地，後經人工雜交選育而成。由於大花蕙蘭多為雜交品種，種子繁殖無法保持其品種特性，且結實率相當低，分株能力又很弱，因而繁殖係數極低，繁殖速度慢，且長期採用分株繁殖，容易造成病毒積累，加重危害，受病毒侵染後的大花蕙蘭長勢變弱，花朵變小，觀賞價值大大降低，很難滿足大花蕙蘭市場對植株品質的要求。現常用組織培養的方法

以達到快繁的目的。大花蕙蘭的組織培養有兩種不同的繁殖途徑：一是透過誘導原球莖分化為試管苗；二是直接誘導叢生芽生長為試管苗。

一、大花蕙蘭組培快繁操作流程

大花蕙蘭組培快繁操作流程見圖 5-2-15。

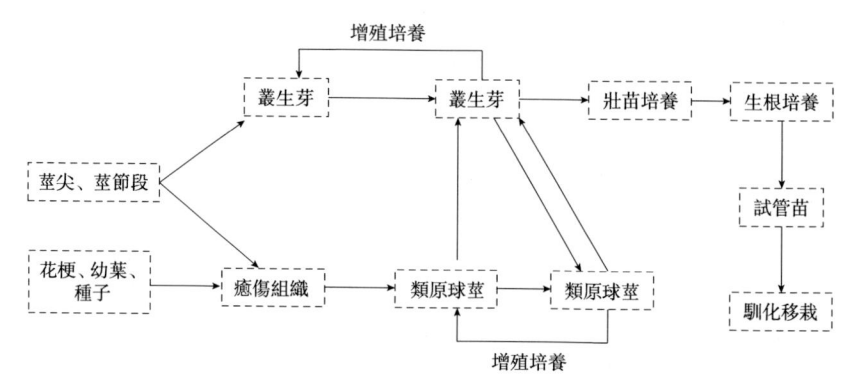

圖 5-2-15　大花蕙蘭組培快繁操作流程

二、大花蕙蘭莖尖培養

1. 外植體的選擇和處理　選擇市場潛力好、花色正的品種，母株要求生長健壯、無病毒、無病蟲害，一般選取大花蕙蘭 5～10cm 長的新生側芽。將大花蕙蘭側芽從基部與假鱗莖相連處切斷，先剝去數層外葉，看到側芽即停止剝離，並小心保留側芽。用刀片削去頂端葉片，只留下總長在 2～3cm 的芽體，放入盛有洗衣粉水的溶液中沖洗 3～5min，然後在流水下沖洗 30min 備用。在超淨工作臺上先用 75% 酒精消毒 20～30s，無菌水沖洗 2～3 次，再用 2.6% 次氯酸鈉溶液加數滴吐溫-20 作展著劑消毒 10～15min，無菌水沖洗 2～3 次，然後用解剖刀對材料進行第二次修整，去除 1～2 片外葉，以肉眼或藉助解剖鏡切下每個側芽及頂芽，以長度 <2mm 為宜。

2. 誘導培養　將外植體接種在 MS＋BA 4mg/L＋NAA 2mg/L，pH 5.8 的誘導培養基上，在培養溫度（25±2）℃、光照度 2 500lx 左右、光照時間 12～14h/d 的條件下培養。培養 3～4 週後，基部發生輕微膨大，為淡綠色，並有細小的白毛（圖 5-2-16）；8 週以後，莖尖膨大部分形成小球狀的原球莖，並隨培養時間的推移有增殖的趨勢，最終分化出多個原球莖（成團）。

3. 原球莖增殖　將莖尖培養形成的原球莖從培養基中取出，在無菌培養器中切

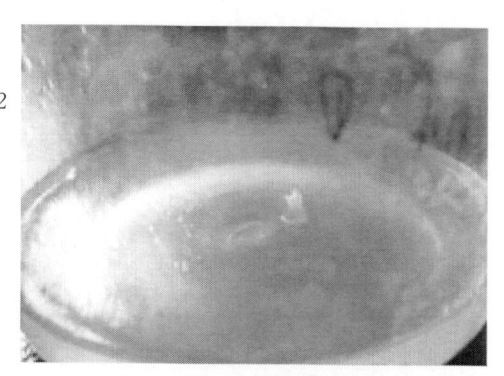

圖 5-2-16　大花蕙蘭側芽培養

分，切口朝上平放在增殖培養基上。增殖培養基和誘導培養基的配方相同，培養條件也相同。轉移繼代時，原球莖切割不宜過小，直徑要＞2mm，每瓶可以接種 10～20 塊原球莖。在 1 500lx 以上的光照下培養 4～6 週，在已分切的每塊原球莖上又分別長出 5～10 個原球莖。初生的原球莖直徑為 1～2mm，淡綠色，表面密布放射狀白色細毛，成團的原球莖外觀如同桑果狀（圖 5-2-17），增殖較快（圖 5-2-18）。

圖 5-2-17　原球莖增殖　　　　　　圖 5-2-18　原球莖增殖

4. 壯苗培養　大花蕙蘭的原球莖在固體增殖培養基上長期培養，沒有切分轉移，原球莖慢慢發生極性分化，先在頂端分化出小葉片，繼而長出芽，當芽長到 2cm 左右時基部分化出根，原球莖在進行器官分化生成芽、根的同時仍繼續生長，形成小芽叢和生成新的原球莖，這兩者均可作為繼代增殖的中間體，同樣可以增殖，獲得無性繁殖系，即器官分化和增殖培養同時進行。在這個階段，一個培養瓶中既有原球莖，又有已分化的具根小苗（圖 5-2-19）。

圖 5-2-19　原球莖分化出苗

如果需要大規模工廠化生產，則需要將原球莖繼代增殖和芽分化分為兩個階段進行。在增殖係數最高的培養基中，原球莖萌芽率（即為分化成苗率）和生根率最低。在光照度 2 000lx 以上的條件下，小苗伸長，莖增粗，繼續分化葉片的同時葉片變寬增厚；而在光照度為 500lx 的條件下培養的瓶苗長勢細弱，葉片數少，移栽成活率低，生長不一致，不利於管理。

5. 生根與移栽　小苗長至 2cm 左右時從基部切下，轉到生根培養基 1/2MS＋NAA 1.0mg/L＋AC 1.0g/L（pH 5.8）上，每瓶接 10～15 株，在培養溫度（25±2）℃、光照度 2 500lx 左右、光照時間 12～14h/d 的條件下培養。經過 6～8 週培養，可長成高 8～10cm、具 3 片葉以上、根長 2cm 左右的大苗（圖 5-2-20）。此時即可煉苗、移栽。

將瓶苗拿到溫室煉苗，一週後打開瓶蓋適應環境 2～3d 後即可移栽。移栽時先洗淨根部的培養基，再移栽於苗盤上。苗盤選用多孔性不易積水的矮盤，移栽基質選用水苔。將水苔浸泡洗淨擠開，保持一定濕度，並進行消毒處理，移栽時先在盤上鋪一層 1cm 厚的水苔，

然後把幼苗的根部一株一株地包上水苔，包苗時不能太鬆或太緊。大苗捲成一小團，按株行距一株一株地放置在苗盤上（圖 5-2-21）。小苗要嚴格分開種植，放置的地方要求弱光、陰涼、通風好，濕度達到80%～90%。大花蕙蘭試管苗對基質要求不嚴格，水苔、蛭石、椰糠等都可以作移栽基質。移栽後用噴霧器將苗株與植株噴濕，每天用噴霧器向葉片噴水數次，切忌過乾或過濕。2週後每7d噴灑一次殺菌、殺蟲劑。約20d新根長出後逐漸增加光照，每週進行一次根外追肥，可用花寶1號稀釋2 000倍噴灑，6～8個月後可移栽於營養鉢中單株種植。大花蕙蘭易受葉枯病、莖腐病、介殼蟲類和蟎蟲類等病蟲害侵染，因此移植棚內應定期用蒸汽燻蒸或曝曬移植基質，並定期噴殺蟲、殺菌藥，預防病蟲害。

圖 5-2-20　大花蕙蘭生根苗　　　　圖 5-2-21　大花蕙蘭移栽

三、大花蕙蘭組培快繁的影響因素

1. 培養基　適合大花蕙蘭的基本培養基有 MS、1/2MS 或 VW 等，基本培養基尤其是大量元素是基本培養基中重要的組成部分，有試驗表明增加無機鹽濃度不利於大花蕙蘭生根和芽的萌發，只有利於形成更多的原球莖，所以繁殖係數隨無機鹽濃度的增加而增大。

大花蕙蘭莖尖在不同激素組合的培養基上均能不同程度地發生原球莖誘導。隨著 BA 濃度的增大，原球莖誘導率逐步增高，但濃度過高原球莖誘導率反而下降。谷祝平等研究表明，較高濃度的 BA 能促進大花蕙蘭原球莖的增殖，較低濃度 BA 促進原球莖分化。糖的濃度也影響大花蕙蘭的萌芽和生根，在芽萌發階段，隨著蔗糖含量的增加，芽萌發率逐漸下降；在生根階段，隨著蔗糖含量的增加，生根率逐漸增加，高糖能促進生根，低糖則試管苗生長緩慢。

2. 原球莖增殖　在原球莖增殖培養過程中，原球莖的切塊不能太小，太小不利於增殖。隨著原球莖增殖數量的增加，總會有一部分出現芽的萌發，從而影響原球莖的進一步增殖，這與原球莖在增殖過程中的群體生長效應有關。據蘇悅等報導，在同一生存空間內原球莖和幼苗存在爭奪營養和互相脅迫。繼代時接入的原球莖密度適中，則表現出一定的群體生長效應，增殖係數高、分化出的幼苗少。反之，則原球莖分化成幼苗，不利於增殖。

3. 有機添加物　目前應用在大花蕙蘭組織培養中的天然添加物有椰乳、香蕉泥、馬鈴薯勻漿等。韓牙琴研究表明，在大花蕙蘭培養中添加椰乳、馬鈴薯勻漿和香蕉泥，原球莖濃

綠，球體較大、粗壯，長勢好，增殖率均有提高。但三者的作用有所差異，香蕉泥明顯地促進原球莖增殖，但膨大時間較其他二者長，且易分化叢生芽；馬鈴薯勻漿明顯地促進原球莖膨大，增殖小原球莖較少，分化叢生芽適中；椰乳對原球莖的增殖與膨大作用明顯，分化叢生芽數較其他二者少。

四、大花蕙蘭工廠化生產的常見問題

1. 褐變 在大花蕙蘭組織培養中，褐化現象往往會影響其離體培養效果，外植體如果發生褐變，隨著時間的推移，其褐變程度會逐漸加深，輕則抑制材料的生長，重則導致死亡。外植體的褐變與植物的基因型、外植體的生理狀態、外植體大小等自身因素有關，也與培養條件如光照、溫度等有關，另外也與培養基的蔗糖濃度、瓊脂濃度、激素濃度有關。

可以採用合適的培養基和培養方式克服褐變。1/2MS 可有效減輕或抑制大花蕙蘭莖尖褐變現象，也可以利用抗氧化劑、抑制劑和吸附劑或加入培養基或作為外植體的預處理劑來抑制外植體的褐變。PVP 防止大花蕙蘭褐變的效果最佳，其次為硫代硫酸鈉，活性炭和維他命 C 也具有防止大花蕙蘭褐變的作用。香蕉粉添加在培養基中對降低外植體的褐變死亡率具有較好的效果。當外植體出現褐化後，及時將其轉接於相同成分的新鮮培養基上有助於控制褐化現象的擴展。

2. 生產週期長 為了提高大花蕙蘭的市場競爭力，提高生產企業的經濟效益，可以採取縮短生產週期和一次成苗等措施。

（1）更改繁殖途徑。原球莖途徑因需經過去分化與再分化的過程，其生產週期較叢生芽途徑長，改用叢生芽途徑後生產週期可縮短 60d。

（2）提高瓶苗的生長量。提高瓶的生長量可透過調整培養基、添加有機添加物、採用光獨立培養法進行無糖培養、添加菌根稀釋液等方式促進試管苗的生長，從而間接縮短生產週期。這些可能成為以後大花蕙蘭離體培養的新方向。

（3）一次成苗。在快速繁殖過程中，使用一種培養基可以完成原球基的誘導、增殖分化及壯苗生根過程，可一次性成苗，並且多數植株生長迅速，植株較健壯，移栽後易成活。

學習筆記

技能訓練

莖段培養

一、訓練目標

熟練掌握莖段培養的操作流程；能夠合理設計培養方案；規範、熟練地進行外植體選

擇、消毒以及無菌操作，培養出健壯組培苗。

二、材料與用品

月季或玫瑰枝條、誘導培養基（MS＋BA 0.3～1.0mg/L）、增殖培養基（MS＋BA 1.0～2.0mg/L＋NAA 0.01～0.1mg/L）、生根培養基（1/2MS＋NAA 0.5mg/L）、瓊脂、蔗糖、無菌水、95％酒精、75％酒精、2％～5％次氯酸鈉、超淨工作臺、酒精燈、75％酒精棉球、燒杯、培養皿、記號筆、無菌瓶、接種工具、基質、育苗盤、塑膠杯、塑膠盆等。

三、方法與步驟

1. 外植體選擇與處理

（1）取健壯具有飽滿芽而未萌發的當年生枝條，切取半木質化的中段，削去葉柄和皮刺，用自來水沖淨，剪成帶節小段，每段帶1個芽。

（2）在超淨工作臺上，先用75％酒精浸泡30s，2.6％次氯酸鈉浸泡8～10min，再用無菌水沖洗5次，最後用無菌濾紙吸乾表面水分。

2. 接種　切去莖段兩端受傷部位，接種到誘導培養基中。每瓶接種1個莖段。

3. 初代培養　接種後培養瓶置於22～24℃、光照度1 500～2 000lx、光照時間12h/d的培養室內進行培養。2～3週後從葉腋處長出1cm左右的腋芽。

4. 繼代培養　切下萌發的腋芽接種到增殖培養基中，側芽繼續伸長並萌發出新的側枝，4～5週後繼續分切成單芽莖段進行增殖培養。

5. 生根培養　當苗高＞2cm時，切下轉接到生根培養中誘導生根。

6. 馴化移栽　當試管苗具有3～4條根、根長達0.5～1.0cm時，先不開瓶煉苗2～3d，再開瓶煉苗1～2d，然後及時移栽到育苗盤中。基質可選河沙、珍珠岩、腐殖土等，基質使用前需要消毒，移植後覆膜保濕，2週後逐漸揭膜通風，1個月後移植到花盆。

四、注意事項

（1）外植體最好選擇具未萌發飽滿腋芽、半木質化的當年生枝條。

（2）腋芽萌發後及時轉接到增殖培養基中。

（3）培養過程中追蹤觀察，統計各項技術指標，及時分析並有效解決存在的問題，發現汙染瓶及時清洗。

五、考核評價建議

考核重點是外植體修剪、無菌操作與接種後培養效果。考核方案見表5-2-2。

表 5-2-2　莖段培養考核評價

考核項目	考核標準	考核形式	滿分
實訓態度	1. 任務工單撰寫字跡工整、詳略得當（5分）； 2. 實訓操作認真，積極主動完成任務（5分）； 2. 積極思考，有全局觀念、團隊意識和創新精神（5分）	教師評價	15分
方案設計	方案科學合理、經濟適用、可操作性強（10分）	教師評價	10分

(續)

考核項目	考核標準	考核形式	滿分
現場操作和管理	1. 外植體選擇、處理、修剪適宜（10分）； 2. 無菌操作規範、熟練，工作效率高（10分）； 3. 專案管理科學、有效（10分）	現場操作	30分
分析解決問題能力	1. 觀察細心、認真，能夠及時發現問題（5分）； 2. 問題分析科學、客觀、準確（10分）； 3. 問題解決及時，措施科學合理、針對性強（10分）	口試、討論	25分
培養與馴化效果	1. 建立組培無性繁殖系（10分）； 2. 出癒率、分化率高，汙染率低≤10%（5分）； 3. 移栽成活率≥80%（5分）	現場檢查	20分
合計			100分

知識拓展

葉 片 培 養

一、離體葉培養簡介

葉培養是以葉原基、子葉、葉的組成部分等葉組織為外植體進行的離體培養。葉是植物進行光合作用的器官，也是某些植物的繁殖器官。離體葉培養主要用於研究葉形態建成、光合作用、葉綠素形成等理論問題；也可利用離體葉組織建立植物無性繁殖系，尤其是珍稀名貴品種，既能提高植物的繁殖係數，又不傷及母株。此外，在育種上也可以利用葉細胞培養物的誘變，篩選突變體，加以利用。

二、影響葉培養的主要因素

1. 基因型 不同的植物種類在葉組織培養特性上有一定的差異，同一個物種的不同品種間葉組織培養特性也不盡相同。

2. 植物激素 植物激素在葉組織培養中起著重要作用，葉組織的發生途徑一般有兩種：一是直接分化出器官；二是經過癒傷組織階段，即經過去分化與再分化過程。離體葉的培養較植株其他部位培養的難度大，一般不同的培養階段要採用不同的激素組合處理，其器官形成符合生長調節劑比例控制器官發育模式。如許智宏等在菸草葉片培養中發現，低濃度NAA與不同濃度的BA配合或BA單獨使用均能形成大量的芽，以含有NAA者莖葉生長較好，且很少有根的形成，反之則明顯地促進根和癒傷組織的形成。

3. 植株的葉齡 一般個體發育早期的幼嫩葉片較成熟葉片分化能力高。

4. 極性 極性也是影響某些植物葉組織培養的一個較為重要的因素。離體葉培養一般要將葉的正面朝上，葉背面接觸培養基。如菸草的一些品種，若將葉背朝上接種，就不生長、死亡或只形成癒傷組織而沒有器官的分化。

5. 損傷 葉片外植體修剪過程產生的損傷對癒傷組織的形成也有影響。一些有關葉片培養的試驗證明，多數植物會在切口處形成癒傷組織或直接分化出芽，但是損傷引起的

細胞分裂活動並非是癒傷組織誘導或器官分化的唯一動力。一些植物（如秋海棠）則在沒有損傷的離體葉表面分化大量芽。

自我測試

一、填空題

1. 蝴蝶蘭種子繁殖中，以採用授粉後發育_____d的果莢為宜。
2. 蝴蝶蘭因沒有粗壯的假球莖儲蓄水分，因此宜生長在_____的環境。
3. 大花蕙蘭莖尖誘導培養的結果是形成_____和_____。
4. 對紅掌組培影響最顯著的因子是_____。
5. 蝴蝶蘭原球莖誘導和增殖過程出現褐化現象，需要在培養基中添加 1～3g/L 的 _____，有助於減輕褐化程度，利於小苗的生長。

二、是非題

1. 2,4-滴利於誘導葉片產生癒傷組織和芽的分化。　　　　　　　（　　）
2. 紅掌莖尖和芽在初代培養前期都需要一段時間的暗培養。　　　（　　）
3. 紅掌幼葉較成熟葉去分化時間短，分化能力強。　　　　　　　（　　）
4. 離體葉培養的外植體一般要求帶葉脈。　　　　　　　　　　　（　　）
5. 紅掌試管苗移栽基質要求具備透氣、保濕和保肥的特點，且容易滅菌。同時要根據不同植物的栽培習性來進行配製。　　　　　　　　　　　　　　　　（　　）
6. 紅掌葉片培養的植株再生途徑主要是胚狀體發生型。　　　　　（　　）
7. 蝴蝶蘭為單軸類的蘭花，莖短而肥厚，有假鱗莖。　　　　　　（　　）
8. 蝴蝶蘭花軸基部的芽往往為休眠芽，一般不能作為花梗芽組織培養的材料。（　　）

三、簡答題

1. 蝴蝶蘭原球莖發生型與叢生芽發生型有何差異？
2. 為什麼蝴蝶蘭試管苗移栽時，通常採用苔蘚、蕨根、水苔、椰殼、蛭石等基質，而不是土壤？
3. 如何提高紅掌試管苗馴化移栽成活率？
4. 如何建立氣生根再生繁殖系，以解決紅掌癒傷組織增殖多次後退化問題？
5. 大花蕙蘭馴化移栽時要控制好哪幾個因素才能提高試管苗的成活率？
6. 如何提高大花蕙蘭在組培中的遺傳穩定性？

第三節
蔬菜組培與快繁

知識目標
- 了解紫背天葵、馬鈴薯、龍牙楤木等蔬菜的生物學特性和組培快繁流程。
- 了解器官發生型和胚狀體發生型植株再生途徑的影響因素。
- 掌握莖尖培養、葉片培養的培養方法與影響因素。

能力目標
- 能夠熟練進行紫背天葵葉片的組培和快繁。
- 能夠熟練進行馬鈴薯微莖尖的去毒和快繁。
- 能夠熟練進行龍牙楤木莖尖的組培和快繁。

素養目標
- 養成良好的職業道德和職業操守，追求精益求精的工匠精神。
- 具備較強的試驗設計能力和科學的求異思維，養成自主分析問題和解決問題的能力。

知識準備

任務一　紫背天葵組培與快繁

　　紫背天葵為菊科三七屬多年生常綠草本植物，又名兩色三七草、紫背紅鳳菜、紅玉菜等。紫背天葵全株肉質，嫩葉和莖都可食用，口感柔嫩，風味獨特，除具有一般蔬菜所具有的營養價值外，還富含造血功能的鐵素、維他命 A、黃酮類化合物以及黃酮苷等成分，具有生津止渴、潤燥止咳、活血化瘀、清熱解毒的藥效，能有效提高機體的免疫力，清除自由基和延緩衰老，是一種藥食多用的高檔蔬菜。

　　紫背天葵很難採收到種子，不宜於進行有性繁殖，傳統的繁殖方式是扦插或分株繁殖。扦插、分株繁殖具有一定的侷限性，無法保證種苗的整齊一致，甚至易感染病毒，不利於規模化生產的推廣應用。組培快繁技術具有不受時間限制、繁殖速度快、繁殖係數大等優點，而廣泛應用。利用紫背天葵嫩葉、嫩枝進行組織培養，能在短期內生產出大量優質的商品紫背天葵種苗，在不影響原有紫背天葵採收情況下獲得較高的經濟效益。

一、紫背天葵組培快繁操作流程

紫背天葵組培快繁操作流程見圖 5-3-1。

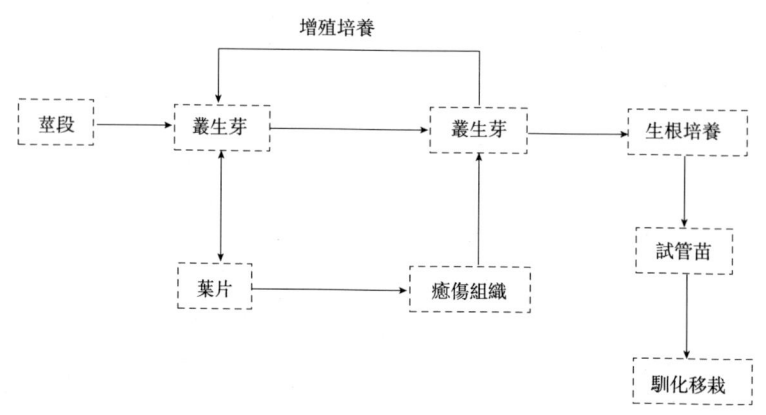

圖 5-3-1　紫背天葵組培快繁操作流程

二、紫背天葵葉片培養

1. 外植體的選擇與處理　從健康、無病蟲害的植株上選取嫩葉，連同葉柄一起剪下，然後用75％酒精棉球擦拭，裝入保鮮袋中，帶回實驗室。將選取好的外植體置於流水下沖洗50min。在超淨工作臺上，先用75％酒精浸潤30s，無菌水沖洗2次，再用0.05％氯化汞溶液消毒5min，無菌水沖洗5次，最後置於無菌濾紙上吸乾表面的水分備用。

2. 初代培養　將消毒好的葉片沿主脈剪切成5mm×5mm的葉塊，接種於誘導培養基MS＋BA 0.5～1.0mg/L＋NAA 0.5～1.0mg/L上進行誘導培養。培養條件為溫度23～25℃、光照時間14h/d、光照度2 000～3 000lx。材料接種10d後，葉片增厚、邊緣扭曲，葉片切口出現少量綠色、顆粒狀、疏鬆的癒傷組織，隨著培養時間的延長，顆粒物上分化出大量綠色芽點（圖5-3-2），最後形成叢生芽苗。

3. 增殖培養　當初代誘導出的叢生芽苗高＞3cm時，將其切割成長1～2cm、帶腋芽的莖段接種到增殖培養基MS＋BA 0.3～0.5mg/L＋NAA 0.05～0.2mg/L上進行增殖培養。培養條件同初代培養。芽苗莖段增殖培養25d後又分化出多個芽苗，形成新的芽叢（圖5-3-3），就可以再次進行增殖。如此以25d為一個週期，反覆轉接即可擴繁大量芽苗。

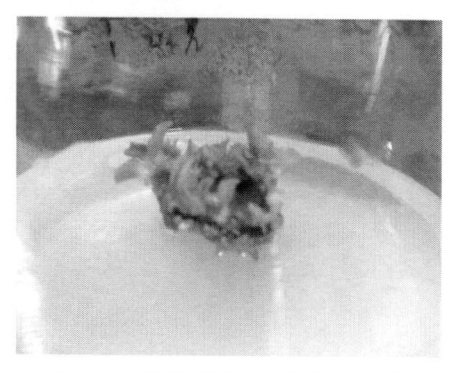

圖 5-3-2　紫背天葵葉片誘導出的叢生芽 　　圖 5-3-3　紫背天葵增殖培養產生叢生芽

4. 生根培養 當增殖苗的數量達到生產需要時就可以進行生根培養。將增殖培養的芽苗切割成單苗轉接到生根培養基 1/2 MS＋NAA 0.1mg/L＋IBA 0.1mg/L 上進行生根培養。7d 後芽苗基部誘導出根原基，20d 後每個芽苗基部能產生 3~5 條、長＞2cm 的根（圖 5-3-4）。培養條件同初代培養，但要適當增加光強。

5. 馴化移栽 芽苗生根培養 20d 後即可進行馴化移栽。

（1）移栽前準備。馴化移栽可在溫室或大棚中進行，可移栽到苗床，也可以移栽到穴苗盤上。苗床馴化則提前做苗床，床寬 1m、深 15cm，床長依溫室或大棚跨度決定。其上搭建拱棚。穴盤馴化時，可選 72 穴或 105 穴的穴盤。移栽基質可用珍珠岩：蛭石：草炭＝1：1：1 的複合基質。移栽基質、苗床或穴苗盤都要事先消毒，消毒液可選用多菌靈 1 000 倍液。

（2）瓶苗馴化。將紫背天葵生根的試管苗移至溫室，先閉瓶煉苗 5d，再開瓶煉苗 2d。

（3）移栽。將生根的試管苗從瓶中取出，洗淨根部附著的培養基，再在多菌靈 800~1 000 倍液中消毒 5~10min，撈出瀝乾水分。移栽至穴苗盤或苗床上，加扣小拱棚，蓋上遮陽網。

（4）栽後管理。移栽後濕度要保持在 85％以上，溫度控制在 15~30℃，光照在 3 000~5 000lx。移栽一週後，可以逐漸通風，一個月左右即可成活，成活率在 98％以上（圖 5-3-5）。

圖 5-3-4　紫背天葵試管生根苗

圖 5-3-5　紫背天葵移栽馴化苗

三、紫背天葵莖段培養

1. 外植體的採集與處理 從健康、無病蟲害的母株上選取生長健壯的幼嫩莖段，去葉片，留下長 0.5cm 左右的葉柄，剪切成長 4~5cm 的莖段，置於流水下沖洗 1h。在無菌超淨工作臺上，先用 75％的酒精消毒 30s，無菌水沖洗 3 次，再用 1.5％次氯酸鈉浸泡 6min，無菌水漂洗 5 次，最後置於無菌濾紙上吸乾表面水分備用。

2. 初代培養 將備用的外植體剪切成長 1cm、帶腋芽的莖段，接種於初代培養基 MS＋BA 0.5~1.0mg/L＋NAA 0.1~0.3mg/L 上進行誘導培養。培養條件為溫度 23~25℃、光照時間 14h/d、光照度 2 000~3 000lx。外植體接種 7d 後，腋芽開始萌動，每個葉腋處萌動 2~4 個新芽，經 30d 左右，新梢高＞3.5cm 時可進行增殖。

3. 增殖培養 將初代誘導出的叢生芽苗，剪切成長 1cm、帶腋芽的莖段，接種到增殖培養基 MS＋BA 0.5~0.7mg/L＋NAA 0.1~0.2mg/L 上進行增殖培養。培養條件同初代培養。芽苗莖段增殖培養 25d 後又分化出多個芽苗，形成新的芽叢，就可以再次進行增殖。

如此以 25d 為一個週期，反覆轉接即可擴繁大量芽苗。

4. 生根和馴化移栽　同葉片培養中生根與馴化移栽。

四、紫背天葵組培快繁的影響因素

1. 外植體　目前，紫背天葵外植體材料主要選用球莖、葉片和莖段，也有個別的選用種子作為外植體。其中以葉片、莖段作為初代培養材料，誘導效果最好。

2. 培養條件　溫度、光照、濕度是紫背天葵組培苗生長的主要影響因素，莖段、葉片試管內的培養條件為溫度（25±2）℃、光照時間 14h/d、光照度 2 000～3 000lx，試管外的培養條件為濕度＞85％、溫度 15～30℃，光照度 3 000～5 000lx。在這種條件下，誘導、增殖效果最好，生根率最高。

3. 發生的途徑　紫背天葵組培的發生途徑主要有叢生芽發生型、體細胞發生型、器官發生型、胚狀體發生型。林碧英等以莖段為外植體，透過叢生芽增殖途徑成功獲得再生植株；張蘭英等以紫背天葵葉片為外植體進行了胚狀體誘導，成功獲得再生植株，但是效率不高；郭仰東等以葉片為外植體，構建了器官發生型植株再生培養體系，所產生的試管苗易於生根，再生植株成活率高達 95％以上。

學習筆記

技能訓練

離體葉的培養

一、訓練目標

熟練離體葉片培養的操作流程。

二、材料與用品

驅蚊草的葉片、誘導與分化培養基（MS＋BA 0.5～1.0mg/L＋IAA 0.05～0.2mg/L）、生根培養基（1/2MS＋NAA 0.01～0.2mg/L）、無菌水、95％酒精、75％酒精、2％～5％次氯酸鈉、超淨工作臺、酒精燈、75％酒精棉球、燒杯、培養皿、記號筆、無菌瓶、接種工具、基質、育苗盤、塑膠杯、塑膠盆等。

三、方法與步驟

1. 外植體選擇與處理

（1）取帶葉柄的幼嫩葉片，用流水沖洗 2h 以上。

(2) 在超淨工作臺上，先用 75％酒精浸泡 15s，再用 2.6％次氯酸鈉浸泡 8～10min，然後用無菌水沖洗 5 次，最後用無菌濾紙吸乾表面水分備用。

2. 接種 用解剖刀或手術剪剪去葉緣和葉尖後，將葉片、葉柄分別剪成 0.5cm×0.5cm 的小葉塊和長 1cm 的葉柄小段，接種到誘導與分化培養基上。注意每個小葉塊盡量包含部分中脈，一般要求葉背面朝下平放在培養基上，葉柄斜插於培養基中。每瓶接種 1 個莖段。

3. 初代培養 接種後培養瓶置於 25℃、光照度 1 000～1 500lx、光照時間 16h/d 的培養室內培養。培養 4 週後陸續有不定芽產生。

4. 繼代培養 切下誘導分化的小芽，接種到相同的培養基上進行增殖培養，小芽逐漸長大並形成芽叢。

5. 生根培養 當芽苗高＞2cm 時，切下轉接到生根培養中誘導生根。

6. 馴化移栽 當芽苗具有 3～4 條根、根長＞1.0cm 時進行馴化移栽，基質可選用草炭、珍珠岩、蛭石、腐殖土等。

四、注意事項

（1）注意葉片的分切部位與分切方法。
（2）根據葉片的幼嫩程度合理選擇消毒劑和確定適宜的滅菌時間，防止消毒過度。
（3）接種時，接種工具灼燒滅菌後要充分冷卻後再接種，防止造成葉片、葉柄燙傷。
（4）注意把握癒傷組織分化時機。
（5）追蹤觀察記錄產生癒傷組織和不定芽的時間，以及出癒率、分化率和汙染率等技術指標，及時淘汰劣苗、汙染苗。

五、考核評價建議

考核重點是外植體分切方式、癒傷組織分化時機選擇、無菌操作與接種後培養效果等。考核方案見表 5-3-1。

表 5-3-1　離體葉培養考核評價

考核項目	考核標準	考核形式	滿分
實訓態度	1. 任務工單撰寫字跡工整、詳略得當（5 分）； 2. 實訓操作認真，積極主動完成任務（5 分）； 2. 積極思考，有全局觀念、團隊意識和創新精神（5 分）	教師評價	15 分
現場操作和管理	1. 葉片分切方式正確（10 分）； 2. 無菌操作規範、熟練，工作效率高（10 分）； 3. 專案管理科學、有效（10 分）	現場操作	30 分
分析解決問題能力	1. 觀察細心、認真，能夠及時發現問題（5 分）； 2. 問題分析科學、客觀、準確（10 分）； 3. 問題解決及時，措施科學合理、針對性強（10 分）	口試、討論	25 分
培養與馴化效果	1. 建立組培無性繁殖系（10 分）； 2. 出癒率、分化率高，汙染率低≤10％（10 分）； 3. 移栽成活率≥80％（10 分）	現場檢查	30 分
合計			100 分

任務二　馬鈴薯去毒與快繁

馬鈴薯為茄科茄屬一年生草本植物，是全球重要的糧菜兼用作物。馬鈴薯生產中普遍存在種性退化的問題，而病毒侵染是馬鈴薯退化的根源，並世代相傳，逐年加重，造成種性退化、大幅減產和品質下降。目前，世界上公認的解決馬鈴薯病毒危害、防止品種退化的有效途徑是莖尖離體培養。透過莖尖離體培養培育去毒組培苗，再透過建立合理的良種繁育體系生產優良種薯，從而確保馬鈴薯優質、高產、穩產。

一、馬鈴薯去毒種薯生產流程

馬鈴薯去毒種薯生產流程見圖 5-3-6。

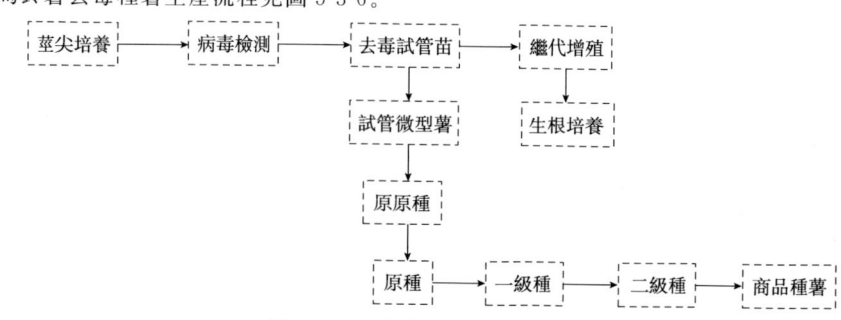

圖 5-3-6　馬鈴薯去毒種薯生產流程

二、去毒苗培育

1. 去毒材料的選取　母本要選擇生長健壯、無病蟲害、具有品種的典型特徵（株型、葉形、花色、成熟期等）的植株。塊莖要求具有品種代表性（薯塊皮色、肉色、薯形和芽眼等）、薯塊大、無病斑、無蟲蛀、無機械創傷。

2. 熱處理　將馬鈴薯塊莖置於人工氣候箱，使其萌發，待芽長到 1～2cm 時再根據要去除的病毒種類進行熱處理。

（1）去除馬鈴薯 X 病毒（PVX）和馬鈴薯 S 病毒（PVS）。在 35℃下處 1～4 週後再進行莖尖培養。

（2）去除馬鈴薯捲葉病毒（PLRV）。40℃下處理 4h 與 16～20℃下處理 20h 的交替變溫處理。

（3）去除馬鈴薯紡錘塊莖類病毒（PSTVd）。需要進行 2 次熱處理，第一次熱處理 2～14 周，經莖尖培養後篩選輕微感染的植株再進行 2～12 週的熱處理，然後切取莖尖進行培養。

3. 微莖尖培養

（1）取材。

方法 1：要對田間選定的母本植株定期噴施內吸殺菌劑，如 0.1%鏈黴素和 0.1%多菌

靈的混合液，以降低母體帶病菌種類和數量。當母本植株的頂芽或腋芽長約 15cm 時，在距頂端 6～8cm 處切下，帶回實驗室繼續培育。將帶回實驗室的材料基部置於事先配好的營養液中，3 週後去除頂芽，以消除頂端優勢，促使腋芽萌發生長，當腋芽長至 1.5cm 時，剪下作為外植體。

方法 2：將馬鈴薯塊莖放置在較低溫度和較強光照條件下促其萌發，取粗壯頂芽作為接種材料。

方法 3：當採取熱處理結合莖尖培養去毒時，先將塊莖進行熱處理，然後取萌生的頂芽或腋芽為接種材料。相對而言，頂芽較腋芽培養效果較好。

（2）外植體滅菌。將頂芽或腋芽外面展開葉去除，放入燒杯中，在流水下沖洗 1h。在無菌超淨工作臺上將沖洗好的材料先用 75％酒精浸泡 30s，無菌水沖洗 3 次，再用 0.05％氯化汞溶液消毒 6min，無菌水沖洗 5 次，最後置於無菌水中備用。

（3）微莖尖剝離與接種。剝離莖尖一般在超淨工作臺上進行，需要解剖鏡、解剖針、鑷子刀片等。解剖前先將手和所用工具、超淨工作臺面等用 75％酒精或新潔爾滅徹底擦一遍。

微莖尖剝離要在雙筒解剖鏡下進行，解剖時左手拿鑷子固定材料，右手拿解剖針層層剝掉幼葉，直至露出帶兩個葉原基的生長點，這時切下帶兩個葉原基的莖尖，迅速接種到誘導培養基 MS＋IAA 1mg/L＋KT 1mg/L＋2,4-滴 0.5mg/L 上，置於人工室內培養 8 週。培養溫度為 25℃，光照度為 1 500～1 800lx，光照時間為 16h/d。接種後，莖尖組織泛綠，生長點萌動，並逐漸長成新梢（圖 5-3-7）。

圖 5-3-7　馬鈴薯莖尖誘導出新梢

三、病毒檢測

微莖尖培養獲得的去毒種苗，要經過病毒檢測，確認不帶病毒後，才能進行增殖擴繁。對檢測出有病毒的試管苗，可再次去毒鑑定。去毒的種苗擴繁幾代後要再進行一次病毒檢測，以防弱毒株系病毒積累或病毒傳播。

馬鈴薯病毒檢測可採用電鏡觀察法、指示植物法、血清學方法、核酸雜交及 PCR 技術。指示植物法中的汁液塗抹法相對簡單直觀，而血清學方法中的酶聯免疫吸附（ELISA）法雖然操作比較複雜，卻是目前馬鈴薯去毒苗病毒檢測的常用方法。不同方法的檢測程序不同，具體可參考第五章的相關內容。

四、去毒苗快繁

1. 增殖培養　將鑑定後無病毒的馬鈴薯試管苗從母瓶中取出，置於接種盤上，剪切成

帶 1 片葉子的莖段，均勻平放或扦插到增殖培養基 MS 上進行增殖培養，每瓶接種 15 個莖段。培養條件為溫度 22℃、光照度 1 000lx、光照時間 16h/d。材料增殖培養 25d 後，生長為高 5cm 以上、有 7 片以上葉子可以進行轉接。增殖培養以 25d 為一個增殖週期，增殖係數在 8 左右（圖 5-3-8）。

2. 壯苗與生根 試管苗在移栽前，為了提高成活率，常常要進行壯苗處理。即將修剪好的芽苗接種到壯苗培養基 MS（去除微量元素和有機成分）＋丁醯肼 10mg/L 上進行壯苗培養，促使小苗矮化蹲苗。溫度降至 15～18℃，光照度提高到 3 000～4 000lx，光照時間 20h/d。

五、馴化移栽與微型薯生產

當壯苗長有 3～5 片葉、高 2～3cm 時就可以進行馴化移栽。栽植前一週，將瓶置於溫室內有散射光的地方，揭去瓶塞進行煉苗培養，增強小苗對外界環境的適應能力。

圖 5-3-8 增殖 25d 的馬鈴薯試管苗

移栽時，可向瓶內注入少量水，並輕輕搖晃，然後取出苗，洗去根部培養基。在網室內移栽，將去毒試管苗剪切成單芽或雙芽莖段扦插到消毒過的基質中，基質採用珍珠岩：草炭土＝1：2 的混合基質。也可搭建 4～6 層育苗架，其上擺放育苗盤，在育苗盤內裝填基質，再扦插於育苗盤內。溫度白天 23～27℃，夜間不低於 10℃，光照度 3 000～4 000lx，光照時間 20h/d。扦插成活後每隔 2～3d 噴一次營養液，後期每隔 10d 噴一次，以促進扦插苗健壯和順利結薯。在人工調控的溫光條件下，一般經 60～90d 即可收穫微型薯。

六、馬鈴薯微莖尖去毒培養的影響因素

1. 莖尖大小 馬鈴薯的莖尖太小不易成活，太大去毒效果不理想，實際操作中一般都是剝離帶 1～2 個葉原基，且盡量不帶或少帶生長點鄰近組織，這樣基本能達到生長與去毒的效果。

2. 培養基

（1）水質。在生產實踐中可以用自來水代替蒸餾水配製培養基和降低碳源等措施降低成本。有試驗證明，馬鈴薯培養基利用雨水（雪水）來配製更有利於試管苗生長與快繁。

（2）碳源。馬鈴薯組培過程中採用食用白糖代替試劑蔗糖具有相同的效果，因此，完全可以用食用白糖作為培養基的碳源。韋瑩研究發現，不同蔗糖濃度對芽誘導效果不同，試驗結果表明蔗糖的最佳濃度為 30mg/L，在此濃度下培養的試管苗生長旺盛，根系發達。

（3）培養支撐物。在馬鈴薯的去毒與快繁中，可以採用瓊脂、卡拉膠、倍力凝等作為固體支撐物。瓊脂作為固體支撐物相對來說成本高，卡拉膠或倍力凝作為固體支撐物相對來說成本低廉，但實踐證明無論哪種原料都可以達到試管苗健壯、生長快的效果。

（4）基本培養基。馬鈴薯常採用 MS 作為基本培養基，陳敏敏等研究表明，1/2MS 培

養基是馬鈴薯試管苗工廠化繁殖的最佳培養基，在此培養基上培養的試管苗生長快，生長勢強，增殖係數高。瀏海英研究發現，磷、鉀素減半的 MS 培養基不影響試管苗的生長，且在活葉數、生物量、有效莖節數、平均根條數、平均根長等指標上優於全量添加的 MS 培養基。

3. 培養條件　固體培養溫度多採用 23～27℃，光照度 2 000～3 000lx，光照時間 16h/d；液體培養多採用 21～25℃，光照度 3 000～4 000lx，光照時間 16h/d。若以濾紙橋法液體培養，在光照度 1 000～3 000lx、光照時間 16h/d 的條件下，經 120d 的培養，莖尖即可長成小苗。

4. 病毒種類　馬鈴薯病毒種類很多，全世界有 30 餘種病毒和 1 種類病毒。中國主要的危害病毒有馬鈴薯 X 病毒（PVX）、馬鈴薯 Y 病毒（PVY）、馬鈴薯 A 病毒（PVA）、馬鈴薯 S 病毒（PVS）、馬鈴薯 M 病毒（PVM）、馬鈴薯捲葉病毒（PLRV）和馬鈴薯紡錘塊莖類病毒（PSTVd）等。受到侵染植株的症狀表現在其形態、生長勢和產量等方面的變化。馬鈴薯主要病毒症狀及其危害見表 5-3-2。

表 5-3-2　馬鈴薯主要病毒症狀及危害

病毒種類	病毒症狀	侵染方式	減產率
PVX	植株矮小、葉片皺縮，所結塊莖少而小	汁液傳播、機械傳播、咀嚼式口器昆蟲傳播等	10%～50%
PLRV	被侵染幼葉失綠，小葉沿中脈向上捲曲，頂部葉片上豎	桃蚜傳播	40%～60%
PVY	由潛隱無症到輕花葉、皺縮花葉及葉脈壞死	蚜蟲傳播、機械傳播	50%左右
PVS	葉脈深陷，葉片粗縮、輕度垂葉；植株呈開擴狀，多數不表現症狀	葉片摩擦、機械傳播、桃蚜傳播	10%～20%
PVM	輕花葉，葉尖扭曲，頂部葉片捲曲；重株系葉片嚴重變形，有時葉柄葉脈壞死	汁液嫁接傳播、蚜蟲傳播	10%～20%
PVA	花葉	與 PVY 複合侵染	10%～50%
PSTVd	葉片與主莖間角度小，呈銳角，葉片上豎，上部葉片變小，有時植株矮化；感病塊莖變長，呈紡錘狀，芽眼增多，芽眉凸起，有時塊莖產生龜裂	接觸傳播	20%～60%

馬鈴薯莖尖培養去毒從易到難的順序為：馬鈴薯捲葉病毒（PLRV）、馬鈴薯 A 病毒（PVA）、馬鈴薯 Y 病毒（PVY）、馬鈴薯 M 病毒（PVM）、馬鈴薯 X 病毒（PVX）、馬鈴薯 S 病毒（PVS）。試驗證明，有些病毒也可侵入分生組織，如 PVX、TMV（菸草花葉病毒）均可侵入莖尖，所以頂端分生組織可以去除病毒，但並不是所有的均可去除，因而必須採用與熱處理結合頂端分生組織培養方法，先熱處理母株，然後剝離莖尖進行培養。兩種方法相結合處理可除去單用莖尖培養難以去除的病毒。

學習筆記

技能訓練

馬鈴薯去毒培養

一、訓練目標

了解植物熱處理和莖尖去毒的基本原理,學會馬鈴薯莖尖去毒的程序和方法。

二、材料與用品

馬鈴薯塊莖、培養基(MS+GA$_3$ 0.1mg/L+NAA 0.5mg/+6-BA 0.5mg/L)、75％酒精、2％~5％次氯酸鈉、光照培養箱、超淨工作臺、解剖鏡、解剖刀、長鑷子、培養皿、75％酒精棉球、燒杯、記號筆、無菌瓶、接種工具等。

三、方法與步驟

1. 室內催芽 選擇表面光滑的馬鈴薯塊莖,播種在濕潤的無菌沙土中,適溫催芽。待芽長至2cm時,將發芽塊莖放入38℃的光照培養箱中,光照時間12h/d,處理2週左右。

2. 材料選取與滅菌 剪取經過高溫處理的馬鈴薯莖尖1~2cm,用自來水沖洗30min,剝去外面的葉片,然後放在超淨工作臺進行消毒。先用75％酒精浸潤15s,用無菌水沖洗3~5次,再用2.6％次氯酸鈉浸泡8~10min,無菌水沖洗5~6次,最後將處理過的材料放入已滅菌的培養皿中備用。

3. 莖尖的剝離 在超淨工作臺上,將已消毒的莖尖放在解剖鏡下,逐層剝去幼葉直至露出圓錐形生長點,用已滅菌的解剖刀切取長0.1~0.5mm、帶1~2個葉原基的莖尖。

4. 接種 將切取的莖尖迅速接種到誘導培養基上,注意莖尖切面要貼在培養基表面上,不能將莖尖陷入培養基內。放好後紮好瓶口,送入培養室培養。

5. 培養 培養條件為溫度23~27℃、光照度1 000~3 000lx、光照時間16h/d。5~7d後莖尖轉綠,40~50d後成苗。

四、注意事項

(1) 為了防止莖尖變乾,應在一個襯有無菌濕濾紙的培養皿內剝離莖尖,而且從剝離到接種的時間間隔越短越好。

(2) 整個剝離過程中,要注意常將解剖針和解剖刀浸入75％酒精中,並用火焰灼燒滅菌,冷卻後使用。

(3) 切割微莖尖要用鋒利的解剖刀,並做到隨切隨接種。

(4) 定期觀察並記錄其生長、分化及汙染情況。

五、考核評價建議

考核重點是微莖尖剝離方法、無菌操作與接種後的培養效果等。考核方案見表5-3-3。

表 5-3-3　馬鈴薯去毒培養考核評價

考核項目	考核標準	考核形式	滿分
實訓態度	1. 任務工單撰寫字跡工整、詳略得當（10分）； 2. 實訓操作認真，積極主動完成任務（5分）； 2. 積極思考，有全局觀念、團隊意識和創新精神（5分）	教師評價	20分
技能操作	1. 微莖尖剝離方法正確（10分）； 2. 無菌操作規範和準確（10分）； 3. 操作熟練（10分）	現場操作	30分
分析解決 問題能力	1. 觀察細心、認真，能夠及時發現問題（5分）； 2. 問題分析科學、客觀、準確（10分）； 3. 問題解決及時，措施科學合理、針對性強（10分）	口試、討論	25分
培養與 馴化效果	1. 建立馬鈴薯去毒繁殖系（15分）； 2. 分化率高，汙染率≤10%（10分）	現場檢查	25分
合計			100分

任務三　龍牙楤木組培與快繁

龍牙楤木又名遼東楤木、刺嫩芽、刺龍芽等，為五加科楤木屬植物。龍牙楤木是食藥兩用植物。其嫩芽味香、鮮脆、風味獨特，且富含胺基酸、蛋白質、維他命及微量元素。目前，龍牙楤木產品主要依賴於野生資源的利用，露地栽培及反季節生產才剛剛起步。由於市場需求量越來越大，對野生龍牙楤木的過度開採，已造成其野生資源的嚴重破壞。植物組織培養是植物進行工廠化育苗的最佳手段，既可保護野生資源，又可創造出較高的經濟效益。龍牙楤木主要以莖尖、葉片、葉柄等作為外植體進行組織培養。

一、龍牙楤木組培快繁操作流程

龍牙楤木組培快繁操作流程見圖 5-3-9。

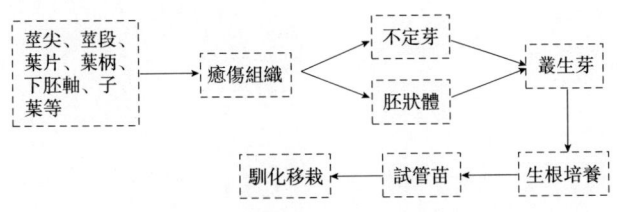

圖 5-3-9　龍牙楤木組培快繁操作流程

二、龍牙楤木莖尖培養

1. 外植體的選擇　可在春季5月前後選取萌芽1～2週、芽大、無刺或少刺、生長迅速、抗病性好的飽滿芽作為外植體。也可以在2—3月採割2～3年生植株的枝條，置於室內

或溫室水培催芽，待休眠芽長至 2～3cm 時剪下作為外植體。

2. 外植體的處理　去掉外植體葉片，置於流水下沖洗 30min。在超淨工作臺上，先用 75%酒精消毒 30s，無菌水沖洗 3 次，再用 2%次氯酸鈉消毒 10min，無菌水沖洗 3～5 次，最後置於無菌濾紙上吸乾水分備用。

3. 初代培養　剝離外植體材料的外層葉片，切割成長 0.5～1.0cm 的芽塊接種到 MS+2,4-滴 1.0mg/L 上進行誘導培養（圖 5-3-10）。培養條件為溫度 24～26℃、光照度 1 500～2 000lx、光照時間 12～16h/d。材料接種 7～9d 後，切口處開始膨大，陸續出現淺黃色、疏鬆的胚性癒傷組織，隨著時間的延長，胚性癒傷組織分化出胚狀體（圖 5-3-11），此時可以進行繼代轉接。

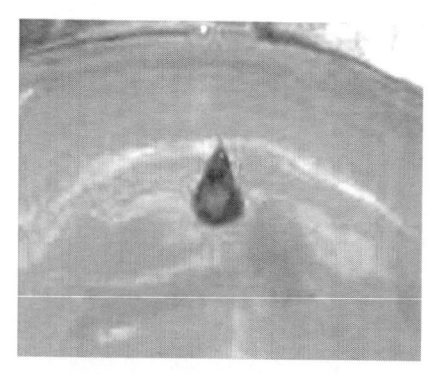

圖 5-3-10　龍牙楤木莖尖外植體 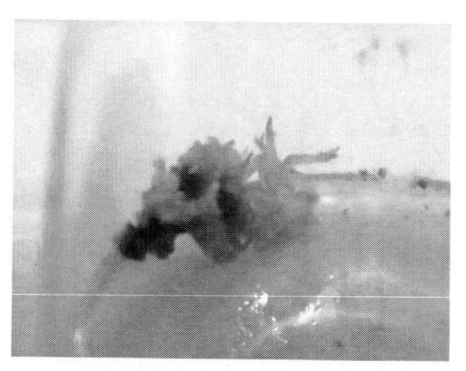　　　　圖 5-3-11　初代培養分化出的胚狀體

4. 增殖培養　在無菌條件下，用解剖刀和彎頭挑針將長滿胚狀體的胚性癒傷組織輕輕挑開，轉接到增殖培養基 MS+2,4-滴 1.0mg/L+6-BA 0.1mg/L 上進行增殖培養。培養條件同初代培養。30d 為一個增殖週期，增殖係數為 30 左右。

5. 壯苗和生根培養　將增殖培養的組培苗轉移到壯苗培養基 MS+活性炭 1.5g/L 上培養。培養條件同初代培養。20d 後逐漸形成健壯的完成植株（圖 5-3-12、圖 5-3-13）。

圖 5-3-12　龍牙楤木生根苗 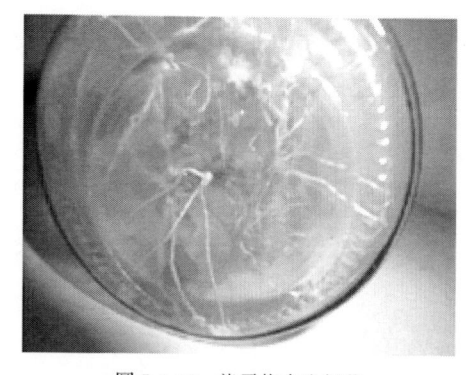　　　　圖 5-3-13　龍牙楤木生根狀

6. 馴化移栽　當植株高 3～4cm、根長 4～6cm 時，將試管苗移至溫室內煉苗 7d。之後，將試管苗從瓶內取出，充分洗去附著在根部的培養基，然後將幼苗根部浸泡在 400mg/L 的 GA_3 溶液中，移栽到滅過菌的珍珠岩：落葉松腐殖土＝1：1 的混合基質中。移栽前先

用清水將基質浸透，然後用竹筷打孔將根栽入、輕壓並用水澆平，再用塑膠袋覆蓋營養鉢以保持濕度在 80%～90%，置於溫度 25℃、光照時間 12h/d、光照度 1 500lx 的條件下培養，每隔 3d 澆一次 50 倍的 MS 培養基營養液，7d 後揭開逐漸通風換氣，30d 左右即可成活，成活率在 90% 以上。

學習筆記

知識拓展

馬鈴薯微型薯生產

由試管苗生產的重 1～30g 的微小馬鈴薯稱為微型薯（圖 5-3-14）。馬鈴薯微型薯生產分為溫室生產和實驗室生產兩種方式。溫室生產微型薯一般結合試管苗同步進行，也可以採取扦插成活後霧化栽培生產微型薯。

雖然溫室和實驗室內都可以誘導產生微型薯，但以實驗室內誘導生產為主，實驗室組培生產的微型薯品質好，整齊度高，粒重一般為 1～5g。實驗室微型薯生產一般分為單莖段擴大繁殖和微型薯誘導兩個階段。

圖 5-3-14　馬鈴薯微型薯

一、單莖節擴大繁殖

將去毒試管苗在無菌條件下剪切成帶 1 片葉的單莖切段，接種到擴大培養基 MS＋丁醯肼 5mg/L 上培養，每個培養瓶接種 15 個材料。培養條件為溫度 22℃、光照度 1 000lx、光照時間 16h/d。在此條件下，由腋芽形成的小植株生長很快，當小植株長到 4～5cm 時就可以進行第二步培養。

二、微型薯誘導

將長勢一致的擴繁壯苗剪切後接種到微型薯誘導培養基 MS＋BA 5.0mg/L＋AC 0.2%（液體或固體培養基）上進行誘導培養。採用廉價的香豆素代替矮壯素和丁醯肼、食用白糖代替蔗糖，同樣結薯很好。誘導培養基也可選擇 MS＋香豆素 50～100mg/L 的液體或固體培養基。培養基的液固相態和光照條件對微型薯誘導有很大作用。材料接種後要置於黑暗條件下培養，培養溫度為 22℃。如果不在黑暗條件下培養，則只有植株生長，而沒有小薯形成。

自我測試

一、簡答題

1. 在馬鈴薯去毒培養時，為什麼剝離的微莖尖如果不帶葉原基會嚴重影響莖尖培養的成活率？
2. 熱處理和莖尖培養在去毒原理上有何不同？
3. 影響紫背天葵葉片分化的因素有哪些？
4. 如何提高龍牙楤木組培苗的馴化移栽成活率？

二、論述題

1. 中國培育馬鈴薯去毒苗和微型薯有何現實意義？
2. 根據所學知識，試分析組培中無菌短枝扦插和栽培上的常規扦插有何區別。

第四節
果樹組培與快繁

知識目標
- 了解草莓、藍莓、大櫻桃砧木、香蕉等果樹的生物學特性。
- 掌握果樹去毒與快繁工藝流程。
- 掌握微莖尖去毒、莖段培養、吸芽培養的方法與影響因素。

能力目標
- 能夠進行草莓莖尖去毒與快繁。
- 能夠進行藍莓的組培與快繁。
- 能夠進行大櫻桃砧木的組培與快繁。
- 能夠進行香蕉吸芽的組培與快繁。

素養目標
- 養成良好的職業道德和職業操守。
- 培養知識和技能的靈活應用能力。

知識準備

任務一　草莓去毒與快繁

草莓為薔薇科草莓屬多年生草本植物，是重要的漿果類果樹，在市場上備受歡迎。草莓適應性強，栽培容易，且生長週期短，成熟早，結果快，產量高，經濟效益好，因而中國草莓栽培面積不斷擴大，特別是草莓促成栽培的迅速發展，填補了水果的淡季市場。草莓傳統繁殖主要採用匍匐莖繁殖和分株繁殖，此法繁殖速度慢，效率低，占地多，不利於新品種的推廣，並且長期無性繁殖和栽培易受多種病毒的侵染，引起品種退化，產量下降，品質變劣。應用組培技術快繁優質種苗既利於品種的提純、更新和種質資源的離體保存，又能去除草莓體內的病毒，而成為目前草莓種苗繁育的重要途徑。

國外於1960年代開始利用微莖尖培育草莓無病毒苗，中國在1980年代末開始進行草莓去毒與快繁。經過各方專家和學者的不懈研究與努力，中國於1985年在北京市林業果樹科學研究所建立了第一個草莓去毒試管苗生產基地並投入使用，向中國各地提供生產用的原種草莓去毒苗，並與世界各國進行種苗交換。草莓去毒苗培育主要採用花藥培養法、熱處理與微莖尖培養法，由於花藥培養中花粉發育時期不好把控，且外植體選取受時間限制，因而目前熱處理與微莖尖培養法是草莓培育去毒苗的常用方法。

一、草莓去毒與快繁操作流程

草莓去毒與快繁操作流程見圖 5-4-1。

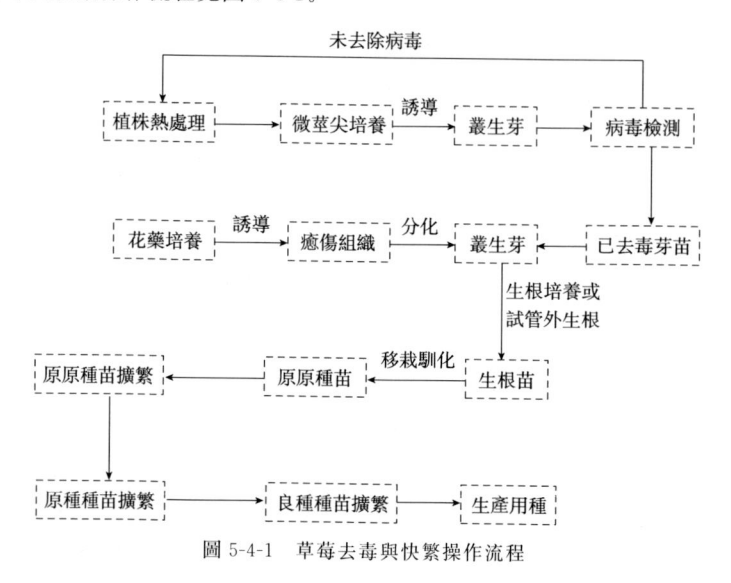

```
                              未去除病毒
        ┌─────────────────────────────────────────┐
        ↓                                          │
   ┌────────┐    ┌──────────┐ 誘導 ┌──────┐   ┌──────────┐
   │植株熱處理│ →  │微莖尖培養│ →   │叢生芽│ → │病毒檢測  │
   └────────┘    └──────────┘      └──────┘   └──────────┘
                                                   │
   ┌────────┐    ┌──────────┐ 分化 ┌──────┐   ┌──────────┐
   │花藥培養│ →  │癒傷組織  │ →   │叢生芽│ ← │已去毒芽苗│
   └────────┘ 誘導└──────────┘      └──────┘   └──────────┘
                                       │
                                  生根培養或
                                  試管外生根
                                       ↓
   ┌──────────┐   ┌────────┐ 移栽馴化 ┌──────┐
   │原原種苗擴繁│ ← │原原種苗│ ←       │生根苗│
   └──────────┘   └────────┘          └──────┘

   ┌──────────┐    ┌──────────┐    ┌──────┐
   │原種種苗擴繁│ → │良種種苗擴繁│ → │生產用種│
   └──────────┘    └──────────┘    └──────┘
```

圖 5-4-1　草莓去毒與快繁操作流程

二、去毒苗培育

（一）熱處理與微莖尖培養去毒

1. 熱處理　將生長健壯、無病蟲害的盆栽草莓置於培養箱內，設定光照時間 16h/d、光照度 4 000～5 000lx、空氣濕度 50%～60%，並進行變溫處理（40℃，16h；35℃，8h）35d 以上。

2. 外植體的選擇與處理　選取熱處理後，匍匐莖苗充實，尖端生長良好的植株，從基部整株剪下，剝掉外層老葉，用 75% 酒精棉球擦拭傷口，置於流水下沖洗 0.5～1h。在無菌操作臺上，先用 75% 酒精消毒 30s，除去表面的蠟質，無菌水沖洗 2～3 次，再用 0.1% 氯化汞溶液（內滴數滴 0.1% 吐溫-20）消毒處理 5～8min，無菌水沖洗 5 次。最後用無菌濾紙吸乾表面水分備用。

3. 誘導培養　在無菌條件下，藉助解剖鏡將芽外面的幼葉和部分葉原基除去，切取帶有 1～2 個葉原基、長 0.2～0.3mm 的微莖尖，迅速接種到 MS＋BA 1.0～1.5mg/L＋IBA 0.05～0.2mg/L＋GA 0.3～0.5mg/L 的初代培養基上，然後置於光照時間 16h/d、光照度 1 500～2 000lx、溫度 25～28℃ 的培養室內進行誘導培養。

一般草莓莖尖接種 7d 後頂芽開始萌動，葉片開始伸展，並陸續在莖尖基部分化出新的芽原基。30d 後，頂芽基部形成 3～10 個叢生芽，芽高 2～3cm（圖 5-4-2）。

4. 增殖培養　將誘導出的叢生芽從基部切割成含 2 芽（簇）的芽（簇）塊，接種到增殖培養基 MS＋6-BA 0.5～1.0mg/L＋IBA 0.05mg/L＋GA 0.2mg/L 上進行增殖培養，每

瓶接種 4 簇，培養條件與誘導培養條件一致。經過 25～30d 的培養，可獲得由 30～40 個芽形成的芽叢（圖 5-4-3）。在增殖培養芽苗修剪過程，剪去接種材料的原生葉片，更有利於新芽的分化；同時還要去除增殖材料基部產生的癒傷組織，更有利於叢生芽的增殖和生長。

圖 5-4-2　草莓莖尖培養形成叢生芽　　　　圖 5-4-3　草莓增殖培養

5. 壯苗培養　芽苗反覆增殖，會受到培養環境和激素的影響，增殖代數越多、增殖係數越大，獲得的植株生長越緩慢、越細弱，試管內誘導生根越困難，因此，在計劃試管內生根前，需要將增殖苗轉入壯苗培養基中進行壯苗培養。壯苗培養基一般是將增殖培養基中的細胞分裂素降低。草莓的壯苗培養基為 MS＋6-BA 0.1～0.3mg/L＋IBA 0.05mg/L，壯苗轉接切割的操作手法與增殖培養相同。壯苗培養 25d 左右，苗高 4cm 以上，苗濃綠、健壯（圖 5-4-4）。

6. 生根培養　當壯苗培養的芽苗長至＞3.5cm 就可進行生根培養。生根培養時要將叢生的芽苗剪切成單苗，接到生根培養基 1/2MS＋IBA 0.1mg/L＋NAA 0.05mg/L＋AC 0.5g/L 上，培養條件為光照時間 16h/d、光照度 2 500～3 000lx、溫度 23～25℃。

生根培養 7d 後，在芽苗基部開始形成根原基，15～20d 即可產生新根，生根率可達 100％（圖 5-4-5）。草莓組培苗可以試管內生根，也可以將壯苗培養的芽苗進行試管外生根。

圖 5-4-4　草莓壯苗培養　　　　圖 5-4-5　草莓試管內生根苗

（二）草莓花藥培養

1. 花粉發育時期的檢測　春季草莓現蕾期，選取不同大小的草莓花蕾數個。剝開花蕾，

每個花蕾取 1~2 枚花藥置於載玻片上，加一滴 0.5%醋酸洋紅溶液，並用解剖針或鑷子擠壓花藥，釋放出小孢子，剔除藥壁、藥隔等碎片，加上蓋玻片鏡檢。鏡檢時，若多數花粉只有 1 個核，稱為單核期，如細胞核被擠向一側，稱為單核靠邊期。記錄花粉發育處於單核期的草莓花蕾的形態特點，如花蕾大小、花萼與花冠長度與顏色、花藥顏色及飽滿程度等形態指標，作為田間採集花蕾的形態標準。

2. 材料的選取與處理 根據鏡檢檢測的記錄情況，從田間或溫室採集符合標準的草莓花蕾（一般花蕾直徑為 4~6mm，花萼略長於花冠或花冠剛露白、花冠白色或淡綠色且不鬆動，花藥微黃而充實），用濕紗布包好，置於無菌的接種盒內，放入 4℃冰箱中低溫保存 2~3 d。接種前將花蕾從冰箱內取出，置於流水下沖洗 30min 後在無菌操作臺上進行消毒處理。先在 75%酒精中浸泡 30s，無菌水沖洗 2 次，再用 2%次氯酸鈉浸泡 5~8min，無菌水沖洗 3 次，最後置於無菌濾紙盤上備用。

3. 花藥接種 在無菌條件下，將消毒後的花蕾去部分花冠，露出花絲。再用鑷子夾住花絲，將花藥取出置於內襯濕潤濾紙的培養皿中。最後用接種環切離花藥接種到誘導培養基 GD+2, 4-滴 1.0mg/L 上，置於培養室內進行誘導培養。培養溫度 24~26℃，光照時間 10~12h/d，光照度 1 500~3 000lx。

4. 誘導與分化 花藥培養 15d 後，產生乳黃色的癒傷組織，25d 後轉入誘導培養基 MS+BA 0.5~1.0mg/L 上培養。誘導培養 10d 後，癒傷組織表面分化出半球形小突起，並逐漸轉變為綠色，20d 左右分化出小苗，並形成無根的植株。

5. 增殖培養與生根培養 增殖培養、生根培養的方式與草莓莖尖去毒培養的過程一致。

三、去毒苗鑑定

熱處理與微莖尖培養技術獲得的草莓苗並不一定能夠完全去毒，因此需要對去毒後的草莓苗進行病毒檢測。目前，世界上已檢測出的草莓病毒有 20 多種，其中草莓鑲脈病毒（SVBV）、草莓輕型黃邊病毒（SMYEV）、草莓皺縮病毒（SCRV）和草莓斑駁病毒（SMOV）為中國常見的草莓病毒。指示植物小葉嫁接鑑定法是草莓去毒苗鑑定的常用方法。具體操作步驟如下：

1. 指示植物選擇與培養 在嫁接接種前 1.5~2 個月，從森林草莓或深紅草莓兩大系列中選擇一種指示植物單株盆栽，然後置於溫、光、濕較好的溫室中，加強管理並注意防治病蟲害，促使指示植物苗生長健壯、組織充實。在嫁接接種當天，從待檢測病毒的草莓植株上剪取完整的成熟葉片，剪後放入裝有清水的燒杯中，保持嫁接葉片濕潤、新鮮。

2. 去毒效果鑑定 先將待檢草莓植株上葉片的左右兩片小葉剪掉，在中央小葉帶 1.0~1.5cm 長的葉柄處用鋒利的刀片削成楔形作為接穗。將生長健壯的指示植物葉片剪去中央小葉，在保留兩側小葉的兩個葉柄間向下縱切 1.5~2.0cm 長的切口，然後把待檢接穗迅速地接入切口中，用塑膠薄膜帶包紮好。每株指示植物苗可同時接數片待檢株的葉片，以便進行檢測症狀的印證。為了確保嫁接葉片成活，嫁接後要把整株盆栽罩上塑膠罩，以利於保溫保濕。

3. 症狀觀察 一般嫁接 1.5~2 個月就可以出現症狀。草莓斑駁病毒的症狀往往顯現最早，一般在嫁接成活後 7~14d 即有症狀表現；其次是草莓鑲脈病毒和輕型黃邊病毒，兩者顯現症狀的時間分別為成活後 15~30d 和 24~37d；草莓皺縮病毒顯現症狀最晚，要在嫁接

成活後 39～57d 才表現出來。在中國已經調查明確的 4 種蚜蟲傳播病毒，它們的最佳指示植物及主要症狀表現見表 5-4-1。

表 5-4-1　草莓的病毒種類與症狀表現

病毒種類	指示植物	主要症狀
皺縮病病毒	UC5	葉片生長不對稱、皺縮，葉脈不整齊，葉柄暗褐色，產生壞死斑
鑲脈病病毒	EMC	小葉向後反轉成風車狀，尖端捲曲，葉脈呈帶狀褪綠
	UC5	葉脈呈帶狀褪綠條斑，後期變成褐色壞死條斑
斑駁病病毒	UC5	褪綠斑駁，黃色不規整斑駁
	EMC	葉片有不整齊的黃色小斑點
輕型黃邊病病毒	EMC	葉脈壞死，老葉壞死或變紅
	UC5	植物短化，葉緣失綠

四、馴化移栽

1. 煉苗　組培苗在培養室內培養，溫、光、濕恆定，在移苗前進行一段時間的煉苗，能夠有效提高移栽成活率。這一階段為室內培養與室外育苗的過渡階段，是適應外界環境的一個過程。草莓生根的組培瓶苗，移入溫室的前 2～3d 要適當遮陽，避免出現葉片灼燒現象。之後，將瓶蓋逐漸擰鬆至打開，再經過 1 週左右的鍛鍊，幼苗莖稈顏色變深，即已適應外界環境，此時可以進行移栽。

2. 取苗　首先，向瓶內注入少量水，並輕輕搖動組培瓶，使瓶內培養基鬆動。然後，用鑷子將瓶內的幼苗輕輕夾出，去除根部黏著的培養基，置於溫水中清洗，注意動作一定要輕，盡量不傷及根系、嫩芽、嫩葉。最後按大小將幼苗分級，進行移栽。移栽基質可選用腐熟的鋸木屑或腐葉土單一基質，也可採用蛭石與珍珠岩配比為 1：1 或園土與爐渣配比為 2：1 的複合基質。

3. 移栽　用準備好的方便筷在穴盤的基質上插洞，將幼苗根部輕輕放入洞中，盡量「不窩根」，更不能讓基質埋過苗的根頸處，然後用噴壺澆水，將基質封嚴。

4. 移栽後的管理　溫室拱棚內的溫度要控制在 15～25℃，濕度控制在 85% 以上。剛剛移栽的草莓穴盤苗，莖稈脆嫩，澆水時應盡量採用噴霧澆水，水量不宜過大，乾後再噴。草莓組培苗移栽初期要遮光 50%，1 週後逐漸增加光強。再過 30d，試管苗長出新葉、發出新根即代表成活，移栽成活率可達 90%～100%。

五、影響草莓去毒與快繁的因素

1. 外植體的消毒時間　組織培養中消毒時間長短直接影響著外植體的汙染率和組培苗的成活率。從相關研究來看，不同學者對草莓外植體的消毒處理不同，其中研究最多的是氯化汞消毒時間長短對組培苗的影響，不同品種對氯化汞的敏感程度不同，所以品種不同結論有所不同。吳正凱等人試驗表明，氯化汞消毒處理時間長短對草莓匍匐莖莖尖成活的影響十

分明顯，他們認為，用0.1%氯化汞消毒的時間以3min最適合，消毒時間＞5min會使外植體褐變，甚至死亡；消毒時間＜2min，材料易汙染，達不到消毒效果。而多數學者認為氯化汞的消毒時間以5～8min為宜。和秀雲等對草莓外植體的消毒試驗設了5個處理，結果表明，消毒處理時間越長，汙染率越低，褐化率越高，最適合草莓莖尖消毒的時間為12min，存活率在85%以上。

2. 莖尖大小　　莖尖培養去毒效果與莖尖大小密切相關。莖尖越小，去除病毒的機率越大。莖尖＜0.3mm時，去毒率最高，幾乎不帶病毒，但成活率較低；＞0.5mm時，成活率較高，但去毒率低。因此，草莓莖尖的大小一般控制在0.2～0.3mm。

3. 外源激素　　不同的外源激素對草莓莖尖培養的效果不同。饒學梅研究了外源激素IBA對草莓組培快繁的影響，試驗以MS＋6-BA 0.5mg/L為基本培養基，添加不同濃度的IBA，研究其對組培苗增殖、玻璃化苗及畸形的影響。結果表明，基本培養基中添加0.02mg/L IBA可以降低玻璃化和畸形苗的發生率，可以達到最佳的增殖效果。李會珍等研究了不同外源激素對紅頰草莓組培快繁的影響，試驗選用BA、IBA、KT、GA等6種激素多個水準，設置了不同的處理。結果表明，在基本培養基中添加6-BA 0.5mg/L、IBA 0.3mg/L，組培苗增殖速度最快、增殖係數最高。湯訪評研究了水楊酸在草莓組培中防止玻璃化的問題，結果表明水楊酸降低了草莓組培苗玻璃化水準，提高了組培苗的抗逆性，提高了苗的生長品質。

4. 移栽基質　　草莓去毒組培苗的移栽基質可選用腐熟的鋸木屑或腐葉土等有機基質，也可採用蛭石與珍珠岩配比為1：1或園土與爐渣配比為2：1的複合基質，移栽成活率可達90%以上。

學習筆記

任務二　藍莓組培與快繁

藍莓也稱越橘，屬杜鵑花科越橘屬多年生灌木，起源於北美，因果實呈藍色，故稱為藍莓。藍莓果實富含維他命、礦物元素、類黃酮、花青素、葉酸等生理活性成分，具有延緩衰老的作用，是集營養、保健於一身的第三代漿果，被聯合國糧食及農業組織織列為五大健康食品之一，譽為「漿果之王」。隨著藍莓各種加工品在國際市場上供不應求，栽培面積不斷擴大，常規的扦插繁殖已經滿足不了市場對種苗的需求，組培快繁已成為藍莓苗木工廠化繁育的主要途徑。

在藍莓組培的應用研究中，通常選用種子、休眠枝條、葉片、當年生莖段或莖尖等作為外植體。而在實際生產中，常常選用藍莓當年萌發的帶腋芽莖段為外植體，此法操作簡單、成活率高、增殖率高，且可以保持相關藍莓品種的種性優勢。

一、藍莓組培快繁操作流程

藍莓組培快繁操作流程見圖 5-4-6。

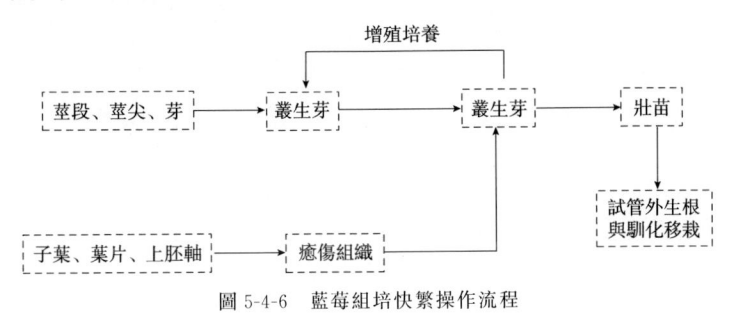

圖 5-4-6　藍莓組培快繁操作流程

二、藍莓莖段培養

1. 外植體的選擇與處理　在晴天上午，從露地或溫室大棚內選取健壯、無病蟲害，當年生帶腋芽半木質化的莖段作為外植體。將選取的材料去葉片、留葉柄剪切成長 5cm 左右的莖段，置於流水下沖洗 1～2h。在無菌超淨工作臺上，先用 75％酒精浸泡 30s，無菌水沖洗 3 次，再用 0.1％氯化汞浸泡消毒 6min，無菌水沖洗 5 次，最後置於無菌濾紙上吸乾水分備用。

2. 初代培養　將消毒好的材料剪切成長 1cm 左右、帶腋芽莖段，接種到改良初代培養基 WPM＋ZT 2.0～5.0mg/L＋IBA 0.2～0.5mg/L＋GA 0.5mg/L 上，初代培養基內添加蔗糖 20g/L、瓊脂 8g/L，pH 5.4。接種後將材料移至培養室進行誘導培養。培養條件為溫度 21～23℃、光照度 2 000lx、光照時間 16h/d。外植體接種 10d 後腋芽萌動，隨著時間延長，腋芽抽節生長，形成新梢。接種後 40d 左右，新梢高＞4cm 時可以進行增殖轉接（圖 5-4-7）。

3. 增殖培養　將初代誘導出來的新梢剪切成含 1～2 個腋芽、長＞1.5cm 的莖段，接種到改良的增殖培養基 WPM＋ZT 0.5～1.0mg/L＋IBA 0.2mg/L＋GA 0.2mg/L 上培養。培養條件同初代培養。材料轉接 15d 後，莖段基部分化出 10 個以上的新梢。隨著時間的延長，新梢不斷生長。40d 時，新梢高＞3cm，增殖係數可達 20～30（圖 5-4-8）。之後，每 40d 作為一個增殖週期，不斷增殖。

4. 壯苗　組培苗在移栽馴化前進行復壯，可以有效提高成活率，保證苗木品質。將增殖培養的試管苗剪切成＞2cm、帶腋芽莖段，接種到改良的壯苗培養基 WPM＋ZT 0.5mg/L 上培養。培養條件同初代培養。經 45d 左右，苗高＞4cm 就可以進行試管外生根（圖 5-4-9）。

5. 瓶外生根與移栽馴化　藍莓試管苗瓶內生根過程繁雜，生根率不高，而藍莓試管苗瓶外生根不但可以降低組培成本、縮短育苗週期，還可以節省培養空間、提高移栽成活率。

圖 5-4-7　藍莓莖段萌發新梢　　　　　　　圖 5-4-8　藍莓增殖培養

（1）煉苗。將壯苗培養後的無根瓶苗，從培養室轉移至溫室中，然後打開瓶蓋煉苗 3～5d，使試管苗能夠逐漸適應外部環境，提高自身的抗逆性。

（2）清洗與修剪。用鑷子將經過煉苗的試管苗從瓶內取出，洗淨根部培養基。用手術剪刀將清洗過的無根苗剪切成長 4～5cm 的莖段，並將莖段中下部的葉片去掉，只保留莖頂端的 2～3 個葉片，並置於乾淨的容器內作為插穗。

（3）激素處理。將插穗基部浸蘸事先配製好的 1 000mg/L 的 IBA 0.5min，然後扦插到消毒好的 72 孔穴盤的苔蘚基質中，並用噴壺澆透基質，移至小拱棚內馴化管理。

（4）後期管理。扦插後白天溫度保持在 25～27℃，晚上溫度保持在 23～25℃，濕度控制在 80％以上，適當遮陽，每週澆灌 1/2 倍大量元素（WPM）營養液一次，噴灑殺菌劑一次。經 30d 左右，新梢基部長出新根，新葉生長（圖 5-4-10），代表成活。移栽成活後 20d 左右即可移入營養鉢，進行正常管理。

圖 5-4-9　藍莓壯苗　　　　　　　　　圖 5-4-10　馴化後的藍莓苗

三、藍莓瓶外生根的影響因素

藍莓苗木的主要繁育方法是組織培養和扦插。在組織培養繁育中，藍莓可以在短時間內快速獲得大量增殖苗，但瓶內生根較困難，並且生根週期長、移栽成活率低、成本高，從而限制了藍莓的繁殖。而相對於組培繁育，扦插繁殖因具有簡單易行、育苗週期短、生根速度快等優點而在植物苗木繁育中被廣泛應用，但常規扦插繁殖方法會受到插條數量、取材時間等限制。因此，在較成熟的藍莓組織培養技術基礎上進行瓶外扦插可以簡化組織培養環節，降低成本，縮短育苗週期。

1. 品種與基因型　不同藍莓品種的組培試管苗在形態結構、生長發育規律及對外界環境條件的適應能力不同，不同藍莓基因型對不定根的分化能力不同。烏鳳章等研究了 8 個藍莓品種生根情況，結果表明，不同藍莓品種的生根能力不同，其中公爵的生根能力最強，北陸生根能力次之。朱世銀等對萊克西、安娜、奧尼爾、南大等 4 個藍莓品種的組培苗進行了試管外生根，結果表明，南大生根率最高，奧尼爾、萊克西次之，安娜最低。隨著現代分子生物學技術的發展，基因型差異與生根的關係還需要進一步研究。

2. 激素處理　藍莓組培苗無論是試管內生根還是試管外生根，只要把握好生長素的使用種類和濃度，都可以誘導出根原基，促進不定根的生長。藍莓組培苗生根常用 NAA、IAA、IBA 等幾種生長素，其中 IBA 使用最為廣泛。但不同藍莓品種的組培苗和不同生長狀態組培苗，瓶外生根所用的生長素種類、用量均不同。

藍莓組培苗試管外生根，一般是將壯苗培養的試管無根苗速蘸高濃度的生長素並直接扦插到基質上，使移栽與生根同步進行。將組培壯苗剪成長 2cm 左右的莖段，浸蘸 100mg/L IBA 溶液後，再扦插到苗床上的苔蘚中，扣小拱棚保濕，生根成活率可達 80％ 左右。王雪嬌等用篤斯越橘試管苗莖段進行試管外生根研究，生長素選用 IBA、IAA，對浸蘸時間、浸蘸濃度兩個指標進行了探討，結果表明，生長素 IBA 有利於篤斯越橘試管苗試管外生根，試管苗莖段浸蘸 300mg/L IBA 10s 後扦插到基質中，生根效果最好，生根率最高。

3. 環境條件　環境條件主要指組培苗生長環境中的溫度、濕度、光照、營養成分、氣體交換等。組培苗在試管內的濕度幾乎為 100％，溫度、光照恆定，營養充足。藍莓試管外生根過程中的溫濕度非常重要。溫度主要體現在氣溫和地溫兩個方面。氣溫可滿足芽的活動，促進葉片的光合作用，地溫則影響生根速度，生根階段地溫略高於氣溫有利於根的誘導和生長。濕度對藍莓試管苗瓶外生根也很重要，移植的組培苗沒有根系，此時空氣濕度是維持其存活的關鍵。光照是影響組培苗試管外生根的另外一個因素，其主要是透過對插穗自身代謝的控制來刺激芽的生長，抑制根的發育，因此，在誘導試管苗生根時應適當遮陽，刺激插條先生根，後抽梢發葉，提高試管苗的成活率。

學習筆記

任務三　大櫻桃砧木組培與快繁

大櫻桃又名歐洲甜櫻桃和西洋櫻桃，為薔薇科李亞科李屬櫻亞屬多年生喬木，是繼中國櫻桃之後成熟最早的落葉果樹。其果實營養豐富、成熟早，經濟效益顯著，但其繁殖過程易受病毒侵染和具自交不親和現象，生產中難以保持苗木的優良性狀和獲得穩定及較高的產量。因此，相關學者、種植企業深入開展了相關研究，最後得出優質的嫁接砧木是解決上述問題的關鍵。優質砧木嫁接的大櫻桃樹體生長快、結果早、產量高，而且適應性和抗逆性強。近幾年，市場出現了多種類型的大櫻桃砧木，透過嫁接生產試驗，目前一致認為吉塞拉系列砧木較好。

吉塞拉系列矮化砧對大櫻桃有明顯的矮化作用，該砧木具有極強的抗病、抗寒能力、土壤適應性強，且萌蘗少、固地性好，用大櫻桃吉塞拉系列矮化砧嫁接的大櫻桃早熟、豐產、口感好，因此市場對其苗木需求量極大。然而在常規條件下，吉塞拉系列大櫻桃矮化砧分株繁殖速度較慢，扦插成活率低，難以滿足市場需求。透過組織培養手段利用大櫻桃吉塞拉系列矮化砧休眠芽、莖尖和莖段等為外植體，建立大櫻桃吉塞拉系矮化砧成熟的組培快繁體系，為工廠化生產和良種繁育提供技術保障。

一、大櫻桃砧木組培快繁操作流程

大櫻桃砧木組培快繁操作流程見圖 5-4-11。

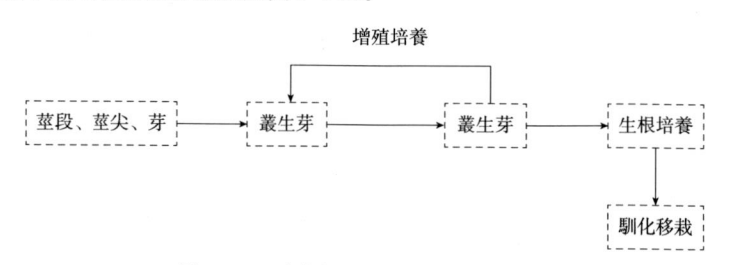

圖 5-4-11　大櫻桃砧木組培快繁操作流程

二、大櫻桃矮化砧莖段培養

1. 外植體選擇與處理　從生長旺盛、無病蟲害的樹體上剪取當年生未木質化的新生枝條，去葉片，留下長 0.3cm 左右的葉柄，剪切成長 5cm 左右、帶腋芽的莖段，置於流水下沖洗 1~2h。之後，在無菌條件下用先用 75% 酒精浸泡 30s，無菌水沖洗 3 次，再用 2.6% 次氯酸鈉浸泡 6min，無菌水沖洗 5 次，最後將消毒好的材料置於無菌濾紙上吸乾水分備用。

2. 初代培養　將消毒好的材料，剪切成長 0.5~1.0cm、帶腋芽的莖段，接種到初代誘導培養基 MS+BA 0.5mg/L+NAA 0.05mg/L 上培養。培養條件為溫度 25~26℃、光照度 2 500lx、光照時間 12h/d。材料接種 7d 後腋芽開始萌動，15d 左右新葉展開，高>2cm，隨著時間延長，新梢不斷向上生長，並不斷有新芽長出，形成叢生新梢（圖 5-4-12）。

3. 增殖培養　將初代誘導出來的叢生新梢剪切成長 1.0cm 左右、帶腋芽的莖段，接種到 MS＋BA 0.3mg/L＋NAA 0.05mg/L 增殖培養基上培養，培養條件同初代培養。材料轉接 10d 後會在莖段基部分化出 5 個以上的新梢。隨著時間的延長，新梢不斷伸長，轉接 35d 左右，新梢高＞3cm，增殖係數可達 10～20（圖 5-4-13）。之後，每 35d 為一個增殖週期，不斷增殖。

圖 5-4-12　吉塞拉莖段誘導的叢生芽 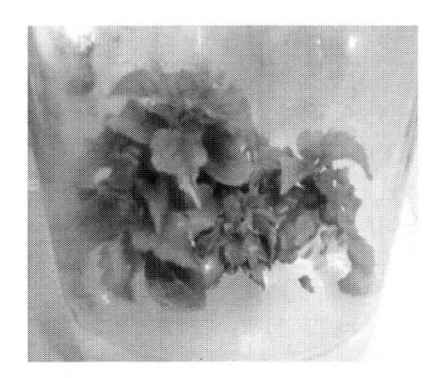　　　　圖 5-4-13　吉塞拉增殖培養的叢生芽

4. 生根培養　將增殖培養 35d 左右的叢生芽，剪切成單株，高＜2.5cm 的單株修剪後接種到增殖培養基中繼續增殖培養，高＞2.5cm 的單株轉接到生根培養基 1/2MS＋IBA 0.2mg/L＋NAA 0.1mg/L 上進行瓶內生根培養，培養條件同初代培養。生根培養 10d 後，苗基部形成根原基，25d 時苗高＞3.5cm，根長＞3.5cm，瓶內生根率＞98％（圖 5-4-14）。

5. 馴化移栽　將生根培養 25d 左右的生根苗從試管內取出，洗去根部附著的培養基，用 1 000 倍海藻酸生根劑浸泡，然後移栽至消毒過的河沙：草碳＝3：1 的基質中（圖 5-4-15），搭建小拱棚，棚內濕度＞85％、溫度 18～28℃，光照度 2 000～3 500lx，30d 後有新葉萌出代表成活，移栽成活率＞95％。

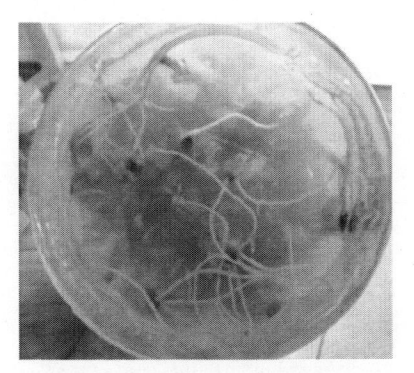

圖 5-4-14　吉塞拉試管苗的根系 　　　　圖 5-4-15　吉塞拉移栽苗

三、大櫻桃矮化砧組培影響因素

1. 接種人員的影響　組培操作人員雖然已經過技術培訓，了解、熟悉操作程序，但不

同接種人員的操作還是存在細微的差異，如個人的衛生情況、接種臺的消毒情況、接種時手持鑷子的力度、燒烤鑷子溫度降低的快慢、芽苗暴露於工作臺強風下的時間長短、切取芽苗時的謹慎程度、優良幼苗的選取和接種靈巧度等，這些差異均有可能傷及接種的材料和造成汙染，表現出組培苗生長的品質差異。

2. 培養架架層的影響 架層對繼代苗品質有一定影響，在組培大櫻桃吉塞拉系列苗木時，可以根據不同培養層的光照和溫度特點靈活運用，能有效解決玻璃化和幼苗生長的快慢。

3. 直射光照與非直射光照的影響 在直射光和非直射光下培養大櫻桃吉塞拉系列組培苗結果不同。非直射光下培養的大櫻桃吉塞拉系列組培苗在株高、葉色、增殖係數、分化強弱、芽苗直徑和玻璃化等性狀表現上均優於在直射光下培養的組培苗。因而，培養室可以根據情況適當擴大窗戶面積，充分利用自然光照，尤其對處理弱苗和即將生根移栽的組培苗非常有必要。

四、大櫻桃矮化砧組培常見問題

1. 玻璃化問題 吉塞拉系列矮化砧組培苗在生產中極易出現玻璃化現象。玻璃化是組培苗生長過程的一種異常現象，主要表現為組培苗葉、嫩梢呈水晶透明或半透明水浸狀；整株矮小腫脹、失綠；葉片皺縮、縱向捲曲、脆弱易碎；葉表缺少角質層蠟質，沒有功能性氣孔。組培苗出現玻璃化後，光合能力、酶活性和分化能力降低，很難進行繼代增殖或生根，極大影響了規模化生產的進程，增加了成本支出。實踐中可從以下幾方面預防吉塞拉系列矮化砧組培苗的玻璃化：①適當控制培養基中無機營養成分，減少培養基中的氮素含量；②適當降低細胞分裂素和吉貝素的濃度；③增加自然光照，控制光照時間；④適當提高培養基中蔗糖和瓊脂的濃度；⑤控制好溫度；⑥在培養基中添加其他物質如間苯三酚或根皮苷；⑦改善培養器皿的通風。

2. 汙染問題 汙染是植物組培的三大難題之一，也是吉塞拉系列矮化砧組培與快繁中的另一個易發現象。以下是組培汙染的幾個原因：

（1）操作環境密閉不好，風塵易進入。有風就有沙，有沙就有塵，塵就有菌，菌塵共存，一旦實驗室密封性不好，就給菌塵製造了環境。

（2）操作環境濕度大、潮氣重、菌類滋生。高濕會加速菌類滋生和繁衍，長期高濕菌類將無法控制，嚴重影響組培的進程。

（3）操作人員帶菌。在密封性好的環境中，操作人員是最大的帶菌者。毛髮、衣服、呼出的氣體都隱藏大量菌類。

（4）培養材料帶菌。一種是外植體材料本身的內生菌，一種是組培苗在培養過程中滋生的雜菌。培養材料所帶的菌一旦未被發現，就會引起大量無菌材料帶菌。

（5）無菌操作不規範。不正確的操作也會增加汙染機率，如開蓋太快、滅菌不夠、操作過慢等。降低組培汙染需要從以下幾個方面做起：①改善接種室和培養室的環境條件，保證接種與培養環境清潔無菌；②認真做好外植體的選擇和消毒工作，防止外植體帶菌；③培養基及接種工器具要嚴格滅菌，確保滅菌品質；④嚴格按照無菌操作規程進行無菌操作。

學習筆記

任務四　香蕉組培與快繁

香蕉主產於熱帶、亞熱帶地區。其果實細膩、味香，富含人體所需的各種維他命以及鈣、鋅、硒等微量元素。且果實中糖含量低，食之可有效預防心腦血管疾病和糖尿病，是兼具食用價值、營養價值和保健價值的大眾水果，深受人們喜愛。人們食用的香蕉主要是野生香蕉和四倍體芭蕉雜交產生的三倍體香蕉。三倍體植物的染色體在有絲分裂時無法配對，因而三倍體植株高度不育，無法產生種子，不能進行有性繁殖。香蕉傳統的繁殖方式是吸芽分株繁殖，吸芽分株繁殖速度慢，成活率低，易發生病蟲害，果實品質差，培育的後代也可能出現種性退化。組織培養是植物育苗的一種現代化生物技術手段，具有取材方便，繁殖速度快，苗木整齊一致的特點，因而，已成為香蕉的主要繁殖方式，並在生產上推廣應用。

一、香蕉組培快繁操作流程

香蕉組培快繁操作流程見圖 5-4-16。

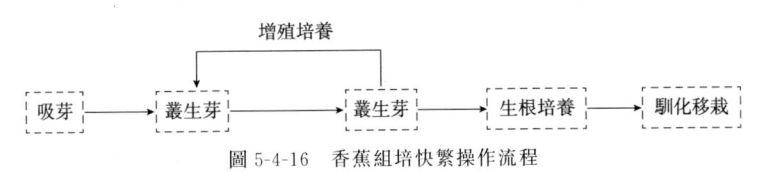

吸芽 → 叢生芽 → 叢生芽 → 生根培養 → 馴化移栽
　　　　　　　增殖培養

圖 5-4-16　香蕉組培快繁操作流程

二、香蕉吸芽培養

1. 外植體選擇與處理　　從生長健壯、果大均勻、無病蟲害、產量高的母株上選取暴露在地面以上的吸芽作為外植體（圖 5-4-17），帶回實驗室。用不鏽鋼刀將吸芽的根和頂切去，然後置於流水下沖洗 0.5~1h。沖洗後，剝去吸芽外層的包片並切成高 2cm、直徑 1.5cm 左右的圓錐體，置於超淨工作臺上的無菌培養容器內。

在無菌條件下，將培養容器內的吸芽進行消毒處理。先用 75％酒精消毒 30s，無菌水沖洗 3 次，再用 0.1％氯化汞溶液持續消毒 20min，無菌水沖洗 5 次，最後置於無菌濾紙上吸乾水分備用。

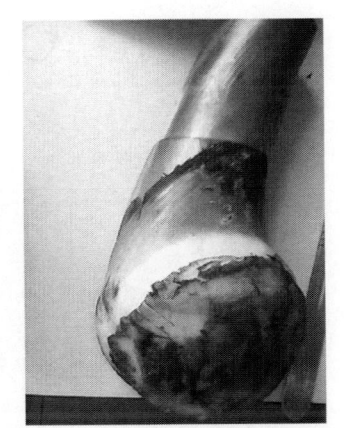

圖 5-4-17　處理後的香蕉吸芽外植體

2. 初代培養 將消毒好的備用吸芽「十」字形縱切成 4 塊，接種到初代培養基 MS＋BA 4.0～10.0mg/L＋IBA 0.5mg/L 上進行誘導培養（圖 5-4-18）。培養條件為溫度（28±2）℃、光照度 1 500～2 000lx、光照時間 12h/d。材料誘導培養 20d 左右，吸芽開始生長，並在吸芽塊上形成新的芽點，隨著時間延長，逐漸形成芽叢（圖 5-4-19），40d 後可以進行增殖培養。

圖 5-4-18　初代培養的香蕉吸芽塊　　　圖 5-4-19　香蕉吸芽誘導出的叢生芽

3. 增殖培養 將初代誘導出的芽苗上部葉片切除，將芽基部切割成芽塊，接種到增殖培養基 MS＋BA 2.0～4.0mg/L＋IBA 0.2mg/L 上進行增殖培養，培養條件同初代培養。芽苗增殖培養 30d 左右，又形成新的芽簇（圖 5-4-20）。之後每 20～30d 作為一個增殖週期反覆增殖，增殖代數一般不超過 12 代。

4. 生根培養 將增殖培養 30d 左右的叢生芽切割成單芽，接種到生根培養基 1/2MS＋IBA 1.0～2.0mg/L＋NAA 0.5mg/L 上進行生根培養，培養條件同初代培養。芽苗接種 7d 後在基部形成根原基。培養 20d 左右，當苗高＞4cm、根 2～5 條、根長＞1.5cm 時即可移栽（圖 5-4-21、圖 5-4-22）。

圖 5-4-20　香蕉增殖培養的叢生芽　　　圖 5-4-21　香蕉試管苗生根

5. 馴化移栽 將生根培養20d左右的生根苗移至溫室，在自然條件下常規煉苗1週，待芽苗轉綠後進行移栽。採用苗床移栽時，基質可選用河沙：椰糠：塘泥＝1：1：4的混合基質。選用營養鉢直接移栽時，營養鉢上層1/3基質為河沙，下層2/3基質為園土。移栽時，將生根苗從培養容器內取出，洗去根部培養基，並用0.1％高錳酸鉀消毒後移栽至基質上。栽後溫度要控制在28～31℃，濕度控制在＞80％，光照度2 500～3 500lx。約1個月後，新葉生長，代表成活，成活率＞95％（圖5-4-23）。

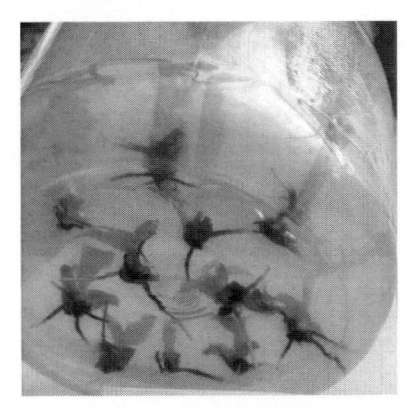

圖5-4-22　香蕉試管苗生根　　　　圖5-4-23　馴化成活的香蕉組培苗

三、香蕉吸芽組培的影響因素

1. 外植體原來著生位置的影響　在香蕉組培快繁中，不定芽的分化情況與球莖切塊原來著生的位置和頂芽之間的距離有關。在誘導過程中，帶有頂芽的切塊、位於頂芽周圍的切塊發芽早、生長快，不定芽誘導率、分化率高；反之，距離頂芽遠的切塊發芽晚、生長慢，不定芽誘導率、分化率低。出現這一現象的原因可能是內源激素等生理生化活性物質在香蕉體內成梯度性分布，也可能是植物體內細胞的分化程度不一致，即離頂芽近的切塊細胞分化程度低，在外源激素的刺激下，容易改變原來的分化方向，向芽的方向分化；距離頂芽遠的細胞分化程度高，在外源激素的刺激下，很難改變原來的分化方向，只能形成癒傷組織，因而表現出不定芽分化的梯度性變化。

2. 外源激素水準的影響　一些學者在香蕉組培的研究中發現，香蕉外植體在沒有外源激素的作用下，沒有不定芽的發生，而在添加了外源激素BA、NAA的培養基中均誘導出了不定芽。且在BA與NAA濃度比變化不大的情況下，隨著BA濃度的升高，不定芽的分化率和平均每塊外植體分化的不定芽數也逐步升高，但當BA濃度達到7mg/L以上時，不定芽的分化率和平均每塊外植體分化的不定芽數雖然也在上升，但上升幅度不大。因而有學者提出，BA濃度是促進香蕉不定芽分化的主要因素，其濃度在5mg/L時最適合，高於此濃度，芽苗分化數量多，但芽苗品質下降，表現為不定芽密集、節間小、易出現玻璃化等現象，低於此濃度則達不到快繁的效果。

🖐 學習筆記

🖐 技能訓練

胚 培 養

一、訓練目標

掌握胚培養的操作流程；能夠進行胚培養外植體選擇與處理；熟練進行胚的剝離。

二、材料與用品

經層積處理後的成熟飽滿的蘋果種子、MS培養基、無菌水、95％酒精、75％酒精、2％～5％次氯酸鈉、超淨工作臺、解剖刀、酒精燈、75％酒精棉球、培養皿、記號筆、無菌瓶、接種工具、燒杯等。

三、方法與步驟

1. 外植體選擇與處理 經層積處理的成熟飽滿的蘋果種子在蒸餾水中浸泡12h，然後在超淨工作臺上用75％酒精浸泡10s，再用5％次氯酸鈉浸泡15min，最後用無菌水沖洗5次。

2. 剝離與接種 將一粒種子置於無菌培養皿中，用鑷子夾住，用解剖刀先將種皮割破，再用另一把鑷子輕輕把種皮剝去，然後用解剖刀沿胚胎邊緣小心地剝去胚乳、分離出胚後，用無菌水將每個胚沖洗3次，然後接種於MS培養基中。

3. 培養 將培養瓶置於黑暗中培養，保持溫度在25℃，3～4d後轉入光下培養，觀察其生長情況。

4. 試管苗移栽 待苗長成後，移入溫室內盛有蛭石的育苗穴盤中，覆膜保溫、保濕，1週後打開1個3～5mm的小縫通風，以後逐漸加大通風口，直到揭去塑膠，當長出新葉時，即可移植到大田中。

四、注意事項

（1）剝離胚時一定要細心謹慎，盡量完整無損傷。

（2）多進行成熟胚和未成熟胚的剝離練習，注意觀察成熟胚和未成熟胚所處的位置和成熟度。

五、考核評價建議

考核重點是胚成熟度的區分和胚剝離方法。考核方案見表5-4-2。

表 5-4-2　胚培養考核評價

考核項目	考核標準	考核形式	滿分
實訓態度	1. 任務工單撰寫字跡工整、詳略得當（5分）； 2. 實訓操作認真，積極主動完成任務（5分）； 2. 積極思考，有全局觀念、團隊意識和創新精神（5分）	教師評價	15分
現場操作和管理	1. 能夠正確區分成熟胚和未成熟胚（15分）； 2. 胚剝離方法正確（15分）； 3. 操作規範、熟練，工作效率高（10分）	現場操作	40分
分析解決問題能力	1. 觀察細心、認真，能夠及時發現問題（5分）； 2. 問題分析科學、客觀、準確（10分）； 3. 問題解決及時，措施科學合理、針對性強（10分）	口試、討論	25分
培養與馴化效果	1. 分化率高，汙染率≤10%（10分）； 2. 移栽成活率≥90%（10分）	現場檢查	20分
合計			100分

知識拓展

組培內生菌汙染

內生菌是指存在於健康植物的組織和器官內部的微生物，也包括那些潛伏在宿主體內的病原微生物，這些微生物有真菌、細菌、放線菌、病毒、類病毒、菌質體等。被感染的宿主植物不表現出外在病症，可透過組織學方法或從嚴格表面滅菌的植物組織中分離或從植物組織內直接擴增出微生物 DNA 的方法來證明其內生。內生菌普遍存在於植物組織中，且難以用常規方法徹底消滅。當植物組織進行離體培養時，這些內生菌就容易引起汙染，嚴重影響組培的進程。

一、內生菌汙染特徵

內生菌存在於植物細胞內或細胞間，初代培養中，細菌汙染會在接種後 3d 內出現，表現為外植體周圍或培養基表面產生明顯的諸如油汙狀、水汙狀、氣泡、或乾縮的呈現黃、乳白、紅等顏色的菌落。內生菌引起的汙染，一般會在接種 5d 後在培養過程中不斷從培養基上長出形成菌落。

二、常見內生菌種類

常見的內生菌為內生細菌。在植物組織培養中，由於材料內部（細胞內或細胞間）的內生細菌不能被一般的表面消毒方法所清除，隨著材料帶入培養過程，引起的汙染稱為內生細菌汙染或內源細菌汙染。方麗等發現，組培中細菌汙染占 52.13%。目前，被鑑定的組培汙染內生細菌主要有鏈格孢屬、芽孢桿菌屬、土壤桿菌屬、葡萄球菌屬、鐮刀菌屬等。

三、內生菌的危害性

內生細菌引起的危害主要表現在早期和晚期兩個方面。早期會降低增殖效率，減緩培養物生長，增加玻璃化苗，甚至導致培養失敗。晚期會引起試管苗移栽困難或死亡，甚至引起培養物的遺傳變異。

四、內生菌汙染預防措施

要有效降低內生菌汙染，可以透過外植體選擇、材料預處理、組培環境調控，抗生素、殺菌劑的使用等措施實現。

1. 外植體的選擇 選擇潔淨環境下的幼嫩莖尖、胚等作為外植體，可以有效降低內生菌汙染。植物的地下部分比地上部分帶菌多，老熟枝條比幼嫩枝條帶菌多。

2. 材料預處理 可以透過改善材料的種植環境，向母株噴灑抗生素或殺菌劑，對母株進行黃化、電擊、熱擊等方式減少內部帶菌率。

3. 改進滅菌方法 可以透過真空壓滅菌法、磁力攪拌、超音波振動滅菌法，多次消毒滅菌法，混合消毒液滅菌法等方法進行深入滅菌，達到降低內生菌發生的效果。

4. 酸化培養基或加入抑菌劑 大多數細菌在培養基 pH<4.5 時就不能正常生長，利用這一特點，可根據實際情況將培養基 pH 調整為 4.5 以下，防止內生菌汙染。

自我測試

一、填空題

1. 草莓微莖尖培養時，剝離的莖尖大小為_____。
2. 一般採用_____方法檢測花粉發育時期，草莓去毒苗鑑定常用的方法為_____。
3. 香蕉組培時常用的外植體有_____、_____和_____等。
4. 櫻桃常用的去毒方法為_____。
5. 藍莓組培的基本培養基是_____培養基。

二、是非題

1. 草莓莖尖培養和花藥培養的去毒苗都要進行去毒效果鑑定。　　　（　　）
2. 花藥培養和花粉培養都是細胞培養。　　　（　　）
3. 果樹花蕾的低溫處理時間只與基因型有關。　　　（　　）
4. 櫻桃多數品種較難生根，一般採取分布移栽來提高移栽成活率。　　　（　　）
5. 藍莓試管外生根與常規扦插區別不大。　　　（　　）

三、簡答題

1. 藍莓試管內生根、試管外生根和常規扦插有何不同？
2. 藍莓培養基與普通培養基的 pH 有何不同？
3. 如何進行藍莓組培苗試管外生根？藍莓組培苗對生根基質有何要求？
4. 草莓花藥培養時，選擇什麼樣的花蕾？如何選擇花粉的發育時期？
5. 櫻桃組培苗對移栽基質有何要求？如何提高櫻桃組培苗移栽成活率？
6. 影響香蕉組培苗增殖培養的因素有哪些？

第五節
多肉植物組培與快繁

知識目標
- 熟悉多肉植物外植體的選取、處理和滅菌方法。
- 掌握不同多肉植物組培快繁的操作流程。
- 熟悉組培過程中出現的異常現象並能正確調控。

能力目標
- 能夠熟練進行多肉植物器官的取材、處理、滅菌和培養。
- 能夠熟練進行多肉植物組培快繁的操作。
- 能夠對多肉植物組培過程中出現的汙染、褐化、玻璃化等問題採取相應措施。

素養目標
- 具備自學能力和獨立分析問題、解決問題的能力。
- 具備良好的動手能力和科學的思維能力。
- 具備吃苦耐勞、團結合作、開拓創新、嚴謹務實、誠實守信的職業素養。

知識準備

任務一 玉露組培與快繁

　　玉露為百合科十二卷屬中的軟葉類多肉植物，原產於南非，植株低矮，葉片呈蓮座狀緊湊排列，葉色碧綠，葉片頂端具晶瑩剔透的透明窗，故名為玉露，它是百合科中具有代表性的花卉品種。玉露具有良好的市場前景，倍受園藝工作者和花卉愛好者的青睞。玉露通常採用葉插和底座繁殖等無性繁殖方式進行繁殖。這些繁殖方法容易損害母本，且繁殖係數低、繁殖速度慢，無法滿足市場需求，導致其價格居高不下。因此，構建高效的玉露組培快繁體系對獲得品質優良、性狀穩定的玉露種苗，滿足市場需求具有重要的現實意義。

一、玉露組培快繁操作流程

　　玉露組培快繁操作流程見圖 5-5-1。

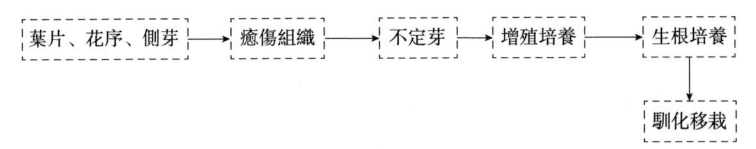

圖 5-5-1　玉露組培快繁操作流程

二、玉露葉片培養

1. 外植體的選取、處理和初代培養　以健康、無病害的玉露作為材料，用剪刀剪取玉露的幼嫩葉片作為外植體，流水沖洗 50min。在超淨工作臺上，用 75％酒精消毒 15～30s，無菌水沖洗 2 次，每次沖洗 2～3min，再放入氯化汞溶液中振盪消毒 8～10min，再用無菌水洗 5 次。將消毒後的葉片置於無菌濾紙上吸乾水分後，切成約 0.5cm×0.5cm 大小的組織塊，接種於葉片誘導不定芽培養基 MS＋6-BA 1.0mg/L 中。培養條件為溫度為（22±2）℃、光照時間 12h/d、光照度 2 000lx，濕度保持在 75％左右。

2. 繼代培養　接種在不定芽誘導培養基中的葉塊，接種 15～20d 後形成大量淡綠色的癒傷組織，進而分化成為不定芽（圖 5-5-2 A）。將獲得的不定芽轉移到增殖培養基 MS＋6-BA 0.5mg/L＋KT 1.5mg/L 中繼續培養，每 30d 繼代一次，增殖係數一般在 5 左右。在此階段，將獲得大量生長健壯的叢生芽（圖 5-5-2 B）。培養條件同初代培養。

3. 生根培養　將增殖培養獲得的高度在 2cm 左右的無根苗切下，以單株的方式接種於生根培養基 1/2MS＋NAA 0.5mg/L 中繼續培養。待植株生長到具有長 2～3cm 的根系、植株高度達 3cm 時（圖 5-5-2 C、D），便可進行煉苗移栽工作。

4. 煉苗移栽　在培養室中，打開瓶蓋煉苗 4～5d 後，取出洗淨根部培養基並適當風乾，

圖 5-5-2　玉露離體葉片的組培快繁體系
A. 葉片誘導不定芽　B. 叢生苗　C. 生根苗　D. 生根苗的根系　E. 移栽後 15d 的組培苗

隨後移栽到經滅菌的培養基質上（草炭：細沙：蛭石＝1：1：1），用塑膠薄膜覆蓋保溫保濕，以保證其成活率。待植株長出新根後，再移到苗床上（圖 5-5-2 E）。

三、玉露組培快繁的影響因素

1. 外植體 外植體的選擇在玉露組織培養過程中非常關鍵，外植體選擇較多，新生側芽、葉片、花序和種子均可，但新生芽發生在根部，滅菌效果差，容易汙染，葉片分生能力弱，分化週期長；種子屬雜交產物，獲得的種苗與母本相比變異較大；花序為最適外植體，取材方便，不傷害母本，滅菌效果好，癒傷組織誘導率和叢生芽分化率高，獲得的種苗完全保留了母本的優良性狀。

2. 玻璃化現象 在玉露組培快繁過程中，癒傷組織和叢生芽的玻璃化現象比較嚴重。如果處理不好也會導致快繁失敗，玻璃化現象在木本植物和草本植物離體快繁中都有發生，玻璃化時，癒傷組織或叢生芽呈透明狀或水漬狀，組織失去分化功能，玻璃化的原因很多，從相關資料來看，外植體的選擇、培養基硬度、激素種類和濃度、培養溫度和光照等都會導致玻璃化現象的產生。玉露在癒傷組織誘導和叢生芽分化階段玻璃化現象較嚴重，研究發現，細胞分裂素 6-BA 濃度較高時玻璃化現象較嚴重，當 6-BA 濃度 $\leqslant$0.5mg/L，NAA 濃度調整為 0.01mg/L 時叢生芽基本沒有玻璃化現象，且叢生芽增殖效果好。

3. 外源激素 促進外植體癒傷組織發生、器官分化最關鍵的仍然是激素的配比。郭生虎等研究發現，在玉露的誘導分化過程中，細胞分裂素與生長素的高比例有利於叢生芽的分化，當比例＜60 時容易出現弱苗和玻璃化苗，比例為 60 時比較合適，叢生芽增殖率達到最高，分化小苗比較健壯。在叢生芽增殖過程中每 40d 更換一次培養基，新鮮的培養基能夠使叢生芽保持旺盛的增殖能力，提高繁殖係數。降低礦物質濃度有利於試管苗生根，以 1/2MS 培養基添加 0.5g/L 活性炭為基本培養基，蔗糖為 25g/L，以 IBA 0.5mg/L 和 NAA 0.1mg/L 組合進行試管苗生根培養，生根率高達 97.5％。徐繼勇等在進行十二卷屬水牡丹組培苗生根時採用 1/2MS 與 IBA 組合培養基，生根率＞90％。

學習筆記

任務二　萬象組培與快繁

萬象為百合科十二卷屬多年生肉質植物，原產於南非，喜歡溫暖乾燥和陽光充足的環境，耐乾旱，怕積水和曝曬，同時不耐寒冷，要求有較大的晝夜溫差。在自然界中存在不多，經人工培養後，萬象品種已達 100 多種。萬象株型奇特，小巧可愛，深受園藝愛好者的喜愛，常作盆栽觀賞植物，極適宜陽臺、居室、廳堂、擺放裝飾，優雅清新，效果獨特，具

有很好的觀賞性。萬象的常規繁殖可用播種、葉插、分株等方法，生長緩慢且繁殖效率低，種苗稀缺，供求失衡。透過組培快繁獲得的植株可保持母株的優良性狀，而組培過程也可能擷取變異的新品種。

一、萬象組培快繁操作流程

萬象組培快繁操作流程見圖 5-5-3。

葉片、花葶 → 癒傷組織 → 不定芽 → 增殖培養 → 生根培養 → 馴化移栽

圖 5-5-3　萬象組培快繁操作流程

二、萬象葉片培養

1. 外植體的選取、滅菌和接種　選取室內生長健壯、無病蟲害的母株，取植株上較幼嫩的葉片。用紗布包裹葉片，在自來水下沖洗 45min 左右，然後轉至超淨工作臺上，用 75％酒精消毒 15s 左右，再用 0.1％氯化汞消毒 8～10min，最後用無菌水沖洗 5 次，每次 2～3min。將消毒後的葉片置於無菌濾紙上吸乾水分後，切成約 0.5cm×0.5cm 大小的塊狀，接種於葉片癒傷誘導培養基 MS＋6-BA 2.0mg/L＋KT 1.0mg/L＋2,4-滴 0.2mg/L 上。培養條件為溫度（22±2）℃、光照時間 12h/d、光照度 2 000lx，濕度保持在 75％左右。

2. 繼代培養　將誘導獲得的癒傷組織轉移到不定芽分化增殖培養基 MS＋6-BA 2.0mg/L＋NAA 0.2mg/L 中進行不定芽的誘導。一般情況下，葉片誘導獲得的癒傷組織會有多種不同的形態，常見的有黃綠色鬆散狀和黃綠色緊湊狀兩種。其中綠色鬆散狀癒傷組織增殖速度較快，表面可見綠色小點並有分化跡象，可用於繼代培養。繼代培養 40d 後會出現很多綠色小點（圖 5-5-4 A），進而形成綠色球狀小體，之後進入分化階段，約 2 週後可形成大量叢生芽。將叢生芽轉移到新的不定芽分化增殖培養基中，進行增殖培養，獲得大量的幼芽（圖 5-5-4 B）。培養條件同初代培養。

3. 生根培養　在無菌條件下，將生長健康、高 2cm 的幼芽切割分成單株，接種到生根培養基 1/2MS＋NAA 0.1mg/L 中，培養 30d，使幼苗生長健壯和生根（圖 5-5-4 C）。培養條件同初代培養。

4. 煉苗移栽　待植株生長健壯且新生的葉片頂端出現品種所特有的「窗」時，可以進行煉苗移栽。移栽前將培養瓶蓋擰開，置於培養室中煉苗 3d 後，將苗取出洗淨根部附著的培養基，放置於暗處通風乾燥 3d，然後移入栽培基質（赤玉土：鹿沼土：泥炭顆粒＝1：1：1）中（圖 5-5-4 D），澆透水，再覆蓋一層塑膠薄膜來保濕，先在暗處培養一週後，去除塑膠薄膜逐漸見光。待植株長出新根和新葉後，即可移栽至苗圃中進行正常的管理。

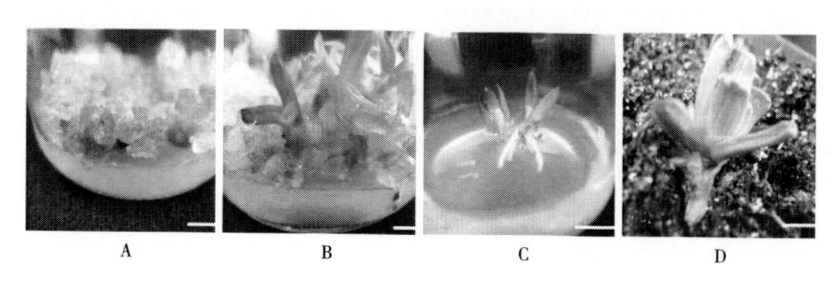

圖 5-5-4　萬象離體葉片的組培快繁體系
A. 癒傷組織　B. 不定芽　C. 生根苗　D. 移栽後的組培苗

學習筆記

任務三　西瓜壽組培與快繁

　　西瓜壽是百合科十二卷屬的小型肉質植物，原產於南非，植株矮小、無莖，葉片肥厚，螺旋狀生長，呈蓮座狀排列，葉的上半部分向外翻轉，頂端呈水準三角形，截面透明，形成「窗」狀結構，窗上常有不同顏色的紋理，具有非常高的觀賞性。花葶細長，小花白色、筒狀，因為生長緩慢，繁殖較難，是十二卷中的珍品。該屬品種具有自交不親和性，大多用分株、葉插的方法進行繁殖，不易成活且生長緩慢，透過組培快繁技術可滿足市場對種苗的需求。

一、西瓜壽組培快繁操作流程

西瓜壽組培快繁操作流程見圖 5-5-5。

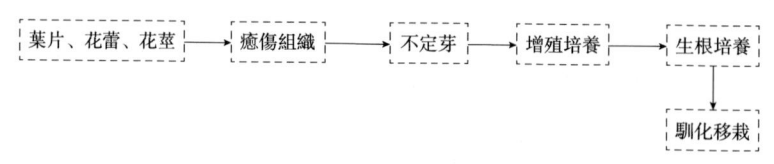

葉片、花蕾、花莖 → 癒傷組織 → 不定芽 → 增殖培養 → 生根培養 → 馴化移栽

圖 5-5-5　西瓜壽組培快繁操作流程

二、西瓜壽葉片培養

1. 外植體的選取、滅菌和接種　選取生長健壯、無病害的西瓜壽為材料，將葉片取

下，用紗布包裹並置於流水下沖洗 20～30min，在超淨工作臺中用 0.1％氯化汞浸泡 10min，無菌水沖洗 5 次。將葉片切成約 1.0cm×1.0cm 大小，接種到癒傷組織誘導培養基 MS＋6-BA 1.0mg/L＋2,4-滴 0.5mg/L＋NAA 0.2mg/L 上，進行癒傷組織的誘導（圖 5-5-6 A）。培養條件為溫度（22±2）℃、光照時間 12h/d、光照度 2 000lx，濕度保持在 75％左右。

2. 繼代培養 將癒傷組織轉入不定芽分化培養基 MS＋6-BA 1.0mg/L＋NAA 0.2mg/L 中，培養一段時間。約 30d 後，癒傷組織分化成不定芽（圖 5-5-6 B）。將不定芽切下來，接種到增殖培養基 MS＋6-BA 0.3mg/L＋NAA 0.05mg/L 中進行不定芽增殖培養。培養約 40d 後可獲得大量生長健壯的叢生芽（圖 5-5-6 C）。培養條件同初代培養。

3. 生根培養 將生長到 2～3cm 的叢生芽切成單株，接種到生根培養基 1/2MS＋NAA 0.1mg/L 中進行壯苗生根培養。約 30d 後，肉眼可見數量較多、健康的根系（圖 5-5-6 D）。培養條件同初代培養。

4. 煉苗移栽 選取長勢健壯、根數達到 5 個以上的組培苗，進行煉苗移栽（圖 5-5-6 E）。打開組培苗瓶蓋，加入少量的無菌水，煉苗 3～4d，在自來水下沖洗根部的培養基，在自然條件下晾 2d，移栽入營養土（珍珠岩∶草炭∶蛭石＝1∶1∶1）中，置於通風陰涼處 7d。待植株長出新根後，可轉移到苗圃中。

圖 5-5-6 西瓜壽離體葉片的組培快繁體系
A. 葉片誘導癒傷組織　B. 癒傷組織誘導不定芽　C. 不定芽增殖
D. 生根苗的根系　E. 移栽後的植株

學習筆記

技能訓練

離體根的培養

一、訓練目標

掌握離體根培養操作流程；能制訂合理的培養方案。

二、材料與用品

胡蘿蔔肉質根、培養基（MS＋IAA 1.0mg/L＋KT 0.1mg/L）、無菌水、95％酒精、75％酒精、2％～5％次氯酸鈉、0.05％甲苯胺藍、超淨工作臺、無菌打孔器、酒精燈、接種工具、刮皮刀、無菌瓶、無菌濾紙、75％酒精棉球、燒杯、培養皿、玻璃棒、記號筆等。

三、方法與步驟

1. 外植體選擇與處理 取健壯的胡蘿蔔肉質根，用自來水沖淨，用刮皮刀削去外層厚1～2mm的組織，橫切成厚10mm的切片，然後在超淨工作臺上將胡蘿蔔切片放入無菌瓶中，用2.6％次氯酸鈉浸泡10min，無菌水漂洗3次，每次30～60s。將胡蘿蔔切片平放在無菌培養皿中，用無菌打孔器沿形成層區域垂直鑽取圓柱體若干（圖5-5-7），然後用玻璃棒輕輕將圓柱體從打孔器中推出，放入裝有無菌水的培養皿中。反覆操作，直到達到接種數量要求。

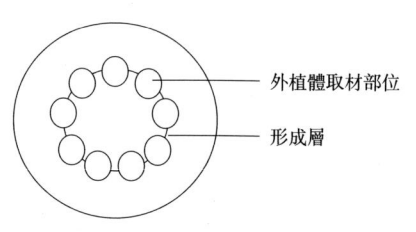

圖5-5-7　胡蘿蔔肉質根取材部位

2. 接種 從培養皿中取出圓柱體，放在無菌培養皿中，用解剖刀切除圓柱體兩端各2mm的組織，然後將餘下部切成3片（每片厚約2mm，小圓片直徑5mm），用無菌濾紙吸乾圓片兩面的水分，接種到預先配製的誘導癒傷組織培養基中。

3. 培養 置於25℃恆溫箱中進行暗培養。接種幾天後，外植體表面開始變得粗糙，有許多光亮出現（這是癒傷組織開始形成的症狀），3～4週後形成大量癒傷組織，將長大的癒傷組織切成小塊轉移到新鮮培養基上，如此反覆進行繼代培養。

4. 觀察記錄 用放大鏡觀察癒傷組織的表面特徵。再用解剖針挑取一些細胞置於載玻片上，做成臨時裝片，在顯微鏡下觀察癒傷組織細胞的特徵。也可用甲苯胺藍染色後再鏡檢，邊觀察邊記錄。

四、注意事項

（1）外植體要求無病、健壯。
（2）用打孔器鑽取胡蘿蔔根的圓柱片時務必打穿組織。
（3）嚴守無菌操作規程。

五、考核評價建議

加強過程考核、動態考核和追蹤考核，做到定性和定量考核相結合。考核重點是專案的

科學合理和可行性、外植體選擇與處理方法、培養基的適宜性、無菌操作的規範數量程度、分析解決問題能力和培養效果等。考核方案見表 5-5-1。

表 5-5-1　離體根的培養考核評價

考核項目	考核標準	考核形式	滿分
實訓態度	1. 任務工單撰寫字跡工整、詳略得當（5分）； 2. 實訓操作認真，積極主動完成任務（5分）； 3. 積極思考，有全局觀念、團隊意識和創新精神（5分）	教師評價	15分
方案設計	專案設立合理，可操作性強（10分）	教師評價	10分
現場操作和管理	1. 外植體選取正確（10分）； 2. 操作規範、熟練、工作效率高（10分）； 3. 專案管理科學、有效（10分）	現場操作	30分
分析解決問題能力	1. 觀察細心、認真，能夠及時發現問題（5分）； 2. 問題分析科學、客觀、準確（5分）； 3. 問題解決及時，措施科學合理、針對性強（5分）	口試、討論	15分
培養與馴化效果	1. 建立組培無性繁殖系（10分）； 2. 出癒率、分化率高，汙染率≤10%（10分）； 3. 移栽成活率≥80%（10分）	現場檢查	30分
合計			100分

知識拓展

植物開放式組織培養

　　植物開放式組織培養簡稱開放組培，是在抑生素的作用下，使植物組織培養脫離嚴格無菌的操作環境，不需要高壓滅菌和超淨工作臺，利用塑膠杯代替組培瓶，在自然、開放的有菌環境中進行植物的組織培養，從根本上簡化組培環節，降低組培成本。開放組培在一些植物種類上已有報導，若要商業化生產推廣仍存在一些問題，有待進一步解決。

　　一、抑生素選擇與有效濃度的確定

　　抑生素如市售山農1號、益培靈等可根據需要進行選擇。藥劑本身附帶使用說明，若要使效果達到最佳，要根據不同使用對象進一步試驗。

　　二、開放組培新技術體系的建立

　　培養容器可選擇一次性塑膠口杯等類似物，並用PE保鮮膜封口；培養基煮好後，根據不同培養目的，加入不同濃度的抑生素，然後分裝到培養杯中，用PE保鮮膜封口，封口時間不能太長。接種器具用75%酒精擦洗後，放在30%抑生素溶液中浸泡，接種在相對乾淨的接種室內，用75%酒精將接種臺面和手擦乾淨，揭開封膜的一角，用已滅菌的接種器具，把植物接種到培養基上，然後再將杯封嚴即可。置於培養架進行培養時，要定期對培養室進行滅菌，及時清理汙染苗，保持一個相對乾淨的培養環境。

三、開放組培培養條件的簡化

開放組培省去了高壓滅菌鍋、超淨工作臺等大型儀器，大大降低了成本投入；開放組培對操作人員的技術要求相對較低，單位時間內的產苗量相對提高，在很大程度上降低了單株苗的生產成本；開放組培苗培養空間不再侷限於培養室，可以在溫室內培養，充分利用自然光，大大降低了人工補光的電能消耗；開放組培養容器選擇空間變大，可以利用價廉的一次性塑膠杯或製冰盒等。

自我測試

一、簡答題

1. 如何提高玉露增殖培養時的增殖率？
2. 確定多肉植物組培苗培養條件的依據是什麼？
3. 不同基因型的西瓜壽不定芽的誘導能力有何差異？
4. 多肉植物試管苗移栽時對於移栽基質有何要求？

二、綜合分析題

1. 試分析多肉植物葉片培養和果樹、蔬菜等植物的葉片培養有何不同。
2. 請談談你對開放組培的理解和認識。

第六節
名貴藥材組培與快繁

知識目標
- 熟悉各種藥用植物外植體的選取、處理、滅菌和培養方法。
- 掌握藥用植物組培快繁的程序、操作流程。
- 熟悉組培過程中出現的問題並能提出合理的解決方案。

能力目標
- 能夠進行植物器官的取材、處理、滅菌和培養。
- 能夠規範操作藥用植物組培快繁的各個環節。
- 能夠正確解決組培過程中出現的汙染、褐化、玻璃化等問題。

素養目標
- 具備自學能力和獨立分析問題、解決問題的能力。
- 具備良好的動手能力和科學的思維能力。
- 具備吃苦耐勞、團結合作、開拓創新、嚴謹務實、誠實守信的職業素養。

知識準備

任務一　鐵皮石斛組培與快繁

鐵皮石斛又名鐵皮蘭、節草、耳環石斛等，為蘭科石斛屬多年生附生型草本植物，是一種名貴的中藥材，在民間被譽為「救命仙草」，具有抗癌、防癌、抗輻射、抗衰老、提高人體免疫力、擴張血管、抗血小板凝結等多種功效。目前中國野生的鐵皮石斛越來越少，早在1987年就被中國政府列為野生藥材重點二級保護瀕危植物，應大力發展規模化人工栽培。但是，鐵皮石斛種子極小，在自然條件下發芽率極低，分株、扦插等常規繁殖率又較低，並長期無性繁殖容易造成病毒繼代感染，導致品種退化。利用組織培養手段快繁種苗，既可保護自然資源，又能滿足生產需要。

一、鐵皮石斛組培快繁操作流程

鐵皮石斛植株再生途徑包括原球莖發生型、叢生芽增殖型、癒傷組織發生型和胚狀體發生型等途徑（圖 5-6-1）。工廠化育苗主要採用前兩種途徑。以種子為外植體，與莖尖、莖段相比，繁殖效率高，但後代容易發生變異，因此要注意原球莖增殖不宜超過10代。

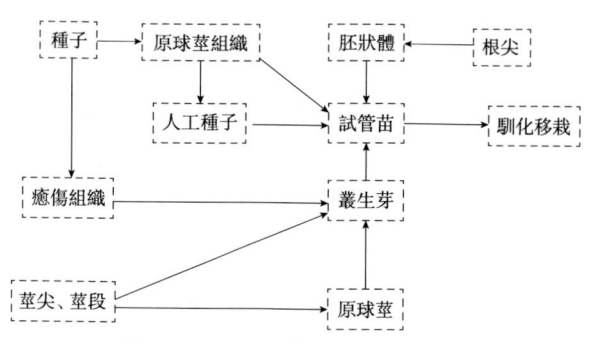

圖 5-6-1　鐵皮石斛組培快繁操作流程

二、鐵皮石斛種子培養

1. 種子採集和滅菌　選取鐵皮石斛成熟蒴果，在流水下沖洗 60min，用洗衣粉液浸泡 20min，繼續用流水沖洗乾淨，在超淨工作臺上用 75％酒精消毒 30s，無菌水沖洗 3 次，放在無菌瓶中用 0.1％氯化汞消毒 5min 後，再用無菌水沖洗 5 次。

2. 播種　在無菌濾紙上吸乾種子外表水分，用刀片將種子切開小口，輕輕抖動果莢，將種子播在無菌誘導培養基 MS＋6-BA 1.0mg/L＋香蕉汁 120g/L 表面。種子播種後先暗培養 3d，再轉入光下正常培養即可。光下培養條件為溫度（25±2）℃、光照時間 12h/d、光照度 2 000lx。

3. 原球莖誘導　播種後，先暗培養 3d，再轉入光下培養。培養條件要求溫度（25±2）℃、光照時間 8h/d、光照度 1 500lx。一週後種子變得鮮綠，15d 後胚幾乎充滿整個種子，30～40d 後種子發育成為原球莖，此時原球莖體積大、顏色濃綠（圖 5-6-2 A）。

4. 原球莖增殖　將原球莖轉入適宜增殖培養基 MS＋NAA 0.5mg/L＋6-BA 1.0mg/L＋馬鈴薯汁 100g/L 上。培養條件要求溫度（25±2）℃、光照時間 12h/d、光照度 1 500lx。轉接後約 30d 即可形成新的原球莖。如此反覆切割增殖，在短時間內就會獲得大量原球莖（圖 5-6-2 B）。每 35～50d 即可增殖 1 代。

5. 原球莖分化　原球莖轉移到分化培養基 MS＋NAA 0.5mg/L＋馬鈴薯汁 100g/L 中，20d 後可觀察到綠色芽點，並逐漸長成芽苗，培養 40d 後芽苗高 2.0～2.5cm，葉色淡綠，此時應轉移到生根培養基（圖 5-6-2 C）。培養條件同原球莖增殖。

6. 壯苗和生根培養　將 2cm 左右的不定芽分成單個芽苗，並接種到生根培養基（1/2MS＋NAA 0.3mg/L＋香蕉汁 30g/L）中，培養 60d 後形成高 4～5cm、根長 3～5cm 的完整再生植株（圖 5-6-2 D）。培養條件同原球莖增殖。

7. 煉苗移栽　當幼苗長有 4～5 片完全展開葉、根 5～6 條、根長 2～3cm 時，打開培養瓶瓶蓋，在培養室內煉苗一週。待植株能夠適應外界環境後，可將其移栽至消過毒的培養基質中，保持濕度 90％以上，置於陰涼通風處（圖 5-6-2 E）。移植後一週內不澆水，以防濕度過大造成爛根。兩週後可視其長勢移栽至苗圃中。

圖 5-6-2　鐵皮石斛種子培養過程
A. 種子誘導出原球莖　B. 原球莖增殖　C. 原球莖分化為芽苗
D. 試管苗生根　E. 試管苗移栽後

三、鐵皮石斛莖段培養

1. 外植體採集和處理　選取鐵皮石斛生長旺盛、無病害、粗壯的新鮮植株上的嫩莖段，去除葉片，置於流水下沖洗 30～60min，瀝乾備用。在超淨工作臺上，先用 75％酒精消毒 30s，無菌水沖洗 2 次，再用 0.1％氯化汞浸泡 3min，無菌水沖洗 3～5 次，最後無菌濾紙吸乾表面水分。

2. 初代培養　將鐵皮石斛莖段切成長 1cm 左右、帶芽的小段，接種到誘導培養基 MS＋NAA 0.5mg/L＋6-BA 1.5mg/L 上。培養條件要求溫度（25±2）℃、光照時間 12h/d、光照度 2 000lx，培養 30～50d 後可在節上長出 1～2 個新芽。

3. 叢生芽誘導和增殖　將新芽切下，轉移到繼代培養基 MS＋NAA 0.5mg/L＋6-BA 1.5mg/L＋馬鈴薯汁 100g/L＋活性炭 1g/L 中繼續培養。30d 後可獲得大量的叢生芽植株。培養條件同初代培養。

4. 壯苗與生根培養　將叢生芽切分成單個芽苗後轉接到 MS 壯苗培養基上。培養 40d 後可發育成高＞3cm、具有 2～3 片葉的健壯無根苗。將壯苗培養後的無根芽苗轉接到生根培養基 MS＋NAA 0.2～0.5mg/L＋AC 0.1％中。培養 40～60d 後在苗基部便可長出多條肉質、綠色的氣生根，形成完整植株。

學習筆記

任務二　刺五加組培與快繁

　　刺五加為五加科五加屬植物，別名五加皮、刺拐棒，主要生長在低山、丘陵闊葉林或針闊混交林的林下、林緣，喜溫暖、濕潤氣候，耐寒。刺五加是中國醫藥珍品，根、莖、葉均可入藥，是著名的滋補保健藥材，享有國際盛譽。但經過幾十年掠奪式採挖，野生刺五加資源破壞嚴重，保護、開發和持續利用這一寶貴資源已成當務之急。刺五加既可進行有性生殖，又可進行無性繁殖。由於在自然狀態下刺五加結實的株叢少，種子蟲害較重、產量低、品質差、自然狀態後熟時間長、出苗率低、休眠程度深等原因，致使刺五加的有性生殖比較困難，成為制約刺五加種群持續和擴展的內在因素。而植物組織培養及其快繁技術是克服常規種子繁殖速度慢和繁殖率低等缺點的有效途徑。

一、刺五加組培快繁操作流程

　　刺五加組培快繁操作流程見圖5-6-3。

莖尖、莖段、葉片等 → 叢生芽 →（增殖培養）→ 叢生芽 → 生根培養 → 馴化移栽

圖5-6-3　刺五加組培快繁操作流程

二、刺五加莖尖培養

1. 外植體的採集和處理　　選取野生刺五加當年形成的越冬枝條，室內培養至萌發新芽。將萌發新芽的莖段剪成長3～4cm的莖段，在流水中沖洗30min。在超淨工作臺上剝去包裹在外植體外部的芽鱗片，取其生長點作為接種對象，用75％酒精浸泡30s，0.1％氯化汞消毒5min，無菌水沖洗5～6次，然後用無菌濾紙吸乾腋芽表面的水分。

2. 初代培養　　將腋芽接種於誘導培養基 WPM＋NAA 0.1mg/L＋6-BA 1.0mg/L 中。培養條件為溫度（25±2）℃、光照時間12h/d、光照度2 000lx。接種3～5d後，莖尖基部變大並有綠色芽點出現，12d後葉原基發育成可見的小葉，進而形成叢生芽。

3. 繼代培養　　將叢生芽切分為2～3芽簇塊接種到增殖培養基（WPM＋NAA 0.05mg/L＋6-BA 0.5mg/L）中，每瓶接種3～4芽簇塊，培養條件同上。經過3～4週的培養可獲得由30～40個腋芽形成的芽叢，反覆多次增殖培養可獲得大量叢生芽。

4. 生根培養　　將叢生苗切割下來，分成單株，轉入生根培養基（White＋IBA 0.5mg/L＋IAA 1.5mg/L）中進行培養。20d可觀察到開始產生新根。

5. 煉苗移栽　　生根培養45d後，打開瓶蓋煉苗。煉苗5d後將苗取出，輕輕洗淨基部的培養基，移栽至消毒過的培養基質中，澆透水，每2d用噴霧器噴水，保持基質潮濕，每週噴一次1 000倍的殺菌劑，培養溫度控制在23℃左右。20d後待幼苗基部出現白色新根，即可定植於苗圃中。

> **學習筆記**

任務三　川貝母組培與快繁

　　川貝母為百合科貝母屬多年生草本植物，以其地下鱗莖入藥，是中醫學常用的一味重要藥用植物，因其醫療效果良好，市場需求量很大。川貝母分布區廣，種源多樣，差異較大，隨著中藥產業的快速發展，各種傳統單方和複方中藥對川貝母的需求量逐年增大，而產業發展之初，幾乎都是使用野生的川貝母資源，在巨大的商業利益刺激下，林農戶到野外天然環境中去採挖野生川貝母，造成川貝母生境的極大破壞，使得川貝母的供求矛盾加劇，野生資源已面臨枯竭。

　　川貝母主要依靠種子進行有性繁殖，人工種植野生川貝母需生長3～4年才能收穫。川貝母生長週期長，生產成本高，且繁殖係數低，種子發芽困難，嚴重制約著人工栽培的發展，難以滿足市場需求。採用組培快繁技術進行川貝母無性繁殖可以縮短生長週期，降低生產成本，是市場化經營的發展趨勢。

一、川貝母組培快繁操作流程

川貝母組培快繁操作流程見圖5-6-4。

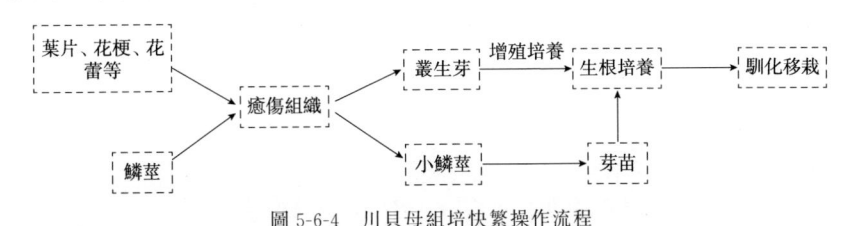

圖5-6-4　川貝母組培快繁操作流程

二、川貝母組培快繁技術

1. 外植體的選取、滅菌和接種　　川貝母開花之前的幼嫩葉片、鱗莖、花梗、花蕾等都可作為外植體，比較常用的外植體是葉片和鱗莖。

（1）川貝母葉片的選取、滅菌和接種。選取生長健壯、無病害的川貝母當年新生枝條上生長約7d的葉片，置於流水下沖洗30～60min。在超淨工作臺上，用75％酒精消毒15～30s，無菌水沖洗2次，0.1％氯化汞浸泡3～5min，無菌水沖洗3～5次，然後用無菌濾紙吸乾表面水分，切取形態學下端作為外植體，葉基部直接插入誘導培養基（MS＋KT 1.0mg/L＋2,4-滴0.6mg/L）中。葉片培養時，先置於黑暗條件下7d，然後再置於光下培

養。光下培養條件為溫度（20±2）℃、光照時間 12h/d、光照度 1 000～1 500lx。

（2）川貝母鱗莖的選取、滅菌和接種。選擇生長健康、無病害的川貝母，挖取新生鱗莖，用軟毛刷輕輕刷去根莖表面泥土，流水沖洗乾淨，晾乾備用。在超淨工作臺上，將鱗莖先用75％酒精浸泡消毒1min，無菌水沖洗 1 次，然後用 0.1％氯化汞浸泡 10min，無菌水沖洗 5 次，最後用無菌濾紙吸乾水分。將鱗莖外表皮剝去，取內部鱗莖的鱗片，切成 1cm×1cm 的大小，接種於癒傷組織誘導培養基 MS＋2,4-滴 0.5mg/L＋6-BA 1.0mg/L 中。培養條件為溫度（20±2）℃、光照時間 12h/d、光照度 1 000～1 500lx。

2. 鱗莖誘導培養 選取質地較緊密、生長速度快和顏色為黃色或淡黃色的癒傷組織，切成適當大小接種於鱗莖誘導培養基 MS＋KT 2.0mg/L＋NAA 0.3mg/L 中。培養一段時間後，癒傷組織上會出現綠色的小芽點，約 45d 可分化出白色的小鱗莖。培養條件同初代培養。

3. 鱗莖抽苗誘導培養 當小鱗莖直徑達到 0.6cm 時，將其轉入鱗莖抽苗培養基 MS＋IBA 0.3mg/L＋6-BA 3.0mg/L 中繼續培養。約 45d 後小鱗莖上可長出小幼苗。培養條件同初代培養。

4. 生根培養 待小苗長到高 2cm 左右時，切取無根苗轉入生根培養基 MS＋NAA 0.3mg/L 中培養 60d。此階段培養室可適當增加光照度，約 20d 即可在植株基部生成數量較多的根。

5. 煉苗移栽 待小苗長至 5～7cm 高時，打開瓶蓋，置於散射光中煉苗 3～5d，然後小心取出組培苗，清除根部培養基，可選用多菌靈浸泡，移栽於滅菌的培養基質中，置於陰涼通風處。小苗長出新葉或新根後，可適當增加光照，待小苗長勢強壯後移入苗圃。

學習筆記

任務四　黃精組培與快繁

黃精為百合科黃精屬多年生草本植物，又稱姜形黃精。其入藥部分為根狀莖，主要的有效成分為黃精多糖和甾體皂苷，具有增強免疫力、改善記憶力、降血糖、抗細菌、抗真菌及抗腫瘤等功效，是藥食同源不可多得的植物，具有很好的開發與應用價值。黃精的繁殖主要有塊莖繁殖和種子繁殖兩種，生產上，塊莖繁殖主要靠採挖野生塊莖為種源進行無性繁殖，繁殖係數低，用量巨大，對自然野生資源構成巨大破壞，同時，連續多代的塊莖繁殖常造成植株內病毒富積而退化，個體生長勢逐漸變弱，產量越來越低。種子繁殖時，因種子休眠期長、不易萌發、發芽率低等原因，生長速度不如塊莖繁殖方法。組織培養是一種十分有效的快速繁殖手段，可在短期內大規模繁殖性狀穩定的優良種苗。

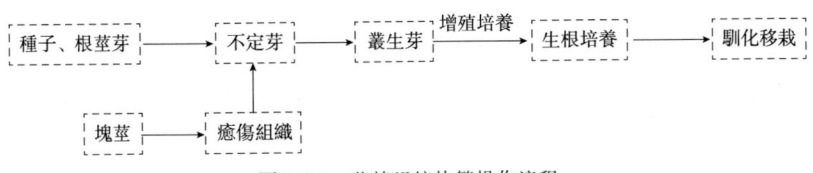

一、黃精組培快繁操作流程

黃精組培快繁操作流程見圖5-6-5。

```
種子、根莖芽 ──→ 不定芽 ──→ 叢生芽 ──增殖培養──→ 生根培養 ──→ 馴化移栽
                    ↑
塊莖 ──→ 癒傷組織
```

圖5-6-5　黃精組培快繁操作流程

二、黃精組培快繁技術

1. 外植體的選取、滅菌和接種　黃精的外植體可選取種子、塊莖、根莖芽等。黃精種子的成熟期在每年8月，選取種子作為外植體有一定的時間限制。根莖芽的擷取一般是在晚秋或早春（3月下旬）黃精採摘期進行。

（1）種子的選擇、滅菌和接種。選擇長勢良好的黃精植株作為母株，取顆粒飽滿、無病蟲害、成熟度為70%的莢果，用洗衣粉清洗去莢果表面的塵埃，置於流水下沖洗乾淨，再用純淨水沖洗2~3遍，置於超淨工作臺上用75%酒精消毒30s，用5%次氯酸鈉消毒10~15min並加入2~3滴吐溫-80，用無菌水沖洗3~5次，用無菌濾紙吸乾材料表面水分。用無菌手術刀剝除外種皮，把剝除種皮後的種子接種於芽萌發誘導培養基（MS+6-BA 0.5mg/L+活性炭0.5g/L）中。培養條件為溫度（23±2）℃、光照時間10h/d、光照度2 000~3 000lx。

（2）根莖的選取、滅菌和接種。選擇根莖大、無病蟲害的黃精根莖為試驗材料，用刷子刷去根莖表面的泥土，剪去根系，沖洗乾淨，晾乾備用。在超淨工作臺上，將帶有根莖芽的根莖先用75%酒精浸泡消毒30s，無菌水沖洗1次，然後用0.1%氯化汞浸泡5min，無菌水沖洗5次，最後用無菌濾紙吸乾水分。將根莖表皮、切口與滅菌劑有接觸的部位輕輕削去，將剩餘根莖組織切成1cm×1cm×1cm的組織塊，並將根莖芽切離下來，剝去外層芽鞘置於不定芽誘導及增殖培養基MS+TDZ 1.0mg/L+NAA 0.5g/L上。培養條件同種子初代培養。

2. 繼代培養　當種子抽出莖葉並長出胚根時，切取莖段，將其轉入芽增殖誘導培養基MS+TDZ 0.5mg/L+6-BA 1.0mg/L+NAA 0.5g/L中，培養30d即可獲得大量的不定芽。將不定芽單株接種於叢生芽繼代增殖培養基MS+KT 1.0mg/L+6-BA 1.0mg/L+NAA 0.3~0.5g/L中，培養一段時間後獲得大量叢生芽。培養條件同種子初代培養。

3. 生根培養　經誘導芽增殖培養後，選取長勢健壯、高度約2cm的植株，接種到生根培養基1/2MS+NAA 1.0mg/L+活性炭0.5g/L中，誘導生根培養40d，待根數5~6條、植株高5cm時可進行煉苗移栽。

4. 煉苗移栽　經生根培養後，選取健壯植株的組培苗，置於自然光溫環境下煉苗5~7d，打開瓶蓋煉苗3~5d，將苗取出，並沖洗乾淨根表面殘留的培養基，將植株移栽到消過

毒的培養基質中，置於光照度2 000lx、空氣濕度80％左右的環境中培養。待植株長出白色新根、幼嫩新葉，即可定植於消毒的土壤中。

學習筆記

任務五　蒼朮組培與快繁

蒼朮為菊科蒼朮屬多年生草本植物，又名南蒼朮、茅術、京蒼朮，地下根狀莖經炮製蒼朮入藥，廣泛用於治療風濕病、消化系統疾病及流行性感冒等。傳統生產可以利用蒼朮種子和根莖進行繁殖，但種子存在生命力較差、繁殖係數較低、根莖繁殖時根莖需求量大、品質易退化等弊端。透過組培快繁技術能在短期內獲得大量優質無菌苗，滿足生產種苗需要，還能與生物技術育種結合選育高產優質的新品種，開闢新的藥用資源，並對緩解供需矛盾、保護野生蒼朮資源具有重要意義。

一、蒼朮組培快繁操作流程

蒼朮組培快繁操作流程見圖5-6-6。

種子、莖尖、根莖芽等 → 不定芽 → 叢生芽 —增殖培養→ 生根培養 → 馴化移栽

圖5-6-6　蒼朮組培快繁操作流程

二、蒼朮組培快繁技術

1. 外植體的選取、滅菌和接種　蒼朮的外植體可選取種子、莖尖、根莖芽等。蒼朮種子一般在每年11月下旬至12月上旬進行採收，但是在自然條件下，蒼朮種子的產量很低，且大多數種子生理狀態很差，不適宜作為外植體。蒼朮莖尖的選取一般在每年春季、蒼朮萌發後生長旺盛時期，此時病蟲害較少，擷取莖尖作為外植體對母株的生長基本上沒有影響。在蒼朮採收期可選取蒼朮的根莖芽作為外植體，但是根莖芽帶菌量較大，容易造成內生菌汙染，且此時根莖芽的生活力不強，增殖效率不高。

（1）種子的選取、滅菌和接種。選擇長勢良好的蒼朮植株作為母株，取顆粒飽滿、無病蟲害的蒼朮種子，用紗布包裹後，置於流水下沖洗30～60min，待種子沖洗乾淨後，將種子分裝到10mL的離心管中，加入75％酒精振盪消毒15min。在超淨工作臺上，再用無水酒精洗2次，最後加入適量無水酒精，將種子倒在無菌濾紙上。待無水酒精揮發完全後，將種子接種於萌發培養基（1/2MS）中。培養條件為溫度（23±2）℃、光照時間12h/d、光照度2 000～2 500lx。

（2）莖尖的選取、滅菌和接種。選取野生、健康、無病害的蒼朮植株當年新生枝條，剪取長約2cm的頂芽，置於流水下沖洗30min，在超淨工作臺上先用75%酒精消毒30s，然後用0.2%氯化汞浸泡8min，最後用無菌水沖洗5次，置於無菌濾紙上吸乾水分，切去下端與滅菌劑接觸的部位，接種於不定芽誘導培養基MS＋6-BA 1.0mg/L＋NAA 0.5mg/L中，培養15d左右腋芽萌發，形成無菌短枝型芽叢（圖5-6-7 A）。培養條件為溫度（23±2）℃、光照時間12h/d、光照度2 000～2 500lx。

（3）根莖芽的選取、滅菌和接種。選擇根莖大、無病蟲害的蒼朮根莖為試驗材料，刷去根莖表面泥土，剪去根系，沖洗乾淨，晾乾備用。在超淨工作臺上，將帶有根莖芽的根莖先用75%酒精浸泡1min，無菌水沖洗1次，然後用0.1%氯化汞浸泡5～8min，無菌水沖洗5次，最後用無菌濾紙吸乾水分。將根莖表皮、切口與滅菌劑有接觸的部位輕輕削去，將根莖芽切離下來，剝去外層芽鞘置於不定芽誘導及增殖培養基MS＋6-BA 1.5mg/L＋NAA 0.5mg/L上。培養條件與莖尖的選取、滅菌和接種時相同。

2. 繼代培養　將培養獲得的芽叢切割成單株，接種於叢生芽增殖培養基MS＋6-BA 1.0mg/L＋NAA 0.15mg/L中，培養40d。培養條件與莖尖的選取、滅菌和接種時相同。接種後1周可見新芽出現，陸續長出新葉。隨後有更多叢生芽產生，最後形成叢苗（圖5-6-7 B）。

3. 生根培養　取株高3cm以上、葉片挺拔、葉色濃綠的單株健壯幼苗，接種於生根培養基1/2MS＋活性炭0.5%中，培養15d左右可見新根生成，30～40d後根系可達3～5cm（圖5-6-7 C、圖5-6-7 D）。

4. 煉苗移栽　挑選葉片數8片以上、不定根數多於10條、苗高＞5cm的壯苗，擰鬆瓶蓋先在溫室放置2d，隨後在溫室自然光下煉苗1週，移栽前打開瓶蓋，倒入少量水保持植株不萎縮。取出組培苗注意不要傷到根，洗淨培養基後定植於穴盤。將穴盤置於溫室，相對濕度保持80%以上，每週噴施0.1%多菌靈一次，常規管理移栽苗（圖5-6-7 E）。

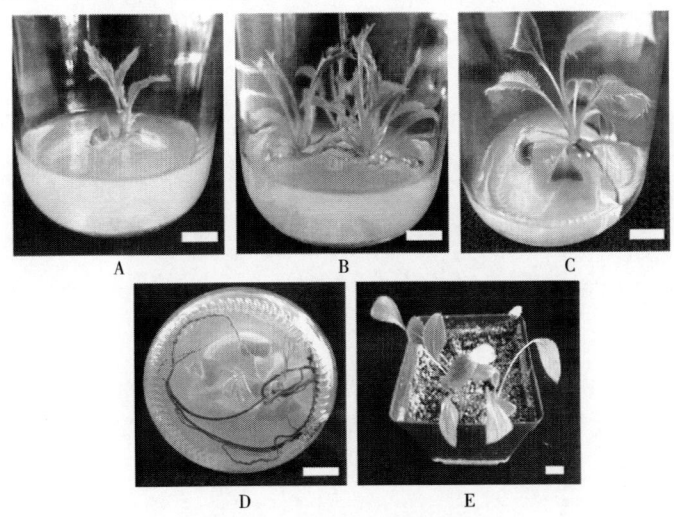

圖5-6-7　蒼朮莖尖組培過程
A. 蒼朮莖尖誘導培養　B. 叢生苗誘導增殖培養　C. 蒼朮生根培養
D. 蒼朮組培苗根系狀態　E. 蒼朮組培苗移栽後

學習筆記

技能訓練

種 子 培 養

一、訓練目標

掌握種子培養的操作流程,熟練進行外植體的選擇與處理,規範進行無菌操作。

二、材料與用品

植物種子(長春花、薰衣草等)、種子發芽培養基(MS 或 1/2MS)、無菌水、75％酒精、2％～5％次氯酸鈉、平板培養基、超淨工作臺、酒精燈、75％酒精棉球、培養皿、接種工具、記號筆、無菌瓶、無菌濾紙、燒杯等。

三、方法與步驟

1. 外植體選擇與處理　選取飽滿的成熟種子置於燒杯內,在超淨工作臺上先用 75％酒精浸泡 10s,再用 2.6％次氯酸鈉浸泡 10～15min,用無菌水沖洗 5 次,最後用無菌濾紙吸乾種子表面水分。

2. 接種　將消毒後的種子接種到平板培養基上,用鑷子稍壓使種子與培養基緊密接觸。

3. 培養　接種後培養皿置於培養箱中暗培養,設定溫度 26～28℃。培養 10d 左右露白,部分種子長出芽。此時應及時轉移到光下培養成健壯的無菌苗。注意觀察比較不同植物種子培養時的露白和出芽時間。

四、注意事項

(1) 種子消毒盡量使用次氯酸鈉。
(2) 種子發芽前以暗培養為主。
(3) 根據種子表面的形態特點選擇合適的消毒劑,並確定適宜的消毒時間。
(4) 為了打破種子休眠,需要在培養基中適當添加 GA。

五、考核評價建議

考核重點是平板培養基的分裝方法和種子消毒效果。考核方案見表 5-6-1。

表 5-6-1　種子培養考核評價表

考核項目	考核標準	考核形式	滿分
實訓態度	1. 任務工單撰寫字跡工整、詳略得當（5分）； 2. 實訓操作認真，積極主動完成任務（5分）； 3. 積極思考，有全局觀念、團隊意識和創新精神（5分）	教師評價	15分
方案設計	專案設立合理，可操作性強（10分）	教師評價	10分
現場操作和管理	1. 平板培養基分裝方法正確（15分）； 2. 無菌操作規範、熟練，工作效率高（15分）； 3. 專案管理科學、有效（10分）	現場操作	40分
分析解決問題能力	1. 觀察細心、認真，能夠及時發現問題（5分）； 2. 問題分析科學、客觀、準確（5分）； 3. 問題解決及時，措施科學合理、針對性強（5分）	口試、討論	15分
培養與馴化效果	1. 建立組培無性繁殖系（10分）； 2. 分化率高，汙染率≤10％（10分）	現場檢查	20分
合計			100分

知識拓展

貝母的藥用價值

中藥貝母來源於多種百合科貝母屬植物的乾燥鱗莖。長期以來，貝母作為中藥中最重要的鎮痰、祛痰和抗高血壓的藥物之一，備受關注。《中國藥典》（2015版）收錄了5種貝母，分別為川貝母、平貝母、伊貝母、浙貝母和湖北貝母。其中，川貝母和浙貝母品質上乘，被廣泛使用。

貝母具有清肺、化痰、散結、鎮咳、止喘、除燥的功效，可用於治療肺熱咳嗽、咯血、瘰癧、癰腫等症狀。貝母含有生物鹼，其含量見貝母的指標成分。貝母乾燥鱗莖普遍含有亞油酸、亞麻酸、棕櫚酸、硬脂酸等。亞油酸是一種人體內必須但不能合成的不飽和脂肪酸，是人體組織、細胞的組成成分，與人體的脂代謝有密切關係；具有增強人體免疫力、降血脂、抗動脈粥樣硬化和抗血栓等功效。亞麻酸是構成細胞膜和生物酶的基礎物質，對人體健康起決定性作用；在體內可轉化為 DHA、DPA、EPA 等，是人體健康必需卻又普遍缺乏的一種必需營養素。

自我測試

一、填空題

1. 藥用植物組織培養的優點有_____、_____、_____等。
2. 植物組織培養在中藥領域的應用有_____、_____、_____等。
3. 利用_____法可進行藥用植物育種工作。
4. 蒼朮組培時，可選用_____、_____、_____等作為外植體。

5. 貝母組培時，可選用＿＿＿＿、＿＿＿＿、＿＿＿＿等作為外植體。

二、簡答題

1. 組培無菌播種與傳統播種有何不同？
2. 如何提高鐵皮石斛試管苗的移栽成活率？
3. 影響川貝母組培中癒傷組織分化為不定芽的因素有哪些？
4. 蒼朮栽培上出現的問題與前期組培繁苗有何關係？
5. 植物增殖培養時，採用不同培養基交替循環式培養的目的是什麼？

第六章　組培苗工廠化生產與經營管理

第一節
組培苗工廠化生產

知識目標
- 熟悉植物組織培養工廠化生產工藝流程和技術環節。
- 了解組培苗木品質鑑定的內容。
- 掌握提高組培生產效益的措施。

能力目標
- 能夠制訂組培苗木生產計劃。
- 能夠進行組培生產成本核算和效益分析。
- 能夠檢測組培苗品質。

素養目標
- 培養團隊精神、創新意識和全局意識。
- 具備良好的身心素養和較強的表達能力、溝通能力和適應能力。
- 具備從事組培苗木生產管理人員的素養和能力。

知識準備

任務一　生產計劃的制訂與實施

生產計劃的制訂是組培苗商業化生產的關鍵和重要依據，需要全面考慮、計劃周密、工作謹慎，把正常因素和非正常因素均要考慮在內，對各種植物增殖率的估算應切合實際，要掌握和熟悉各種組培苗的定植時間和生長環節、掌握組培苗可能產生的後期效應，根據市場需求和種植生產時間制訂全年植物組織培養生產的全過程。初學者可以在相關知識的基礎上，先確定年度或訂單規定的生產量，再逐步分解成月生產量，最後進行細化人力、物力需求等。

一、生產計劃的制訂

1. 生產計劃制訂的依據 中國組培苗木生產的市場經營方式大致分為訂單型、產品加工型和產品推廣應用型。無論哪種市場經營方式，都需要制訂生產計劃，並按生產計劃安排進行種苗生產。生產計劃的制訂是進行組培苗商業化生產的關鍵和重要依據，生產量不足或生產量過剩都會造成直接的經濟損失。要做到科學制訂生產計劃，必須依據以下幾個方面綜合確定。

（1）市場調查研究結論。市場調查研究結論是在市場調查的基礎上，透過科學的統計分析與預測得出的，它是市場經濟條件下企業制訂生產計劃、實施科學有效經營管理的重要決策依據。因此，組培苗商業化生產同樣也需要認真做好市場調查研究工作。某些組培企業之所以造成組培苗銷路不暢而大量積壓，帶來很大的經濟損失和浪費，就是因為沒有做好市場調查研究，脫離市場行情和需求，盲目生產的結果。

透過組培苗的市場調查、分析與預測，進而得出科學、相對客觀的結論，並以此結論指導組培苗生產計劃的制訂。只有這樣，才能使組培苗的生產做到有的放矢，避免生產的盲目性。對於訂單培養和來料加工型的市場經營方式，只需按客戶要求的數量、時間來制訂生產計劃和組織生產即可。

（2）生產工藝流程與技術環節控制。不同植物組培快繁類型不同，所採用的生產工藝流程和技術手段也是不同的。選擇採取何種快繁類型與生產工藝，首先要根據組培種苗的定植時間和用苗量來確定；其次是從組培無性系啟動到煉苗需要的時間，以及在此時間段內能繁殖的苗量來確定；最後再根據各種快繁類型的特點來確定。一般選擇快繁時間短、繁苗量多、種苗健壯、變異率低、移栽成活率高、成本低的快繁類型和相應的生產工藝最合適。如馬鈴薯最適宜的快繁形式就是在瓶內進行短枝扦插，繁殖速度快，苗量多，苗健壯，成活率高。

為保證按期順利供苗，企業對技術環節的控制能力是非常重要的，應在種苗正式生產前有充分的估計，實際生產時要嚴格控制。因為每個技術環節環環相扣，任何一個環節出現問題，都會影響整體生產進程，給生產帶來損失，最終不能如期完成生產計劃。如外植體誘導中間繁殖體的時間過長，減少了增殖繼代次數，不能完成供苗量；外植體誘導中間繁殖體沒有達到預期目標，影響了繁殖體增殖繼代的數量，也不能完成供苗任務；實際生產中出現大面積污染、玻璃化現象或移栽成活率，都會影響種苗的品質與供苗期。

有經驗的生產企業專門成立技術研發部，透過試驗性研究與小規模生產，摸索並總結出某種植物組培快繁全套技術標準與實施要求，包括外植體誘導技術、中間繁殖體增殖技術、生根技術、煉苗技術等，作為技術儲備，用於指導大規模生產。

（3）供苗數量與供苗時間。供苗數量是指訂單中明確的訂苗量或根據市場自行確定的生產量。供苗時間一般是指種苗的定植時間。定植時間一般根據種植種類及品種（即組培對象）的栽培週期、栽培形式、當地的地理環境、氣候條件和豐產採收時間來綜合確定。如蝴蝶蘭瓶苗每年 3—5 月出瓶合適，經 18 個月栽培管理，在翌年春節前開花上市，給栽培者帶來較好的收益，如果出瓶時間過晚，開花時間延後，在春節後開花，既造成生產成本的增加和浪費，又得不到經濟效益。

訂單簽好後，就可以按照訂貨量組織生產，保證按期交貨。如果供苗時間比較長，從秋季到春季分期分批出苗，則可以在繼代增殖 4~5 代後開始邊增殖邊誘導生根出苗，因為一

般組培苗在第 4～10 次繼代時增殖最正常，效果最好；如果供苗時間集中，但又有足夠長的時間可供繼代增殖，則可以連續增殖，待存苗達到一定數量後再一次性壯苗、生根，集中出苗；如果接到訂單較晚，離供苗時間很短，這時往往需要增加種苗基數，在前期加大增殖係數。如果是企業自行生產，在無大量定購苗之前，一定要限制增殖的瓶苗數，並有意識地控制瓶內幼苗的增殖和生長速度。通常可透過適當降溫、降低激素水準、在培養基中添加生長抑制劑等方法控制，或將原種材料進行低溫或超低溫保存。一旦根據市場預測確定組培苗生產數量後，尤其是直接銷售組培瓶苗或正處於馴化的組培幼苗，必須明確上市時間。由於受大田育苗季節性限制，一般供苗時間主要集中在秋、春兩季。盡量避免高溫與寒冷季節大批量供苗，這樣可以降低育苗成本。如果企業以前沒有生產過訂單中的組培植物，一定要給前期研發留有充足時間，再最終確定供苗時間。

（4）準確估算生產量。準確估算組培苗的增殖率是制訂生產計劃的核心問題。組培苗的增殖率是指植物快速繁殖中間繁殖體的繁殖率。如果增殖率估算預測能達 90%，就能順利完成生產任務，否則估算數量與實際出入過大，會直接影響生產計劃的完成。估算時要全面考慮，可細化到經預培養採集多少外植體，能產生多少中間繁殖體，中間繁殖體的增殖率多少，等等。估算的增殖數量要比供苗量多一些，略有富餘，有擇優的餘地。

估算組培苗的繁殖量，以苗、芽或未生根嫩莖為單位，一般以苗或瓶為計算單位。年生產量（Y）取決於每瓶苗數（m）、每週期增殖倍數（X）和年增殖週期數（n），可透過公式 $Y=mX^n$ 計算得知。

如果每年增殖 8 次（$n=8$），每次增殖 4 倍（$X=4$），每瓶 8 株苗（$m=8$），全年可繁殖的苗是：$Y=8\times4^8=52$（萬株）。此計算為理論數字，在實際生產過程中還有其他因素如汙染、培養條件發生異常等的影響，會造成一些損失。另外，還受到設備和人力的規模與容量的限制，如培養瓶不可能成幾何級數增加，接種、做培養基的員工也不可能如此增加。因此，實際生產的數量應比估算的數字低。

2. 生產計劃的制訂

（1）繁殖品種的確定。植物組培生產計劃的制訂要以市場需求為準，提前做市場調查研究，同時要有前瞻性，要根據市場需求選擇有市場發展潛力或生產需要的品種，要能預見此類品種的巨大經濟效益，來進行組培工廠化生產。這一計劃的制訂是最基本、最重要的，同時還要考慮材料在本地區或週邊地區的適應性，因此要選擇純度高、無病蟲害的植物材料作為繁殖母本。

（2）出苗時間的確定。要根據市場銷售時期、植物材料的生長週期，結合當地的生產環境和氣候條件制訂本品種的生產時間，對一種材料從取材到培養、煉苗移栽以及銷售等流程，確定需要多長時間，要有大概的估算，不能等到大批量的苗子生產出來，而市場早已被其他商品占領。商場如戰場，一定要有超前的預見性。一旦確定目標，盡快投入生產以利於獲得較高的經濟效益。

（3）生產數量的確定。具體到每個品種什麼時候開始進行生產前的準備，需要多少頂芽或其他材料作外植體，一般要提前半年的時間進行準備，同時要根據市場的需求、自身的經濟實力、技術水準、儀器設備等因素確定最終的生產數量，最好是訂單生產及銷售，這樣避免材料、人力的浪費，減少不必要的資金投入。組培苗的生產數量一般應比計劃銷售量加大 20%～30%。

年（月）銷售計劃量＝年（月）實際生產數量×［1－損耗（一般為 5%～10%）］×

移栽成活率

以滿天星組培苗為例說明全年銷售計劃量及生產計劃量的制訂方法，具體見表 6-1-1、表 6-1-2。

表 6-1-1　不同品種滿天星組培苗的全年銷售計劃量

（熊麗等，2003. 觀賞花卉的組織培養與大規模生產）

單位：萬株

滿天星品種	月分												總計
	1	2	3	4	5	6	7	8	9	10	11	12	
總量	2	2	3	3	10	16	40	15	3	2	2	2	100
品種 G1	1.3	1.3	1.5	1	1	2	2	5	1.5	1.3	1.3	1.3	20.5
品種 G2	0.5	0.5	1	0.7	3	5	13	5	1	0.5	0.5	0.5	31.2
品種 G3	0.2	0.2	0.5	1.3	6	9	25	5	0.5	0.2	0.2	0.2	48.3

表 6-1-2　不同品種滿天星組培苗的全年生產計劃量

（熊麗等，2003. 觀賞花卉的組織培養與大規模生產）

單位：萬株

滿天星品種	月分												總計
	1	2	3	4	5	6	7	8	9	10	11	12	
總量	2.4	2.4	3.6	3.6	12	19.2	48	18	3.6	2.4	2.4	2.4	120
品種 G1	1.5	1.6	1.8	1.2	1.2	2.4	2.4	6	1.8	1.6	1.6	1.5	24.6
品種 G2	0.6	0.6	1.2	0.8	3.6	6	15.6	6	1.2	0.6	0.6	0.6	37.4
品種 G3	0.2	0.3	0.6	1.6	7.2	10.8	30	6	0.6	0.2	0.3	0.2	58

從表 6-1-1 和表 6-1-2 中可清楚地看出全年中的生產旺季和淡季，有利於進行生產安排，包括母本繁殖材料的準備、人員數量的適時調整等。因此，制訂生產計劃是組織生產的重要依據。

（4）銷售策略的確定。要有超前的銷售理念，隨時了解市場需求，注意觀察市場動態，並及時做出相應的計劃調整，同時注意用戶的回饋資訊，也就是品質意識要加強，只有提高產品的品質，才能在市場上占有較大份額，取得更高的經濟利益。

（5）苗木包裝運輸。苗木要注意包裝，包裝箱的品質因苗木種類、運輸距離不同而異，近距離運輸可用簡易的紙箱或木條箱，以降低包裝成本；遠距離運輸採用多層擺放，充分利用自然空間。運輸應快速及時，同時注意環境對苗木造成危害，把損害降低到最低限度。

二、生產計劃的實施

1. 繁殖材料的準備　生產計劃制訂後，要安排生產計劃的實施。要先準備繁殖材料，使其達到需要的增殖基數。組培種苗生產從取材到商品出售，一般需經過幾代到幾十代的繼代培養，達到幾千至上萬倍增殖。如果在開始取材時失誤，將給生產造成難以挽回的損失。因此必須尋找品種來源清楚、無檢疫性病害、無肉眼可見病毒症狀、具有典型品種特徵的優良單株或群體，作為組培快繁外植體的取材對象。無論是採用頂芽或莖段，還是採用莖尖去毒誘導培養，當完成外植體的入瓶，並誘導形成 5～10 個繁殖芽時，必須及時進行相關品種的危害性病毒檢測，並淘汰帶有病毒的材料，對特殊的稀有珍貴品種需去除病毒後，才能繼續作為繁殖材料使用。

2. 存架增殖總瓶數的控制 當合格的培養材料經過增殖達到所需的基數後，存架增殖總瓶數的控制就成為關鍵。其數量不應過多或過少，如盲目增殖，一定時間後就會因人力或設備不足，處理不了後續工作，造成增殖材料積壓，部分組培苗老化，超過最佳轉接繼代時期，使用於生根的小苗長勢不良、瘦弱細長、嚴重降低出瓶苗品質和過渡苗成活率，使留用的繁殖苗生長勢減弱、增殖倍率下降等，既增加生產成本又嚴重影響種苗品質；反之存架增殖瓶數準備不足，又會造成繁殖母株不夠，導致不能按時完成生產計劃，延誤產苗時期，造成較大的經濟損失。存架增殖總瓶數的計算可綜合考慮以下因素，即生產計劃的數量、每個生產品種的生根率及操作人員的工作效率等，它們之間存在以下關係：

$$存架增殖總瓶數 = \frac{月計劃生產苗數}{每個增殖瓶月可產苗數}$$

$$月計劃生產苗數 = 每個操作員工每天可出苗數 \times 月工作日 \times 員工數$$

每個增殖瓶月可產苗數，即在一個月內可生根的苗數，與植株的組培生長週期、增殖率等因素有關。生長週期長的，在一個月內轉接的次數少，可用於生根的苗數，即產苗數便少；生長週期短的，一個月內可轉接的次數多，產苗數便多。增殖倍率高，生根比率大，每工作日需用的母株瓶數較少，產苗數較多；反之增殖倍率低，因維持原增殖瓶數，需要占有最好的材料用於增殖，以致不可能有較多的小苗用於生根，產苗數就少。可見在組培生產中，根據具體生產品種的實際增殖情況，透過及時調整培養基中植物激素的種類及用量，適當調整培養溫度、光照等條件，有效提高其增殖倍率是極為重要的。它關係到組培苗的生產效率。從事組培生產的技術管理人員應具有較強的專業技能與豐富的工作經驗。

控制組培苗生產過程中的增殖總瓶數，使處於增殖階段的繁殖苗在一個週期內全部更新一次培養基，讓種苗處於不同生長階段的最佳狀態，有利於提高種苗的品質。根據增殖總瓶數及操作員工的工作效率，可計算出生產過程中需要的人力投入，在生產初期便可安排好合適數量的員工，以保證組培生產的順利進行。例如，在一個進行規模化組培生產的單位，根據市場的需求，在一年中要生產好幾個種類的組培種苗，其中滿天星在3月需要生產12萬株。根據滿天星組培苗的增殖能力，每瓶增殖苗一次繼代可生根成品苗20株，並保持1瓶增殖苗；滿天星組培苗的增殖週期為15～20d，在1個月內可繼代1.5次。可計算出在3月需準備好1 000瓶增殖苗以供生產之需。在組培生產中滿天星的接種操作相對較為簡單，1名操作工人1d可處理60瓶左右的增殖苗，一個增殖週期內可處理1 000瓶增殖苗，因此在滿天星組培苗的生產中，需要4名員工便可以了。

當然，按公式計算的數據只是一個供參考的數據，因植物組培快繁的產品是具有生命力的種苗，在生產過程中可能會發生增殖苗長勢不好、玻璃化、黃化、汙染等常見的問題，而且各月的生產計劃都有不同，所以應根據具體情況對增殖苗瓶數進行適時調整，並進行操作人員數量的調動安排。

學習筆記

任務二　生產工藝流程與技術環節

一、組培苗工廠化生產工藝流程

根據植物組織培養的技術路線擬定組培苗工廠化生產流程，具體見圖 6-1-1。

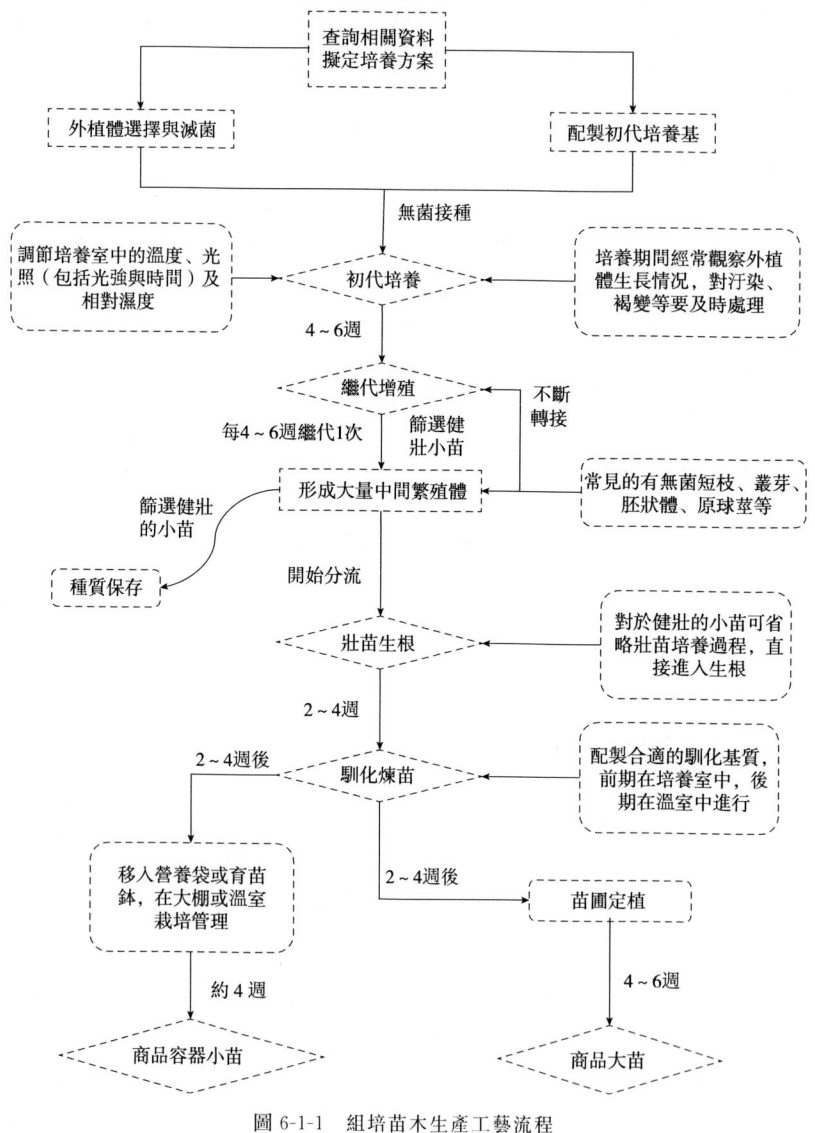

```
                    查詢相關資料
                    擬定培養方案
                   /            \
         外植體選擇與滅菌        配製初代培養基
                   \            /
                     無菌接種
                        ↓
  調節培養室中的溫度、光              培養期間經常觀察外植
  照（包括光強與時間）及  →  初代培養  ←  體生長情況，對汙染、
  相對濕度                           褐變等要及時處理
                        ↓ 4～6週
                     繼代增殖  ←  不斷
                   /    ↓    \     轉接
         每4～6週繼代1次  篩選健
                        壯小苗
  篩選健壯
  的小苗  →  形成大量中間繁殖體  ←  常見的有無菌短枝、叢芽、
                   ↓                 胚狀體、原球莖等
         種質保存   開始分流
                   ↓
                 壯苗生根  ←  對於健壯的小苗可省
                   ↓             略壯苗培養過程，直
                 2～4週           接進入生根
                   ↓
      2～4週後   馴化煉苗  ←  配製合適的馴化基質，
                   ↓             前期在培養室中，後
                                期在溫室中進行
  移入營養袋或育苗    2～4週後
  鉢，在大棚或溫室  ←─────→  苗圃定植
  栽培管理
        ↓ 約4週                   ↓ 4～6週
     商品容器小苗                商品大苗
```

圖 6-1-1　組培苗木生產工藝流程
（王振龍，2014. 植物組織培養教程）

二、組培苗工廠化生產技術環節

組培苗木工廠化生產的五大技術環節包括種源選擇、離體快繁、組培苗馴化移栽、組培苗木品質檢測、組培苗木的包裝與運輸。

1. 種源選擇 種源是組培苗工廠化生產的必要條件和首要考慮的問題。選擇的植物品種既要適應市場的需求，又要考慮適應當地的環境條件，以便簡化生產條件，降低生產成本。種源選擇主要有兩條途徑：一是透過外購、技術轉讓或種苗交換等方式獲得無菌原種苗。外購的原種苗一般是大眾化或市場潛力不大的試管苗；種苗交換則以較強的技術實力作後盾；對於有技術力量的組培單位，還是以技術轉讓的好。這條途徑方便、快捷、省時、縮短快繁進程，如果市場需求量大，要求在短時間內形成生產規模，宜採用此法。二是自主研發，從初代培養外植體開始獲得無菌原種苗。根據培養目的和植物種類的不同，選擇外植體（一般選擇頂芽和腋芽），並做好外植體滅菌工作是獲得無菌瓶苗的兩個技術環節，而建立種質資源圃，加強品種選育和母株培育，則是確保種源純正、方便採集接種材料、及時更新組培無性繁殖系所採取的必要措施。

2. 離體快繁 經初代培養獲得無菌材料、繼代快繁增殖、壯苗生根等技術環節和工序，獲得健壯生根苗。此技術環節又涉及培養基製備、接種與培養等技術環節。

3. 馴化移栽 組培苗的馴化移栽技術主要是針對組培苗應用無土栽培技術進行組培苗定植前的培育，以提高組培苗對自然環境的適應性和成活率，這是決定組培成敗和能否及時滿足種苗市場需求的關鍵技術環節。組培苗馴化移栽操作流程見圖6-1-2。

4. 組培苗木品質鑑定
（1）組培苗木品質鑑定的內容
①商品性狀。
A. 苗齡相對較大，早熟性較好，品質較高，鑑定級別高，依次排列。
B. 葉片、生長、株高、莖粗、植株展幅、根系狀況等農藝性狀要根據不同作物要求定級。
②健康狀況。
A. 是否攜帶流行病菌真菌、細菌。
B. 是否攜帶病毒。
③遺傳穩定性。
A. 是否具備品種的典型性狀。
B. 是否整齊一致。
C. 採用RAPD或AFLP法對快繁材料進行「指紋」鑑定，以確定其遺傳穩定性。（2）組培苗木的品質標準。作為原種組培苗的品質標準是不攜帶病毒和病原物，保持品種純正。生產性組培瓶苗的品質標準要根據根系狀況、整體感、出瓶苗高和葉片數4項指標進行判定。各項指標的重要程度依次是：根系狀況＞整體感＞出瓶苗高＞葉片數。對於無根、長勢不好、色黑的苗，一票否決，定為品質不合格。只有在根系狀況達到要求後，才能進行其他指標的綜合評定。幾種常見花卉組培苗的出瓶品質標準見表6-1-3。

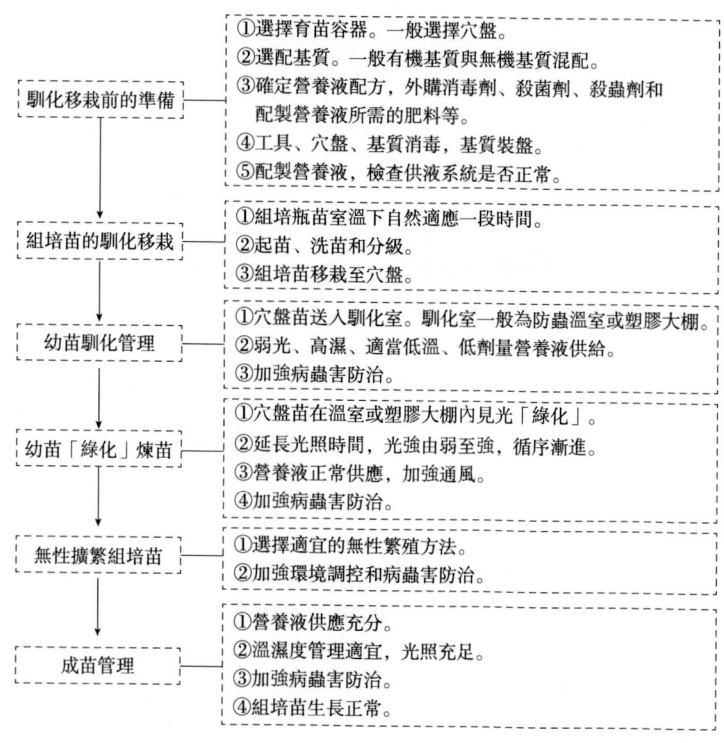

```
┌─────────────┐     ①選擇育苗容器。一般選擇穴盤。
│馴化移栽前的準備├──→ ②選配基質。一般有機基質與無機基質混配。
└──────┬──────┘     ③確定營養液配方，外購消毒劑、殺菌劑、殺蟲劑和
       │                配製營養液所需的肥料等。
       ↓            ④工具、穴盤、基質消毒，基質裝盤。
                    ⑤配製營養液，檢查供液系統是否正常。

┌─────────────┐     ①組培瓶苗室溫下自然適應一段時間。
│組培苗的馴化移栽├──→ ②起苗、洗苗和分級。
└──────┬──────┘     ③組培苗移栽至穴盤。
       ↓
┌─────────────┐     ①穴盤苗送入馴化室。馴化室一般為防蟲溫室或塑膠大棚。
│幼苗馴化管理  ├──→ ②弱光、高濕、適當低溫、低劑量營養液供給。
└──────┬──────┘     ③加強病蟲害防治。
       ↓
┌─────────────┐     ①穴盤苗在溫室或塑膠大棚內見光「綠化」。
│幼苗「綠化」煉苗├──→ ②延長光照時間，光強由弱至強，循序漸進。
└──────┬──────┘     ③營養液正常供應，加強通風。
       ↓            ④加強病蟲害防治。

┌─────────────┐     ①選擇適宜的無性繁殖方法。
│無性擴繁組培苗├──→ ②加強環境調控和病蟲害防治。
└──────┬──────┘
       ↓
┌─────────────┐     ①營養液供應充分。
│成苗管理      ├──→ ②溫濕度管理適宜，光照充足。
└─────────────┘     ③加強病蟲害防治。
                    ④組培苗生長正常。
```

圖 6-1-2　組培苗馴化移栽操作流程

（王振龍，2014. 植物組織培養教程）

表 6-1-3　幾種常見花卉組培苗的出瓶品質標準

（熊麗 等，2003. 觀賞花卉的組織培養與大規模生產）

名稱	等級	根系狀況	整體感	出瓶苗高/cm	葉片數/片
滿天星	1級	有根	苗粗壯硬直，葉色深綠	2～3	4～8
	2級	有根原基或無根		1.5～3	4～8
非洲菊	1級	有根	苗直立單生，葉色綠，有心	2～4	>3
	2級	有根	苗較1級苗小，部分苗葉形不周正，有心	1～3	>3
勿忘我	1級	有根	苗單生，葉色綠，有心	2～3	>3
	2級	有根		2～4	>3
情人草		有根	苗單生，葉色正常	2～4	>3
草原龍膽	1級	有根	苗單生，葉色綠，無蓮座化	3～4	>6
	2級	有根		1.5～3	4～6
菊花	1級	有根	苗粗壯硬直，葉色灰綠	2～4	>4
	2級	有根		1～2	>4
孔雀草	1級	有根	苗粗壯挺直，葉色綠	3～4	>5
	2級	有根		1～3	>3

組培苗馴化成活後要出圃種植。出圃種苗的品質影響到種植後的成活率、長勢、產量和病蟲害防治。出圃種苗的品質標準主要根據莖稈粗度、苗高、根系狀況、葉片數、整體感、整齊度和病蟲害損傷等指標來判定。出圃種苗的公共品質標準見表6-1-4，幾種常見切花的出圃規格標準見表6-1-5。

表 6-1-4　出圃種苗的公共品質標準

（熊麗 等，2003. 觀賞花卉的組織培養與大規模生產）

評價項目		等級		
		1級	2級	3級
1	根系狀況	根系生長均勻、完整、無缺損	根系生長較均勻、完整、無或稍有缺損	根系完整，生長一般，稍有缺損
2	整體感	生長旺盛，形態完整、均勻和新鮮；粗壯，挺拔，勻稱；葉色油綠，有光澤	生長正常，形態完整、均勻和新鮮；較粗壯，挺拔，勻稱；葉色油綠，光澤稍差	生長一般，形態完整、均勻，新鮮程度稍差，稈一般或稍有徒長現象；葉色綠，光澤稍差
3	整齊度	同一級別中90%以上的地徑、苗高分別在批次種苗平均地徑、平均苗高的±10%範圍內	同一級別中85%以上的地徑、苗高分別在批次種苗平均地徑、平均苗高的±10%範圍內	同一級別中80%以上的地徑、苗高分別在批次種苗平均地徑、平均苗高的±10%範圍內
4	病蟲害損傷	無檢疫性病蟲害，無病蟲害為害斑點	無檢疫性病蟲害，無病蟲害為害斑點	無檢疫性病蟲害，無病蟲害為害斑點

表 6-1-5　幾種常見切花的出圃規格標準

（熊麗 等，2003. 觀賞花卉的組織培養與大規模生產）

序號	種類名稱	1級			2級			3級		
		地徑/cm	苗高/cm	葉片數/片	地徑/cm	苗高/cm	葉片數/片	地徑/cm	苗高/cm	葉片數/片
1	滿天星	≥0.6	6～8	≥14	0.4～0.6	5～6	11～12	0.2～0.4	4～5	10～11
2	非洲菊	≥0.5	10～12	≥10	0.4～0.5	8～10	4～7	0.3～0.4	6～8	3～4
3	補血草	≥0.5	12～14	≥14	0.3～0.5	10～12	8～10	0.2～0.3	8～10	6～8
4	情人草	≥0.5	11～13	≥12	0.3～0.5	9～11	6～12	0.2～0.3	8～9	4～6
5	草原龍膽	≥0.4	6～8	≥10	0.3～0.4	4～6	6～8	0.2～0.3	3～4	4～6
6	菊花	≥0.6	8～12	≥12	0.5～0.6	6～8	10～12	0.3～0.4	5～6	8～10
7	孔雀草	≥0.5	8～12	≥14	0.4～0.5	5～6	10～14	0.2～0.3	4～5	6～10

5. 組培苗木的包裝與運輸

（1）包裝。

①包裝材料。組培苗木包裝材料的選擇主要根據銷售的組培苗商品形式來確定。如果以瓶苗出售，多以硬紙板的包裝箱或木條箱；如果以穴盤苗出售，可選用鐵製的多層周轉筐或穴盤專用包裝集運箱；如果是經養護一段時間達到定植苗齡的組培苗木，可選用草包、蒲包、聚乙烯袋、塗瀝青不透水的麻袋和紙袋等。附屬的包裝材料有青苔、苔蘚、水苔類的保水材料（或用衛生紙、鋸末、細土稀泥代替）及塑膠布、塑膠包裝袋、包裝繩等。

此外，選用哪種包裝材料還要考慮運輸方式和運輸距離。近距離運輸可用簡易的紙箱或木條箱，以降低包裝成本；遠距離運輸要多層擺放，充分利用空間，應考慮所選包裝材料的容量、強度，以便能夠經受壓力和長時間的顛簸。目前，有些公司為了降低成本和保持組培苗的長久生命力，開發出適合遠距離運輸的小包裝半透性塑膠袋，應用效果很好。

②便於運輸的育苗方法。為便於運輸，組培苗木馴化移栽成活後一般採用水培和基質培

育苗，但起苗後根系全部裸露，根系須採取保濕等措施，否則經長途運輸後成活率會受到影響。相對而言，採用岩棉、草炭作為栽培基質，能夠保濕、護根，且重量小，效果較好；穴盤育苗所用基品質少，護根效果好，便於組培苗裝箱運輸。從苗齡來看，苗齡小的植株具有苗小、葉片少、運輸過程中不易受損、單株運輸成本低等優點，更適合遠距離運輸，特別是帶基質坨的小苗。但是，在早期產量顯著影響產值的情況下，為保護地及春季露地早熟栽培培育的秧苗需達到足夠大的苗齡才可以起運，否則不能滿足用戶的要求。

③包裝與標識。包裝可選用包裝機或手工包裝。一般要求分類、分級包裝，以方便裝卸和分類保存與使用。瓶苗可以直接裝箱，而穴盤苗和一般的水培苗或基質培苗在包裝前需要對根系作保護性處理，以減少運輸的損傷和保證定植後的成活率，以及緩苗速度。一般的水培苗或基質培苗，取苗後基本不帶基質，可由數十株至百株（據苗大小而定）紮成一捆，用水苔或其他保濕包裝材料將根部裹好再裝箱；穴盤苗的運輸帶基質，應先振動秧苗使穴內苗根系與穴盤分離，然後將苗取出帶基質擺放於箱內；也可將苗基部蘸上用營養液拌和的泥漿護根，再用塑膠膜覆蓋保濕。如果連苗帶盤一起運輸，可在裝運前預先澆少量水或營養液。注意在包裝的縫隙或邊角處可用青苔、水苔等濕潤物填充，可以起到保濕作用。至於達到正常出圃規格要求的大苗，可參照常規做法包裝。

包裝後一定要注意在包裝材料外表附上標籤，註明組培苗木的名稱、苗齡、數量、等級、苗圃或單位名稱、連繫方式與地址等。另外，在包裝材料的醒目位置作出防震、防壓、防倒置的標識。

（2）運輸。

①運輸工具與運輸方式。一般根據運輸距離的遠近選擇運輸工具。中短途運輸可選擇公路運輸，運輸靈活、方便、快捷。一般是在普通貨車上加上一個類似於集裝箱的保溫箱或製冷保溫箱；而冷藏保鮮車是在普通保溫箱內加裝製冷設備，能夠自動調節箱體內的溫濕度。遠距離運輸可用鐵路保溫車廂。國際間種苗運輸首選空運方式，以瓶苗或塑膠袋小包裝（內帶少量基質）包裝後運輸。目前，在已開發國家已建立起以低溫冷藏為中心的冷鏈保藏運輸系統。未來組培苗木的流通、儲運也可以採用這種冷鏈保藏運輸系統。這是未來活體植物運輸的主要發展方向。至於選擇哪種運輸方式與運輸工具，要以最大程度減少苗木損傷和經濟適用為原則。

②運輸環境條件的要求。良好的運輸效果除要求苗木本身具有較好的耐儲運性外，同時還要求有良好的運輸環境條件。這些環境條件包括溫度、濕度、氣體成分、包裝、振動要求、堆碼與裝卸等。

溫度是運輸過程中的重要環境條件之一。一般組培苗木運輸需要低溫條件（9～18℃）。果菜苗的運輸適溫為 10～21℃，低於 4℃ 或高於 25℃ 均不適宜；結球甘藍等耐寒葉菜苗為 5～6℃。有些喜溫的花卉如蝴蝶蘭等組培苗要求運輸溫度略高些。

濕度對組培苗木短途、短時間運輸的影響相對較小，但是長距離運輸或運輸時間較長時，必須考慮濕度因素。採用防水紙箱或包裝內襯塑膠薄膜，可有效防止失水，同時也可防止紙箱吸潮。如用帶有溫濕度調節的運輸車運苗，應注意調節溫濕度，防止過高或過低的溫濕度影響組培苗木的存活和品質。

國外採用氣調集裝箱運輸，但是成本很高。對於較耐二氧化碳的苗木，可採用塑膠薄膜袋包裝運輸，也能達到較好的效果。但是，對 CO_2 敏感的，應注意包裝材料的通風。

③運輸管理。組培苗木運輸的管理目標是要達到合理運輸，即要按照商品運輸的合理流向，以最短的里程、最快的速度、最省的費用，把商品安全完好地送達目的地。原則要求是及時、準確、安全、經濟。「及時」是指運送及時，即要求按照產、供、銷的具體情況，及時地將組培苗木由產地運到銷地。及時運送既能減少商品運輸的損耗，又有利於把握銷售機會。「準確」是指運送準確，即要求切實防止和避免運輸過程中可能發生的錯發、錯收等各種差錯。「安全」是指運送安全，即要求在運輸過程中不發生損壞、丟失和霉爛等損耗，或把這種損耗控制在最低限度。「經濟」要求選擇合理的運輸路線和運輸工具，降低運輸費用。

組培苗木遠距離運輸時，在確定起運日期後，應及時通知客戶，中途不宜過長時間停留和多次裝卸，運到目的地應儘早交給客戶，及時定植。國際運輸時，應在運輸前做好一切通關準備，特別是檢驗檢疫報告要由國內權威機構出具，並與客戶一起積極配合目的地國家海關人員的抽檢，以便盡快通關，減少不必要的損失。

冬、春季節應做好組培苗的防寒防凍準備，並在起運前幾天應逐漸降溫，適當少澆或不澆營養液，以增強秧苗抗逆性。另外，運輸前的包裝工作應快速進行，盡量縮短時間，減少苗木搬運次數，將苗木損傷減少到最低程度。

組培苗起運後要做好相關文件材料的歸檔工作，以便日後查驗和有利於供需雙方溝通。

學習筆記

技能訓練

組培技術培訓計劃的制訂

一、訓練目標

掌握培訓計劃的撰寫格式，考慮周全，安排合理，針對性強。

二、材料與用品

鋼筆、筆記本、電腦；企業員工、下職工人等培訓對象的具體資料；培訓場地及相關道具等。

三、方法與步驟

（1）教師擬定針對不同培訓對象的培訓任務，並提供必要的背景資料。

（2）學生分組透過走訪或網路搜尋等多種方式，進一步了解培訓對象和培訓需要。

（3）根據現有條件，確定培訓方式、培訓時間、培訓內容，以及培訓期間的組織分工。

（4）小組撰寫培訓計劃。

（5）模擬培訓。以實訓班級為培訓對象，各小組輪流組織，現場培訓，教師點評。

四、注意事項

（1）實訓期間充分發揮學生的主觀能動性。
（2）強調培訓和培訓計劃的針對性。

五、考核評價建議

考核做到定性和定量相結合，既重視培訓計劃的撰寫品質，又兼顧模擬培訓效果。考核方案見表6-1-6。

表6-1-6 培訓計劃制訂考核評價

考核項目	考核標準	考核形式	滿分
實訓態度	1. 任務工單撰寫字跡工整、詳略得當（10分）； 2. 實訓認真、主動、積極思考（5分）； 3. 責任心強，有開拓創新精神（5分）	教師評價	20分
培訓計劃	1. 方案撰寫格式正確（20分）； 2. 制訂科學、全面，安排合理，經濟適用（20分）； 3. 符合培訓目的和實際情況，針對性強（10分）	批閱方案討論	50分
培訓效果	1. 組織協調到位（10分）； 2. 培訓品質高（10分）； 3. 語言表達能力強（10分）	現場考核	30分
合計			100分

任務三　組培效益核算

一個組培工廠的成本指標是反映其經營管理水準和工作品質的綜合性指標，也是了解生產中各種消耗、改進工藝流程、改善薄弱環節的依據，還是提高效益、節省資金的必要措施。組培育苗成本核算比較複雜，既有工業生產的特點，可週年在室內生產；也有農業生產的特點，要在溫室和田間種植。受氣候和季節的影響，需要較長時間的管理，才能出圃成為商品。加之不同種類、不同品種之間的繁殖係數、生長速度均有較大差異，很難逐項精確核算。因此，一般的做法是認真記錄一年生產中的各項開支。

一、組培工廠化生產效益核算

1. 生產成本核算　從事組培快繁的工廠化生產是一種商業行為，成本核算是制訂產品價格的依據，種苗在市場上是否具有競爭力，一靠組培苗要保持種源特性，具有無毒無病生長勢強的良好品質；二是靠適宜的銷售價格，只有質優價廉的產品才能在市場中占有一席之地。透過成本核算可以有效地制止浪費，節省投資，提高效益。植物組培苗工廠化生產中一般包括以下幾項開支：

（1）人工費用。包括技術人員、管理人員、臨時工的薪資獎金及勞動保險。

（2）固定儀器設備折舊費。主要指房屋折舊和儀器生產設備的保養、檢修、維修。生產辦公用房每年按銷售收入的5％～10％計算，儀器設備按5％～7％計算，溫室及大棚按10％～15％計算。

（3）生產物資的消耗。指低值易耗品、玻璃器皿、塑膠製品及化學試劑、有機成分、植物生長調節劑、蔗糖、瓊脂、農藥、化肥等的消耗。

（4）水電費。包括玻璃器皿的洗滌、培養基製備滅菌、儀器設備的操作、培養室溫度、光照的控制均需要大量的水電開支。

（5）市場行銷和經營管理開支。一般指業務人員薪資、種苗包裝費、運輸費、保險費、廣告費、展銷費。

（6）其他開支。辦公用品費、引種費、培訓費。

2. 成本核算的方法　成本核算一般從以下四方面進行考慮：直接生產成本、固定資產成本、市場行銷和經營管理開支。

（1）直接生產成本。按生產10萬株組培苗的全過程中（包括誘導、繼代、生根培養等），消耗1 800～2 200L培養基計算，製備培養基的藥品、技術人員薪資、電能消耗及各種消耗品，約需直接生產成本3.9萬元（本書幣值皆為人民幣，1元約等於新臺幣4.5元）。其中，組培苗培養過程及培養基製備的電耗常占極大比重。如果能採用自然光，將大大地降低生產成本投入。此外，改進生產技術、注重自動化設備的引進、擴大生產規模也可以有效地降低直接生產成本。一般情況下每株組培苗的直接成本可控制在0.5元以內。

（2）固定資產成本。按年產50萬株組培苗的工廠規模，需廠房和基本設備投資140萬元左右計算，如果按每年5％折舊推算，即7萬元的折舊費，則每株組培苗將增加成本費0.14元左右。

（3）市場行銷和經營管理開支。一般指業務人員薪資、差旅費、種苗包裝費、運費、保險費、廣告費、展銷費等。如果市場行銷和各項經營管理費用的開支按苗木原始成本的30％運作計算，每株組培幼苗的成本增加0.1～0.13元。

從以上各項成本合計計算，每株組培幼苗的生產成本在0.45～0.75元。因此，組培育苗工廠在決定生產種類時一定要慎重，避免盲目投入。要選擇有發展潛力、市場前景看好、售價較高的品種進行規模生產。否則，可能造成虧損。表6-1-7為北京某公司年產130萬株安祖花商品組培苗的成本核算。

表 6-1-7　安祖花商品組培苗的成本核算

培養月分	培養植株數/株	培養基費用/元	人工費/元	水電費取暖費/元	設備折舊/元	合計/元	單價/元
3	5	0.9	600	1 350	0	1 951	390.2
4	20	0.9	600	600	0	1 201	60.05
5	80	4	600	600	0	1 204	15.05
6	320	15	600	600	5	1 220	3.81
7	1 280	55	600	1 170	20	1 845	1.44
8	5 120	221	1 200	1 360	80	2 861	0.56
9	20 480	887	1 800	2 110	320	5 117	0.25

(續)

培養月分	培養植株數/株	培養基費用/元	人工費/元	水電費取暖費/元	設備折舊/元	合計/元	單價/元
10	81 920	3 538	6 750	5 200	1 278	16 766	0.20
11	327 680	14 155	27 000	17 680	5 119	63 954	0.20
12	1 310 720	56 622	108 000	67 500	20 880	253 002	0.19

從表中可看出，年產130萬株安祖花商品組培苗的生產成本中（直接費用和部分間接費用），培養基費用、生產人員薪資、水電費和設備折舊（包括維修和損耗）費分別佔生產成本的22.38％、42.69％、26.68％和8.25％（管理費用、銷售費用及財務費用等不包括在內），生產產量越高，單株成本越低。

3. 效益分析

（1）成本。成本是影響經濟效益的主要因素。成本的高低主要取決於經營者的管理水準，操作工人的熟練程度及設備條件，如轉接材料速度慢且汙染率高，或移栽成活率低，就會增大成本投入，所以在生產實際中應最大限度地降低成本，以獲得最大利潤。

（2）市場。所有產品最終都要推向市場，要根據市場定產品，要有新穎的市場銷售理念，生產銷售那些名、特、優、新的植物品種，以降低成本投入，增加經濟效益。

（3）規模。生產規模對經濟效益有一定影響，在特定生產技術水準下，規模越大則獲利越高，但還要根據當地市場條件而定，防止盲目擴大規模造成經濟損失。

二、提高組培苗經濟效益的措施

進行組培快繁工廠化生產能否取得良好的經濟效益，主要受市場因素和組培工廠經營管理兩大因素限制。降低生產成本是增強產品市場競爭力、提高組培苗經濟效益的可行措施。成本高低雖然受許多因素的影響，但主要取決於設備條件、經營者的管理水準及操作工人的熟練程度。

1. 降低生產成本

（1）掌握熟練的技術技能，制訂有效的工藝流程。首先要降低汙染率。生產中汙染不僅造成人力、財力的浪費，還會造成環境的再汙染，所以降低轉接汙染率是降低成本的有效措施。其次要提高生產效率。生產組培苗中人工費用是一項很大的開支，利用開發中國家的廉價勞動力可以節省開支，增強競爭力。操作工轉接苗操作熟練，按計劃生產，就能降低成本，提高生產率。最後要操作規範，轉接苗時注意技術操作，規範接種工具消毒，徹底提高轉接苗的成功率。瓶苗在培養過程中，培養環境要定期消毒，夏季溫度高，培養室內要及時查看空調的工作狀態，避免對瓶苗造成傷害。

（2）正確使用儀器設備，延長使用壽命。組培工廠化生產需價格昂貴的儀器設備，掌握正確的使用方法及時保養、檢修，避免機器設備的損壞，延長機器的使用壽命，是降低成本、提高效益的有效措施。

（3）降低器皿消耗，使用廉價的代用品。工廠化生產中必須使用大量的培養器皿，為降低成本現多使用玻璃瓶，如果損耗超過5％，無疑會加大生產成本。用白砂糖代替蔗糖，過

濾的自來水代替蒸餾水等措施都能大大降低成本、增加效益。

（4）節省電能。用電量在組培苗工廠化生產中占有相當大的比重，培養室可建成自然採光性能好，利用太陽能加溫的節能培養室，或者使用節能的燈管以及 LED 燈管，同時合理安排培養架和培養瓶，充分利用空間。盡量避免使用耗電量大的空調機等設備，以降低成本投入。

（5）嚴格管理制度。實行經濟責任制，生產實行分段承包、責任到人、定額管理、計件薪資、效益管理與薪資連結，激勵工人的工作熱情與責任心，獎優罰劣是提高勞動生產率的有效措施。

（6）進行規模化週年生產。生產規模對經濟效益也有重大影響。在一定的生產條件下，生產規模越大，純利潤越高。但組培規模的大小要視當地條件、市場情況而定。不顧客觀條件，一味追求擴大規模，容易造成嚴重的經濟損失。利用各種植物的生長習性，錯開休眠期和迅速生長期，使一年四季工作均衡，減少季節性的停工損失。

（7）市場是實現產品商業化的關鍵因素。要根據市場需求，以銷定產，應時生產出品種新、品質好、市場暢銷的組培種苗投放市場，可減少成本投入，有效提高經濟效益。同時可以積極開展出口創匯，拓寬市場，將國內產品逐步進入國外市場，如向日本市場出口菊花切花，向東歐市場出口切花玫瑰，向東南亞市場出口水仙球等都有較高的經濟效益。

2. 組培苗增殖　隨著生產技術、經營管理水準的提高和擴大規模提高生產效益，可使生產成本進一步降低。此外，還可以提高組培苗的增殖率，提高工程總體的經濟效益。

（1）利用組培技術繁殖名特優花卉。不論是名特優花卉還是大眾花卉，組培繁殖程序和生產成本都基本相同，而名特優花卉的售價卻遠遠高於大眾花卉，因此，快速繁殖適銷對路的名特優花卉，可帶來豐厚的利潤報酬。

（2）提高繁殖係數和移栽成活率。在保證原有良種特性的基礎上，盡量提高繁殖係數，瓶苗繁殖率越大，成本越低，利用植物品種的特性誘導最有效的中間繁殖體，如微型扦插、癒傷組織、胚狀體等，都能加速繁殖速度和繁殖量，但需要注意中間繁殖體不能產生品種變異現象。提高生根率和劣苗成活率也是提高經濟效益的重要因素，生根率要達 75％以上，劣苗成活率要達 85％以上，這樣可以大大降低成本、增加效益。

（3）培養專利品種組培苗。積極研製和開發具有自主智慧財產權的專利品種的組培苗生產，加強品牌效應，有利於實現經濟的穩定增長，可以加強與科學研究單位、高職院校生產單位的合作，採取分頭生產和經營，互相配合即可發揮優勢，又可減少一些投資。

（4）銷售移栽成活的小苗。剛出瓶的瓶苗，移栽成活較為困難，價格難以提高，可以移入營養鉢或穴盤中進行銷售。這時候瓶苗已移栽入土，成活率有保障，價格也較易提高，一般可增值 30％～50％，如果再到苗圃中生長 1～2 年，按成苗出售則會更加增值，尤其是一些名貴花卉，開花成苗的增值更為可觀。對於一些可以分株或者扦插的苗，在馴化成活後可以再次分株、扦插提高苗木增值。

學習筆記

技能訓練

組培生產計劃的制訂及效益分析

一、訓練目標

根據組培苗生產流程、廠商供貨要求及供貨數量制訂科學、合理的組培苗工廠化生產計劃，並能夠進行科學合理的成本核算。

二、材料與用品

商業性工廠圖紙、各工廠主要設備及單價、筆、角尺、計算機、筆記本等。

三、方法與步驟

1. 制訂工藝流程 根據組培苗工廠化生產廠房設計制訂年產 50 萬株組培苗的工藝流程。

2. 制訂生產計劃 根據工藝流程、供貨方式（根據具體要求），假定供貨時間為 5 月（時間充足）制訂工廠化生產計劃。

3. 成本核算 根據制訂的圖紙、現今房價、各工廠主要設備及單價等，參考成本核算相關內容進行成本核算。

四、注意事項

（1）注意計劃的準確性和可行性，而且要留有一定的緩衝時間。
（2）成本核算時一定要考慮市場的波動性。
（3）成本核算時要注意主要成本和次要成本對整個生產效益的影響。

五、考核評價建議

考核重點是工藝流程設計的科學性、合理性、可操作性。考核方案見表 6-1-8。

表 6-1-8　組培生產計劃的制訂及效益分析考核評價

考核項目	考核標準	考核形式	滿分
實訓態度	1. 任務工單撰寫字跡工整、詳略得當（10 分）； 2. 操作認真，主動完成任務（5 分）； 3. 積極思考，有開拓合作精神（5 分）	教師評價	20 分
方案制訂	1. 工藝流程設計科學、全面、合理（20 分）； 2. 生產計劃考慮全面，符合生產實際，針對性強（20 分）； 3. 成本核算科學全面，符合生產實際情況（10 分）	批閱方案、討論	50 分
效果	1. 準備充分，匯報現場表現好（10 分）； 2. 可操作性強（10 分）； 3. 有一定的攻關能力（10 分）	現場考核	30 分
合計			100 分

知識拓展

瓶苗的品質標準

組培苗的品質直接影響瓶苗出瓶後的移栽成活率，甚至影響到出圃種苗的品質。根據種苗的用途不同，其品質標準也不同。

一、生產性組培瓶苗的品質標準

對僅用於生產的組培瓶苗，主要依據根系狀況、整體感、苗高、葉色、葉片數等來判定。

1. 根系狀況　根系狀況是指種苗在瓶內的生根情況，主要包括根的有無、根量、長勢、色澤、粗細。合格的組培苗必須有根，並且長勢好、色白健壯。

（1）根量。根量是提高移栽成活率的基礎，有根容易成活，無根的不僅要求管理水準非常高，而且成活率也比有根的大幅度降低，一般有 3~4 條根。如組培苗錯過了最佳的移栽時期，則根量多且長，增加了洗去根部培養基的難度，且容易造成根部菌類汙染，造成移栽成活率很低。

（2）根的長勢。包括根的長度和均勻性，一般組培苗出瓶時的根長以 1.5~2.0cm 為最佳。根太長說明已老化且生命力下降，太短說明根幼嫩，吸收能力及抗性較差。根的均勻性即根的分布情況，盡量避免半邊根現象，以免影響移栽成活率。

（3）根的色澤。根的色澤是組培苗在培養過程中反映出是否受到潛在性細菌的汙染，一般根色澤白亮、長有根毛的組培苗移栽容易成活，後期苗的長勢也旺盛。而根發黃，甚至發黑的組培苗移栽困難。

2. 整體感　整體感是指對組培苗的整體感觀，包括是否長勢旺盛、是否粗壯挺直、葉色是否符合本品種的特性等內容。此項指標是一個綜合的感觀評判項目，依目測評定，故必須由熟悉組培生產及各種組培瓶苗形態特徵的專業人員進行檢測。長勢旺盛、形態完整、粗壯、葉色油綠、挺拔、勻稱的組培苗，其抵抗不良因素的能力較強，移栽容易成活，且後期長勢旺盛、健壯。而生長瘦弱、葉色發黃或發白，整體感差的瓶苗，在條件很好的培養環境中尚生長不好，到了條件粗放的移栽環境中，往往會因條件不適應而死亡。

3. 苗高　出瓶時組培苗過高或過矮都不利於移栽成活。組培過高說明超過了出瓶的最佳時期，有些徒長苗細弱不利於移栽；過矮說明未達到出瓶的標準。大部分組培苗都由於苗子太高、太弱而影響移栽成活率，標準的高度以不同種類、不同品種而定，如蘆薈出苗高度宜在 4~5cm，鳳仙出苗高度宜在 2.5~3.0cm。

4. 葉片顏色　葉色深綠有光澤，則說明生長勢強壯，光合能力強適宜移栽；葉片發黃發脆透明及局部乾枯都是病態的表現，不適宜移栽。

5. 葉片數　葉片數是指植株進行光合作用的有效葉片數，直接影響光合產物的產生，適當的葉片數和正常的形態特徵是健壯植株的表現。

上述指標中，根系發育狀況對組培苗品質影響最大，其次為整體感、苗高以及葉片數等指標。其中根系狀況是一票否決的指標，是進行組培苗品質綜合評定的前提。

二、原種組培苗的品質標準

原種組培苗是指不直接用於生產，而是用於擴繁生產種苗的組培苗，它是種苗生產的源頭與基礎，原種組培苗的品質標準，不僅對組培瓶苗品質標準進行檢測，還需要在生產過程中進行健康狀況和品種純度的檢測，只有透過這兩項指標的嚴格檢測，才能從源頭上真正保證組培瓶苗的品質。

1. 品種純度　品種純度是原種組培苗非常重要的一個品質指標，因為一旦原種苗發生混雜，則用其生產的總苗也會發生大規模的混雜。在生產過程中，外植體進入組培室後，在擴繁前需對每個材料進行編號，生產中所有的材料在轉接後要及時做好標記，分類存放，若發現可能有材料混雜，必須全部丟棄或利用分子檢測技術進行純度鑑定，只有在證明了品種純度與原品種一致的前提下，才能繼續進行擴繁生產。

2. 健康狀況　在原種組培苗的生產過程中，需要對繁殖的外植體材料進行病毒和病原物檢測，若為帶毒植株可透過莖尖培養、熱處理等方法去除病毒並進行鑑定，去毒後再大量擴繁，組培苗出瓶後需在防蟲溫室中繁殖。在此期間，對多發性病原菌要進行兩次或兩次以上的檢測，當檢測出含有病毒的植株，必須連同室內擴繁的無性系同時銷毀，以保證原種組培苗處於安全的健康狀況條件下。

三、出圃苗的品質標準

組培苗經移栽成活後就可以進入大田或苗圃種植，成品後出圃作為商品進行銷售，出圃種苗的品質影響到種植後的成活率、生長勢及品質。組培出圃苗的品質標準很難統一，是由植物產品特殊性決定的，現階段不同植物組培出圃苗的品質標準參考實生苗品質標準進行。主要從以下幾個方面進行考慮：

1. 商品特性　苗高、冠幅、葉片數、芽數、葉片顏色、根的數量。
2. 健壯情況　抗病性、抗蟲性、抗逆性。
3. 遺傳穩定性　品種典型性狀、是否整齊一致、遺傳穩定性。
4. 適應性　對區域的適應性、環境的適應性。

自我測試

一、選擇題

1. 組培苗木工廠化生產的五大技術環節包括（　　）。
   A. 種源選擇　　　B. 組培苗馴化移栽　　　C. 組培苗木包裝與運輸
   D. 苗木品質檢測　　　E. 離體快繁
2. 組培種源的選擇途徑有（　　）。
   A. 外購　　　B. 種苗交換　　　C. 技術轉讓
   D. 自主研發
3. 一般組培苗木運輸要求在（　　）的低溫條件。
   A. 18～25℃　　　B. 1～9℃　　　C. −4～0℃
   D. 9～18℃
4. 制訂生產計劃的參考依據是（　　）。

A. 供苗數量與供苗時間　　　　　　B. 準確估算生產量
　　C. 生產工藝流程與技術環節控制　　D. 市場調查研究結論
5. 組培苗的年生產量取決於（　　　）。
　　A. 每週期增殖倍數　　　　　　　　B. 每瓶苗數
　　C. 年增殖週期數　　　　　　　　　D. 超淨臺數

二、是非題

1. 組培苗存架增殖總瓶數的計算方法是用月計劃生產苗數除以每個增殖瓶月可產苗數。
　　　　　　　　　　　　　　　　　　　　　　　　　　　　　　　（　　）
2. 組培苗的增殖率是指中間繁殖體的繁殖率，其計算公式是 $Y=nX^m$。（　　）
3. 組培苗市場調查研究的內容包括市場需求的調查、市場占有率的調查及其科學的分析與預測。　　　　　　　　　　　　　　　　　　　　　　　　（　　）
4. 組培瓶苗的品質標準要根據根系狀況、整體感、出瓶苗高和葉片著生位置 4 項指標進行判定。　　　　　　　　　　　　　　　　　　　　　　　　　（　　）
5. 中國組培苗木生產的市場經營方式大致分為訂單型、產品加工型和產品推廣應用型。
　　　　　　　　　　　　　　　　　　　　　　　　　　　　　　　（　　）

三、簡答題

1. 生產計劃與生產工藝流程之間有何關係？
2. 如何合理控制存架增殖瓶數？
3. 全年生產計劃分解為各月生產計劃時是否考慮季節和農時等因素？
4. 組培苗木品質檢測標準與實生苗品質檢測標準是否通用？
5. 組培苗木品質對後續的栽培品質與產量有何影響？

第二節
組培企業經營管理

知識目標
- 了解組培育苗工廠機構設置與部門職責。
- 了解組培苗木生產與經營管理知識。
- 熟悉組培苗木市場調查研究與銷售。

能力目標
- 熟悉組培技術培訓方法和技巧。
- 能夠撰寫培訓計劃書。
- 能夠高品質做好產品與客戶管理,做好售後服務工作。

素養目標
- 樹立良好的調查和管理能力,能具有科學性、針對性和可行性。
- 與團隊成員合作良好,具有較好的溝通表達能力。

知識準備

任務一　組培企業機構設置與生產管理

　　組培育苗工廠的機構設置和各項管理制度的制訂實施,雖然不屬於組培技術,但是它直接影響到組培技術的貫徹實施,人才及技術設備潛能的發揮和生產效益的高低,常常是一個組培苗生產企業成功與否的關鍵要素之一。因此,在組培苗的生產實踐中,也絕對不能忽視,根據以往的生產實踐經驗,一般組培苗工廠可由經理或廠長統攬全局,副經理主管日常行政和生產管理,下設必要的部門和機構。

一、經營管理理念與策略

　　企業經營管理是企業根據市場需求及其變化,協調企業內外部活動,確定企業經營的目標,經營理念是從事經營活動、解決經營問題的指導思想,是隨生產力發展和市場變化而變化的,在經營思想指導下形成成套的經營理念,並指導於生產實踐。

　　經營策略是指組培生產企業在經營方針指導下,為實現本企業的經營目標而採取的方法策略,如市場行銷、產品的開發及研究都直接影響企業的經營方針,植物組織培養生產企業在正確的經營方針指導下,以市場為導向,利用各種有力資源合理組織生產。

二、組培企業機構設置

組培企業的機構設置要合理，健全管理體制和制度，明確各部門的職位職責，做到分工明確，創造和諧有序的工作環境。一般組培規模企業的組織機構與管理體系見圖 6-2-1。

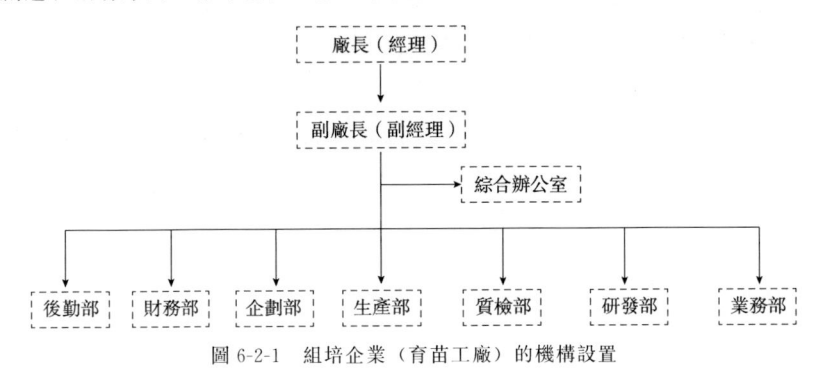

```
                    廠長（經理）
                         ↓
                   副廠長（副經理）→ 綜合辦公室
         ┌──────┬──────┬──────┬──────┬──────┬──────┬──────┐
        後勤部  財務部  企劃部  生產部  質檢部  研發部  業務部
```

圖 6-2-1　組培企業（育苗工廠）的機構設置

三、生產管理

　　組培工廠化生產管理制度的實施直接影響效益的高低，採用經濟責任制，既以經濟利益為中心，以提高員工的責任意識為重點，責、權、利相結合，勞動報酬同勞動成果相連繫的生產管理制度，同時還要注意「以人為本」的生產管理理念，建立經濟責任制要全面，做到任務到人、責任到人，只有這樣才能真正提高組培工廠化生產的經濟效益。

　　1. 人才管理　組培工廠化育苗生產是一項高科技產業，具有高投入、高風險、高產出的特點，它不但需要專業技術人才，還需要善於管理、懂得經營的管理人員，要求技術與管理齊頭並進，要求技術人員具備精湛的組織培養技術，不斷解決生產中出現的技術問題和管理問題，還要不斷開發具有市場潛力的新種類、新品種。同時需要對市場調查、資訊回饋結果進行科學研究分析，生產適銷對路的產品，在人才管理上注重培養人員的責任意識、創新意識。同時也要注意「以人為本」的管理理念。

　　2. 生產過程控制　組培苗木工廠化生產工藝流程比較複雜，涉及許多生產和技術環節，透過制訂合理的規章制度，實施科學化、規範化、標準化的管理，才能使生產按計劃有條不紊地進行，保證產品品質，並能避免因人為失誤而造成人身及財產的損失。組培企業應制訂的主要規章制度有：設備與藥品使用登記制度、儀器設備操作規程、培養基配製操作規程、接種操作規範、組培苗馴化移栽管理制度；採種擴繁登記制度、母本及商品種苗檢驗檢疫制度；用工管理制度、生產定額管理制度、職位責任制與獎懲制度、組培室日常管理規定以及員工培訓制度等。此外，各部門需建立「作業指導書」，工作人員嚴格按照「作業指導書」的要求完成工作任務；不同技術職能部門之間的交接設立「產品放行準則」，把不符合要求的成品或半成品均不予放行至下一生產環節，確保放行的產品符合規定的標準，每一個過程完成後都要有文字記錄，有責任人。生產的全過程

可實行電腦管理。

3. 產品管理 每一種組培苗的產品均建立完整的檔案，其內容包括母株性狀和種植（採樣）地點、接種日期、繼代代數、生產數量、銷售地點、種植地點、生長狀況等。每一產品用一個編號，便於查詢和生產過程中的辨別，以確保產品品質和售後追蹤服務。

四、市場行銷

1. 市場預測 市場預測對於組培工廠化生產尤其重要，可以最大限度地減少經營風險，進行市場預測需做大量的市場調查研究，透過市場調查研究掌握市場過去和現在的狀況，以及將來發展趨勢。

2. 市場占有率的預測 市場占有率是指企業某產品的銷售量或銷售額與市場上同類產品的全部銷售量或銷售額之間的比率。最大限度地提升影響市場占有率的因素，如種苗的種類、種苗的品質、種苗的銷售管道、包裝及新鮮度。注意提高對產品的宣傳力度，要使自己的組培產品在品質、價格、供應時間、包裝幾方面都處於優勢地位，同時要生產企業的拳頭產品，這樣才能提高產品的市場占有率。

組織培養工廠化生產之前，進行市場需求預測時要有一定的超前性，以便正確安排生產種苗的時間，保證產品及時上市，迅速占領市場。同時，要根據市場需求，及時調整種苗生產規模和速度。還要提倡多種暢銷產品同時上市，反對單一，這樣才能在變幻莫測的市場風雲中處於不敗之地。另外，還要搞好科學研究儲備，積極尋找今後有發展前途的新品種，並開發和探索出其工廠化生產的配方及生產流程，儲備技術以適應市場的需求和變化。

3. 經營方法 經營方法是為實現目標所採取的措施和決定。市場調查和預測是經營方法的前提，經營方法是實現目標的手段。

（1）技術環節。組培苗生產是一項技術性、生產設施條件要求較高的生產。為達到預期的生產目標，必須採用相應的技術措施。積極選育、引進優良新品種，選擇符合當地自然、經濟條件，並有良好效益的適用技術和工藝流程，充分發揮組培技術的優勢並和傳統的繁殖方法結合，進行大規模生產，盡量降低生產成本，提高繁殖係數、縮短育苗時間，保證產品品質，按時供應市場，攫取最大的盈利。

（2）生產資料採購。當生產項目和技術措施確定以後，應進行生產資料的採購，要按時、按質、按量採購組培苗規模化生產所需的各種生產資料，特別應注意保證品質，如化學試劑、消毒劑、瓊脂、蔗糖等的品質關係到組培苗生產的成功與失敗。

（3）產品的行銷。是指採取各種方法向消費者傳播產品資訊，激發消費者的購買慾望，促使其購買產品的過程。經營者應根據企業自身條件、組培苗產品類型、數量、品質、市場供求狀況和價格等因素，確定適當的銷售範圍和銷售形式，如果種苗市場集中可以採用人員銷售，這樣可以節省廣告的費用，如果種苗市場分散則可以採用廣告宣傳，這樣資訊傳遞速度快有利於銷售。另外，組培苗產品可以透過參加各種展覽會、栽培技術講座等活動，促進產品的開發和銷售。此外，銷售過程中要及時補充和更新市場緊缺的新品種、新種類，只有經常不斷地推出新、特、稀、優等品種的組培苗，才有可能在激烈的市場競爭中立於不敗之地。

學習筆記

任務二 組培苗木市場調查研究與銷售

組培苗木銷售是企業經營管理非常重要的環節，只有及時批量地完成銷售，才能維繫企業自身正常運轉，企業才能進一步發展。在這個過程中組培苗木市場調查研究及其結論是科學制訂生產與銷售計劃的重要依據，透過組培苗木市場調查研究才能合理制訂銷售計劃，做到以銷定產、產銷結合，制訂有效的銷售策略。在保證組培苗產品品質的同時，調查研究和銷售就顯得尤為重要，這就要求調查人員具有專業的調查研究知識以及較強的觀察分析判斷與總結能力，具有高度的責任心、使命感和團隊合作精神。同時，學習和掌握組培苗銷售策略、方法手段與技巧，對從事組培苗銷售工作也是十分必要的。

一、組培苗木市場調查步驟

1. 準備階段 這一階段的任務主要是制訂調查計劃和進行試驗調查。調查計劃要按照調查的要求制訂，計劃作出後要進行試驗調查。進行試驗調查是為了驗證調查計劃、調查表格制訂的是否正確，以免盲目進行正式調查，走了彎路。進行試驗調查，一般以收集第二手資料為主，同時透過與人員交談收集一些第一手資料。試驗調查要嚴格按照規定的要求進行，以保證試驗結果的準確性。例如，某花木公司今年蝴蝶蘭銷售量下降的原因是價格太貴，而且本地區生產經營蝴蝶蘭的單位增加，多家經營企業競爭造成的。但是這種認識是否正確呢？調查人員可以進行非正式調查，如向本單位內部有關人員（業務經理、推銷員）、精通本問題的專家和有關人員（批發商、零售商等）以及個別有代表性的用戶諮詢，聽取他們對這個問題的看法和意見。透過預備階段，如果可以找出問題和產生問題的原因，提出改進方案，就可以省略很多步驟。

2. 調查階段 調查方案的內容包括：調查主題；決定收集資料的來源和方法，即調查內容、調查方法、調查地點、調查對象、調查時間、調查次數等；準備所需的調查表格；抽樣設計，即決定抽樣的對象、採取什麼抽樣方法進行抽樣、選擇被調查者以及確定樣本的大小等。調查人員按確定的調查對象、調查方法進行實地調查，收集第一手資料。在調查工作中，如果發現計劃不周，應及時加以修正或補充。

3. 結果處理階段 資料處理是調查的最後階段，也是重要的環節之一。因為如果沒有這一階段，調查就沒有結果，調查中的一切耗費也就沒有收穫。結果處理階段有兩項工作，一是整理分析研究數據資料，二是撰寫調查報告。

（1）整理分析研究數據資料。是將調查收集到的零散的、雜亂的資料和數據編輯整理的過程。將調查收集的資料進行分類、整理、製表、統計，然後透過去粗取精、去偽存真、由

此及彼、由表及裡的分析研究過程，既要剔除調查資料中可查出的錯誤部分，又要找出資料間的內在連繫，從而得出合乎客觀事物發展規律的結論。在分析整理資料時，要估計可能的誤差。調查中的誤差主要來自3個方面：一是因抽樣調查中選取樣本沒有代表性引起的；二是因調查者的技術不高造成的；三是由被調查者疏忽、遺漏、拒絕回答而造成的。

(2) 撰寫調查報告。編寫調查研究報告時，應注意報告內容要緊扣調查研究主題，突出重點，力求客觀扼要。文字要簡練，觀點要明確，分析要透徹，盡可能使用圖表說明，以便於經營決策者在最短時間內能對整個報告有概括性的了解。

二、組培苗木市場調查方法

市場調查是指系統地設計、收集、分析並報告與企業行銷有關的數據和研究結果的行銷活動。市場調查是市場行銷活動的起點，是提高企業決策的正確性和有效性的重要途徑，對於企業及時發現問題、避免損失、捕捉商機、促進發展具有重要意義。正因為如此，現在的企業紛紛建立市場調查研究機構，開展市場調查研究活動，作為生產、經營決策和改進銷售措施的參考依據。市場調查有多種方法，以下介紹3種市場調查法。

1. 詢問法 詢問法是一種最直接的調查方法，是了解被調查者的購買動機、意向和行為時常用的方法，其特點是被調查者知道自己正在被調查。根據調查人員與被調查者的接觸方式不同，詢問法又可分為以下幾種：

(1) 面談調查法。面談指調查者與被調查者直接交談。調查方式可採用走出去、請進來或召開座談會的形式，進行一次或多次調查。調查可根據事先擬定的詢問表或調查提綱提問，也可採用自由交談的方式進行。面談調查的好處很多，一是當面聽取被調查者的意見，印象深刻，也比較詳細；二是被調查者對問題理解不夠透徹時可以當面解釋，回答的內容不夠明確時可以當場要求補充，因而獲得的資料比較準確；三是可以採取靈活的方式，根據被調查者的態度，有簡有繁地進行，並可使被調查者相互啟發，取得一些可以回憶或較機密的資料。面談調查也存在一些缺點，主要表現在：第一，對調查人員的要求較高，要求其具有較高的教育程度、技術水準和良好的工作態度；第二，有很多被調查者因外出或工作關係不能接受調查；第三，會出現因工作人員在談話記錄上的失誤而使資料不準確的情況。

(2) 電話調查法。由調查人員按照規定的樣本範圍，用電話詢問被調查者的意見。這種方法的優點是成本比面談低，調查速度快，並可克服被調查者不便接待或不願接待的困難，對不明確的問題可以作適當解釋，比郵寄調查靈活。缺點是調查總體不夠完整，不能詢問較為複雜的問題，時間不能太長，交談比較簡單，不易深入交談。

(3) 郵寄調查法。郵寄調查法是將設計好的調查表格，透過郵寄送到被調查者手中，由被調查者填好後寄回。這種方法的優點是調查成本較低，節省人力和時間，同時被調查人員有足夠的時間考慮問題，回答問題相對比較慎重。缺點是回收率低，影響調查的代表性，並且花費的時間較長。因此，採用這種方法時必須給被調查者一定的物質利益，以補償被調查者郵寄費用的支出。

(4) 設計調查問卷。調查人員將設計好的調查問卷，透過軟體或者網路發送給調查人，調查人填好後直接提交，就可回收調查問卷。具有方便、快捷、回收率高的特點。

2. 觀察法 當現有的數據不能提供解決市場行銷問題所需的數據時，必須進行原始數

據的收集。觀察法是一種常用的方法。觀察法分為現場觀察法、實際痕跡觀察法和比較觀察法，其優點在於客觀實在，能如實反映問題，不足之處是運用這種方法需要花很多時間等待，成本高。另外，這種方法很難捕捉到被觀察者的內在資訊，如他們的收入水準、受教育程度、心理狀態、購買動機等。

3. 實驗法 實驗法是從影響調查研究問題的許多因素中選出一個或兩個因素，將它們置於一定條件下進行小規模的實驗，然後對實驗結果做出分析，研究是否大面積推廣。實驗法在園藝產品市場行銷調查研究中應用範圍較廣，新產品的包裝、價格、廣告、陳列方法等因素，都可應用這種方法。實驗法的優點是方法科學，可獲得較正確的原始資料作為預測銷售量的重要依據，對試驗成功能夠廣泛推廣的產品有很好的促銷作用。需要注意的是，實驗時間不宜過長，過長會影響正式推出時的效果，被競爭對手效仿。

三、組培市場調查的主要內容

組培苗市場調查的內容主要包括市場需求的調查、市場占有率的調查及其科學的分析與預測。一般根據區域種植結構、自然氣候、種植的植物種類及市場發展趨勢等預測市場需求。如馬鈴薯在華北地區、東北地區、華東地區北部種植面積大，種苗市場需求量大；草本花卉種苗在昆明、上海、山東等鮮切花生產基地就有相當大的需求市場；南方草本花卉、觀賞樹木種苗優勢明顯；北方球根球莖類花卉種苗繁育，在中國市場占有率中越來越高。市場占有率是指一家企業的某種產品的銷售量或銷售額與市場上同類產品的全部銷售量或銷售額之間的比率。透過對某種組培植物的品種、種苗品質、種苗價格、種苗生產量、銷售管道、包裝、保鮮程度、運輸方式和廣告宣傳等多方面調查來分析預測這種植物組培苗的市場占有率。一般來說，企業生產的種苗在品質、價格、供應時間、包裝等方面處於優勢地位，則銷售量大，市場占有率就高，反之則低。

四、組培苗木銷售

組培苗木的銷售是組培企業經營管理的重要環節，涉及銷售合約制訂、銷售計劃與策略、銷售方法與技巧、售後服務與管理等諸多內容。

1. 銷售策略 業務部門密切注視市場變化，及時將市場走勢情況回饋給生產部門，以便根據需求及時調整生產計劃和種苗上市時間。業務部門還要經常與生產部門進行溝通，及時統計和掌握各種可出售種苗的動態數量，了解它們的品質狀況，進行統籌銷售。進行工廠化組培快繁觀賞花卉種苗產品是一類特殊的鮮活產品，其有效商品價值期較短暫，通常不能超過一個月，否則品質顯著下降。因此，只有較好地解決了生產品種不對路，產品數量與市場需求脫節，銷苗旺季無苗可銷，淡季又大量積壓等問題，盡量減少不必要的成本浪費，提高產品的有效銷售率，才能在市場中占有較大份額，並贏得較高的信譽，使企業產品具有競爭力。

2. 銷售管理 做好市場調查研究與分析預測，準確把握組培產業發展態勢和國家政策導向，加大市場開發力度，並結合自身實際，科學制訂銷售計劃和產品宣傳、開發與促銷策略。根據企業自身條件、產品類型、數量、市場供求狀況和價格等因素，確定合理的銷售範

圍，選擇合適的銷售管道與銷售方式。樹立一體化行銷理念，建立目標責任制和績效考核機制，重視行銷人員的業務培訓，不斷優化行銷團隊結構，以此加強行銷團隊建設。注重信譽和產品品質，按期保質交苗，及時收回貨款，最大程度降低銷售風險。做好銷售統計分析和合約文本等文件的歸檔管理。

3. 組培苗木售後管理 　 組培苗木銷售後，重點做好以下幾方面管理工作：

（1）建立組培產品、合約文本和客戶的檔案。

（2）熱情接待客戶的到訪和來電來函諮詢，及時、準確答覆客戶提出的問題，妥善處理客戶的投訴。

（3）實行客戶專人負責制，定期回訪客戶和舉辦聯誼活動，捕捉銷售資訊，積極挖掘和拓展新客戶。

（4）做好市場預測與銷售統計分析，及時調整銷售策略。

學習筆記

技能訓練

組培新技術推廣方案的制訂

一、訓練目標

掌握技術推廣方案的撰寫格式；能夠全面具體、科學合理地設計推廣方案。

二、材料與用品

電腦、筆記本、鋼筆等。

三、方法與步驟

（1）學生分組對本地區或學校所在市區進行組培企業和組培生產狀況調查。

（2）各小組制訂出某項組培新技術的推廣方案。推廣方案包括以下幾方面：

①專案名稱與任務、專案的先進性等簡要情況介紹。

②專案的經濟技術指標和效益指標。

③主要技術措施和實施方法。

④專案落實的具體安排情況，包括時間、技術培訓、交流檢查、評估、總結等。

（3）班級內組間交流，模擬進行組培新技術方案的推廣。

四、注意事項

強調技術推廣方案以市場調查研究為依據的重要性。

五、考核評價建議

考核做到定性與定量相結合，既重視技術推廣方案撰寫品質的考核，又要兼顧實訓態度與前期準備充分與否的考核。考核方案見表 6-2-1。

表 6-2-1　組培新技術推廣方案考核評價

考核項目	考核標準	考核形式	滿分
實訓態度	1. 任務工單撰寫字跡工整、詳略得當（10分）； 2. 實訓認真，主動完成任務（10分）； 2. 積極思考，責任心強，有開拓創新精神（10分）	教師評價	30分
方案設計與內容	1. 方案撰寫格式正確（20分）； 2. 方案制訂科學、全面、細化、針對性強（20分）； 3. 符合培訓目的和實際情況，有較強的可操作性（10分）	審閱推廣方案	50分
模擬推廣效果	1. 準備充分，現場表現好（10分）； 2. 有一定攻關能力（10分）	現場考核	20分
合計			100分

自我測試

一、選擇題

1. 組培苗木一般要求（　　　）包裝。
 A. 分級　　　B. 分類　　　C. 分品種　　　D. 分培養容器
2. 組培苗木運輸的管理目標是（　　　）運輸，要求及時、準確、安全和經濟。
 A. 科學　　　B. 高效　　　C. 迅速　　　D. 合理
3. 組培苗木市場調查研究的內容主要包括（　　　）和（　　　）。
 A. 市場占有率　　B. 客戶心理　　C. 市場需求　　D. 種苗類別
4. 組培苗木馴化移栽成活後一般採用（　　　）和（　　　）育苗。
 A. 水培　　　B. 基質　　　C. 土壤　　　D. 營養液

二、是非題

1. 採用防水紙箱或包裝內襯塑膠薄膜，可有效保持運輸車內濕度。　　　（　　　）
2. 組培苗在儲運中產生的乙烯會誘導花苞、葉的脫落，增加花的畸形。　（　　　）
3. 多數組培企業以穴盤苗或裸根苗銷售組培苗。　　　　　　　　　　　（　　　）
4. 市場調查研究中的實驗法與自然科學中的實驗法是相同的。　　　　　（　　　）
5. 市場調查研究報告一般由標題、目錄、概述、正文、結論與建議等幾部分組成。
　　　　　　　　　　　　　　　　　　　　　　　　　　　　　　　　　（　　　）

三、簡答題

1. 組培種苗市場調查和作物栽培市場調查有何不同？

2. 組培苗木市場調查應注意哪些問題？
3. 如何做好組培苗木市場開發？

四、論述題

1. 如果你是企業管理人員，你認為如何能讓剛畢業的大學生安心從事組培技術員的工作？
2. 試分析剛畢業的大學生如何才能具備組培管理人員的素養和能力？

參考文獻

常美花，金亞征，王莉，2012. 鐵皮石斛快繁技術體系研究［J］. 中草藥，43（7）：65-67.
陳娟，劉琪，張定珍，等，2019. 玉露的組培快繁與變異研究［J］. 園藝與種苗，39（11）：18-21.
陳麗，宋婷婷，2018. 玉露的離體培養與快繁研究［J］. 北京農學院學報，33（2）：2-6.
陳世昌，2011. 植物組織培養［M］. 北京：高等教育出版社.
褚麗敏，孫周平，2009. 刺五加組培快繁研究［J］. 植物研究，29（4）：505-508.
崔德彩，徐培文，2003. 植物組織培養與工廠化育苗［M］. 北京：化學工業出版社.
郭生虎，朱永興，關雅靜，2016. 百合科十二卷屬玉露的組培快繁關鍵技術研究［J］. 中國農學通報（34）：85-89.
黃曉梅，2011. 植物組織培養［M］. 北京：化學工業出版社.
霍志軍，郭才，2006. 田間試驗與生物統計［M］. 北京：中國農業大學出版社.
李浚明，2001. 植物組織培養教程［M］. 北京：中國農業大學出版社.
李文凱，賈曉鷹，郭海燕，等，2003. 蒼朮控制植物組培環境汙染的研究［J］. 石河子大學學報（自然科學版），7（2）：65.
李媛，何可雷，2017. 珍稀植物萬象的組培快繁研究［J］. 中國園藝文摘（5）：17-18.
劉進平，2005. 植物細胞工程簡明教程［M］. 北京：中國農業出版社.
劉振祥，廖旭輝，2007. 植物組織培養技術［M］. 北京：化學工業出版社.
潘瑞熾，2006. 植物細胞工程［M］. 廣東：廣東高等教育出版社.
錢子剛，2007. 藥用植物組織培養［M］. 北京：中國中醫藥出版社.
冉懋雄，2004. 中藥組織培養實用技術［M］. 北京：科學技術文獻出版社.
石文山，2013. 植物組織培養［M］. 北京：中國輕工業出版社.
宋剛，徐銀，史俊，等，2018. 茅蒼朮規模化組培快繁體系的建立［J］. 江西農業學報，30（9）：63-67.
宋順，許奕，李敬陽，等，2013. 鐵皮石斛的組織培養與快速繁殖研究進展［J］. 中國農學通報，29（33）：286-290.
譚澄文，戴策剛，2004. 觀賞植物組織培養技術［M］. 北京：中國林業出版社.
王蒂，2004. 植物組織培養［M］. 北京：中國農業出版社.
王冬梅，朱瑋，張存莉，等，2006. 黃精化學成分及其生物活性［J］. 西北林學院學報，21（2）：142-145.
王國平，劉福昌，2002. 果樹無病毒苗繁育與栽培［M］. 北京：金盾出版社.
王清連，2002. 植物組織培養［M］. 北京：中國農業出版社.
王玉英，高新一，2006. 植物組織培養技術手冊［M］. 北京：金盾出版社.
王躍華，江明珠，何詩虹，等，2013. 川貝母組培苗快速繁殖研究［J］. 四川師範大學學報（自然科學版），36（6）：941-944.
王振龍，杜廣平，李菊馨，2012. 植物組織培養教程［M］. 北京：中國農業大學出版社.
王振龍，李菊馨，2014. 植物組織培養教程［M］. 北京：中國農業大學出版社.

溫明霞，聶振朋，林媚，等，2007. 鐵皮石斛組織培養與快速繁殖研究進展［J］. 廣西農業科學，28（3）：227-230.

肖尊安，2005. 植物生物技術［M］. 北京：化學工業出版社.

熊麗，吳麗芳，2003. 觀賞花卉的組織培養與大規模生產［M］. 北京：化學工業出版社.

熊慶娥，2003. 植物生理學實驗教程［M］. 成都：四川科學技術出版社.

薛廣波，2010. 公共場所消毒技術規範［M］. 北京：中國標準出版社.

薛建平，2005. 藥用植物生物技術［M］. 北京：中國科學技術大學出版社.

嚴小峰，劉豔軍，黃俊軒，等，2017. 冰燈玉露鬆散型胚性癒傷組織的誘導方法［J］. 天津農業科學，23（7）：21-24.

于婧，魏建和，陳士林，等，2008. 川貝母種子休眠及萌發特性的研究［J］. 中草藥，39（7）：1081-1084.

袁學軍，2016. 植物組織培養技術［M］. 北京：中國農業科學技術出版社.

張健夫，2004. 刺五加的組織培養及快速繁殖的研究［J］. 長春大學學報，14（4）：73-75.

鄭子首，孫晨瑜，呂曉倩，等，2017. 鐵皮石斛組培體系的建立［J］. 山東農業大學學報（自然科學版），48（4）：537-540.

朱強，岑旺，余信，等，2015. 黃精組培技術研究［J］. 經濟林研究，33（4）：102-105.

附　錄

常見英文縮寫與中文名稱

縮寫	中文名稱	縮寫	中文名稱
A，Ad，Ade	腺嘌呤	GH	生長激素
ABA	脫落酸	h	小時
AC	活性炭	IAA	吲哚乙酸
AR	分析試劑	IBA	吲哚丁酸
BA，BAP，6-BA	6-卞基腺嘌呤	2-IP	2-異戊烯腺嘌呤
CCC	矮壯素	IPA	吲哚丙酸
CH	水解酪蛋白	KT，KIN	激動素
CM	椰乳	L	升
cm	公分	LH	水解乳蛋白
CPM	每分鐘計算	lx	勒克斯
d	天	LD_{50}	半致死劑量
2，4-滴	2，4-二氯苯氧乙酸	m	公尺
DW	乾重	mg	毫克
DMSO	二甲基亞碸	min	分鐘
DNA	去氧核糖核酸	mL	毫升
EDTA	乙二胺四乙酸	mm	毫米
ELISA	酶聯免疫吸附測定	mmoL	毫摩爾
EMS	甲基黃酸乙酯	mRNA	信使核糖核酸
FDA	螢光素雙乙酸酯	MPa	兆帕
F_1	雜交一代	M_1	第一次減數分類中期
FAA	福爾馬林-醋酸-酒精溶液	MH	馬來醯肼
g	克	NAA	萘乙酸
GA，GA_3	吉貝素	NOA	萘氧乙酸

(續)

縮寫	中文名稱	縮寫	中文名稱
pg	皮克（10^{-12}）	TIBA	三碘苯丙酸
PGA	葉酸	TMV	菸草花葉病毒
PBA，BAP	多氯苯甲酸（通）	tRNA	轉運核糖核酸
PCR	聚合酶鏈反應	UV	紫外
ppm	百萬分之一	μm	微米
PEG	聚乙二醇	VB_1	鹽酸硫胺素
pH	酸鹼度	VB_3	菸鹼酸
PP_{333}	多效唑	VB_5	泛酸
PVP	聚乙烯吡咯烷酮	VB_6	鹽酸吡哆醇
r/min	每分鐘轉數	V_c	抗壞血酸
RAPD	隨機擴增多肽性	V_H	生物素
s	秒	YE	酵母提取物
TDZ	噻重氮苯基脲	ZT	玉米素

植物組織培養

主　　編：	劉淑芳	
發 行 人：	黃振庭	
出 版 者：	崧燁文化事業有限公司	
發 行 者：	崧燁文化事業有限公司	
E - m a i l：	sonbookservice@gmail.com	
粉 絲 頁：	https://www.facebook.com/sonbookss/	
網　　址：	https://sonbook.net/	
地　　址：	台北市中正區重慶南路一段61號8樓	
	8F., No.61, Sec. 1, Chongqing S. Rd., Zhongzheng Dist., Taipei City 100, Taiwan	

電　　話：(02)2370-3310
傳　　真：(02)2388-1990
印　　刷：京峯數位服務有限公司
律師顧問：廣華律師事務所 張珮琦律師

-版權聲明─────────

本書版權為中國農業出版社授權崧博出版事業有限公司獨家發行電子書及繁體書繁體字版。若有其他相關權利及授權需求請與本公司聯繫。

未經書面許可，不得複製、發行。

定　　價：450 元
發行日期：2024 年 09 月第一版
◎本書以 POD 印製

國家圖書館出版品預行編目資料

植物組織培養 / 劉淑芳 主編 . -- 第一版 . -- 臺北市：崧燁文化事業有限公司 , 2024.09
面；　公分
POD 版
ISBN 978-626-394-864-8(平裝)
1.CST: 植物組織與細胞 2.CST: 組織培養 3.CST: 生物技術
371.2　　113013441

電子書購買

爽讀 APP　　　臉書